bbda BEIJING BIG DATA ASSOCIATION 北京大数据协会

大数据分析人员技术技能系列丛书

大数据分析实务初级教程

北京大数据协会 编

（Excel篇）

图书在版编目(CIP)数据

大数据分析实务初级教程. Excel篇 / 北京大数据协会编. —— 北京 : 中国统计出版社, 2022.9
(大数据分析人员技术技能系列丛书)
ISBN 978-7-5037-9955-6

Ⅰ. ①大… Ⅱ. ①北… Ⅲ. ①表处理软件-应用-数据处理-教材 Ⅳ. ①TP274

中国版本图书馆 CIP 数据核字(2022)第 161734 号

大数据分析实务初级教程(Excel篇)

作　　者/北京大数据协会
责任编辑/熊丹书　荣文雅
封面设计/黄　晨
出版发行/中国统计出版社有限公司
通信地址/北京市丰台区西三环南路甲 6 号　邮政编码/100073
发行电话/邮购(010)63376909　书店(010)68783171
网　　址/http://www.zgtjcbs.com
印　　刷/河北鑫兆源印刷有限公司
经　　销/新华书店
开　　本/787×1092mm　1/16
字　　数/310 千字
印　　张/14.75
版　　别/2022 年 9 月第 1 版
版　　次/2022 年 9 月第 1 次印刷
定　　价/43.00 元

《大数据分析人员技术技能系列丛书》编委会

主　　编　卢　山

副 主 编　彭晓东　高立军　袁　博

技术编辑　褚宏睿

序

人类社会正在走入智能时代。新一轮科技革命和产业革命深入发展，大数据产业正以一种革命风暴的姿态闯入人们视野，其技术和市场发展速度之快前所未有。大数据正在改变着我们的生产方式，企业的生产经营如何建立数据思维，如何应用数据技术，如何实现价值主张，需要大数据人才；大数据正在改变着我们的生活方式，如何将个人发展融入科技变迁，如何将个人特长汇入国家需求，如何在数字化成长中实现个人价值，需要掌握大数据技术技能。

大数据分析就是在新的形势下产生的新领域和新职业。大数据是中共中央国务院印发的《国家标准化发展纲要》中规定的关键技术领域，需要大力推动职业标准研制与产业推广。智能时代，大数据已成为国家战略资源，成为生产要素。数据强国不仅需要数据科学家、计算机科学家，更需要海量的大数据分析人员。但在数字产业化、产业数字化蓬勃发展“枝繁叶茂”的背后，是大数据人才的重度紧缺。据《中国经济的数字化转型：人才与就业》报告显示，目前我国大数据人才缺口超过 150 万，尤其是兼具技术能力与行业经验的复合型人才更加缺乏。因此要努力培养技术精良、品德高尚的大国工匠，铸造数据强国的百年基业，成就新一代的未来梦想。

一名优秀的数据分析人员既要熟练掌握数据分析之“道”——数据分析的策略、方法，也要熟练掌握数据分析之“术”——数据分析工具的使用。因此要积极探索大数据分析人才的培养模式，应社会所需，与市场接轨，与未来对接，提高高校大数据人才培养的实用性、前沿性和科学性。

本书依据北京大数据协会和智蓝大数据科技有限公司共同制定的《大数据分析人员职业技术技能标准》(全国团体标准 T/BBDA 01-2021)编写，是中国大数据网联合北京大数据协会举办的《全国大学生大数据分析技术技能大赛》和北京大数据协会《初级数据分析师》证书考试指定的参考书目，也可作为本科及高职院校相关专业的教材，还可供数据分析相关从业人员查阅、参考使用。读完这本书，你可能不会觉得自己像一个有能力创造新方法的数据科学家，但希望你能觉得自己像一个数据分析从业者，能够驱动一个数据分析项目，使用正确的方法解决实际问题，为数据强国尽一份力。

致谢以下专家：

董　莉	贺炎俊	李　东	李长虹	刘永亮	秦中峰	唐晓彬	吴密霞
张　蕊	安百国	董　琳	胡　迪	李高高	李忠华	马建辉	陶丽新
徐秀丽	张润彤	白欢朋	范一炜	胡　刚	李高荣	梁　峰	马景义
任　韬	王典朋	徐　湛	张伟婵	曹显兵	宏伟方	胡　涛	李红梅
刘　芳	马亚中	荣耀华	王　芳	严雪林	张新雨	陈铭祥	户艳领
李建东	刘　军	孟尚雄	王　倩	张　瑛	陈　云	耿　娟	黄丹阳
李启寨	刘立新	欧高炎	宋仲伟	王珊珊	张忠占	成立立	郭　茜
贾金柱	刘　苗	彭　岩	苏　辉	王　昕	赵俊龙	程希明	郭绍俊
康雁飞	刘　帅	彭　珍	苏宇楠	王学辉	张才明	赵琬迪	韩　嵩
孔祥顺	李雪梅	刘　扬	乔媛媛	隋涤凡	王　耘	张　凤	周艳杰
邓　柯	何　煦	李春林	李玉双	刘　毅	秦　磊	孙树童	魏传华
朱利平							

前　言

Excel是目前市场上功能最强大的电子表格软件，它简单实用，操作方便易上手，可以便捷地制作出美观、专业的报表和图表，并高效地完成绝大多数的数据整理、统计和分析工作，被广泛应用于财会、金融、管理、统计等诸多领域。

本书从Excel初学者的需求出发，第一章首先介绍Excel的软件安装和基础模块；第二章和第三章分别介绍了Excel的数据存储与数据预处理方法；第四章介绍Excel中的相关数据运算和函数；第五章介绍Excel的数据分类汇总方法和数据透视表；第六章介绍时间数据的处理方法；第七章介绍数据可视化方法；第八章介绍了相关分析、回归分析、时间序列分析和规划求解等Excel数据分析方法。通过学习本书，读者能够系统地掌握使用Excel进行统计分析、商业分析和数据可视化，并胜任一些常规的数据处理和数据分析的任务。

本书根据北京大数据协会《大数据分析人员职业技术技能标准》初级数据分析师考试大纲编写，超出大纲范围的章节用*标注，作为阅读提高内容。

参与本书编写的有褚宏睿、刘雪勇、时笑、覃爱明老师。本书在编写过程中难免有疏漏，恳请广大读者给予批评指正！

前　言

Excel是目前市场上功能最强大的电子表格软件，[illegible]操作方便，易上手，可以快捷地制作出美观、专业的报表和图表，并高效地完成[illegible]数据的处理、统计和分析工作，被广泛应用于财会、经济、管理、统计等多个领域。

[illegible]Excel[illegible]的[illegible]Excel[illegible]

[illegible]Excel的[illegible]

[illegible]Excel[illegible]

方法和数据透视表；第七章介绍图表的制作方法；[illegible]

[illegible]Excel

数据分析方法。[illegible]本书[illegible]使用Excel进行[illegible]

[illegible]的数据处理和数据分析的[illegible]

本书[illegible]

[illegible]的参考用书，[illegible]

参与本书编写的[illegible]。本书在编写过程中难免存在[illegible]，恳请广大读者给予批评指正！

目 录

第1章
Excel数据分析概述

本章学习目标

☑ 掌握Excel软件的安装与操作；
☑ 了解Excel工作簿、工作表及单元格；
☑ 了解Excel数据分析流程；
☑ 认识Excel数据分析工具；
☑ 掌握Excel数据表基础操作。

本章思维导图

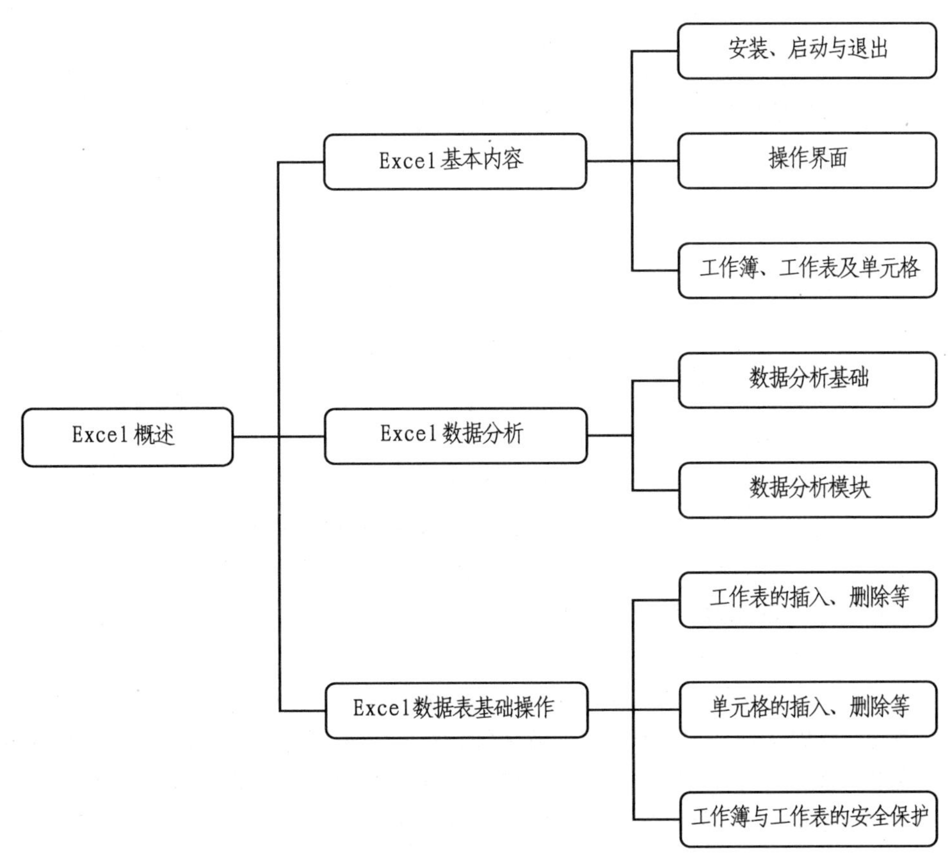

随着信息化的发展，特别是大数据时代所面临的挑战，要求企业的财务管理、市场分析、生产管理甚至日常的办公管理都必须逐渐精细和高效。Excel作为目前应用最广泛的数据处理和分析软件之一，简单易学、功能强大，已经被广泛应用于财会、审计、营销、统计、金融、工程、管理等各个领域。使用Excel不仅可以高效、便捷地完成各种数据的整理与计算，还可以通过单变量求解、规划求解、方案管理器、分析工具等功能对数据进行统计与分析，以掌握错综复杂的客观世界变化规律，进行科学的趋势预测，为企事业单位决策管理提供可靠依据。掌握Excel这个“利器”，灵活高效地对数据进行处理和分析，不仅能够使办公效率得到有效提升，还可以为商家创造出更大的利润。

1.1 Excel简介

Excel是微软公司推出的Office办公软件的重要组成部分，为使用Windows和MacOS操作系统的计算机编写的一款优秀的电子表格软件，主要用于数据处理、统计分析和辅助决策。简洁直观的界面、出色的计算功能和图表工具，使Excel成为常用的个人计算机数据处理软件，被广泛应用于管理、统计、金融等诸多领域。

Excel主要用于统计、计算和分析各类报表数据，不仅具有直观方便的制表功能、强大而又精巧的数据图表功能，而且还具有丰富多彩的图形功能和简单易用的数据库功能。Excel操作简单且可视化，使用Excel可以便捷高效地完成绝大多数的数据整理与计算，并可以通过分析工具、规划求解等功能对数据进行统计与分析工作，挖掘出隐藏在数据背后的有价值信息，帮助用户做出正确的判断和决策（如图1.1所示）。

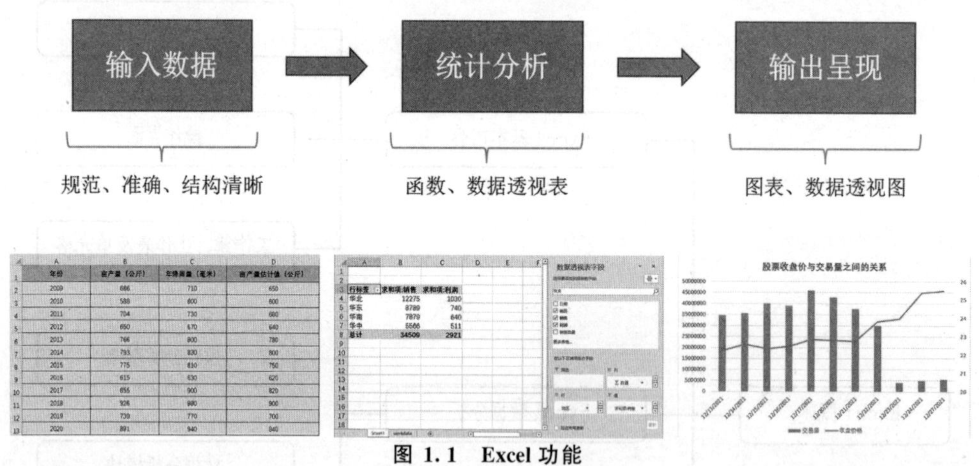

图1.1 Excel功能

随着时代的变化，Excel的版本在不断升级，数据处理需求增加了许多功能和模块。本书采用Excel 2016，介绍Excel软件的相关使用和操作。

1.1.1 Excel的安装、启动与退出

(1) Excel 2016的安装

Excel 2016是Office 2016套装中的一部分，安装Office 2016即可。下载Office 2016安装包，找到文件名为setup的安装文件，双击启动安装程序。显示安装界面后，等待程序安装。安装结束后，在“开始”菜单栏中能够查看到最近添加的Office 2016套装应用，说明安装成功。具体流程如图1.2所示。

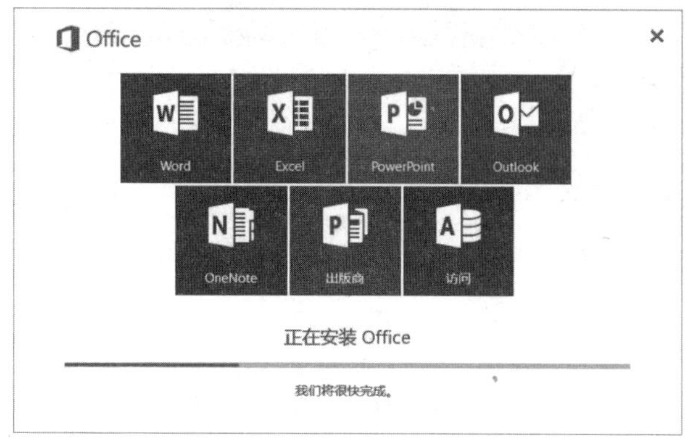

图 1.2　Excel 安装

打开 Excel 2016 之后，可以在“文件”—“账户”选项中查看产品信息(如图 1.3 所示)。从图中可见，本产品为 Office 2016 版本，并且尚未激活，单击“激活”按钮，输入激活码进行产品激活，激活后即可放心使用。

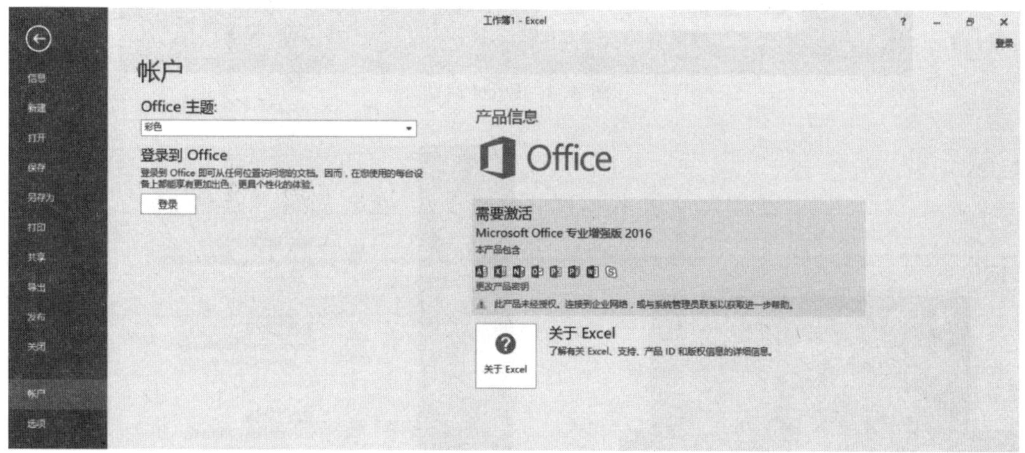

图 1.3　Excel 信息

(2) 启动 Excel 2016 的两种方法

方法一：单击“开始”按钮后，选择“Excel 2016”选项。

方法二：在桌面中右击，在弹出的快捷菜单中选择“新建”选项，在级联菜单中选择“Microsoft Excel 工作表”选项，双击新建文件“Microsoft Excel 工作表”，即可打开(如图 1.4 所示)。

(3) 退出 Excel 2016 的四种方法(其中，方法二、方法三如图 1.5 所示)

方法一：直接点击文件右上角的关闭☒按钮。

方法二：在屏幕下方任务栏中右击 Excel 文件，单击“关闭窗口”按钮。

方法三：打开“文件”选项，选择“关闭”选项。

方法四：利用快捷键，按“Alt ＋ F4”组合键，直接退出。

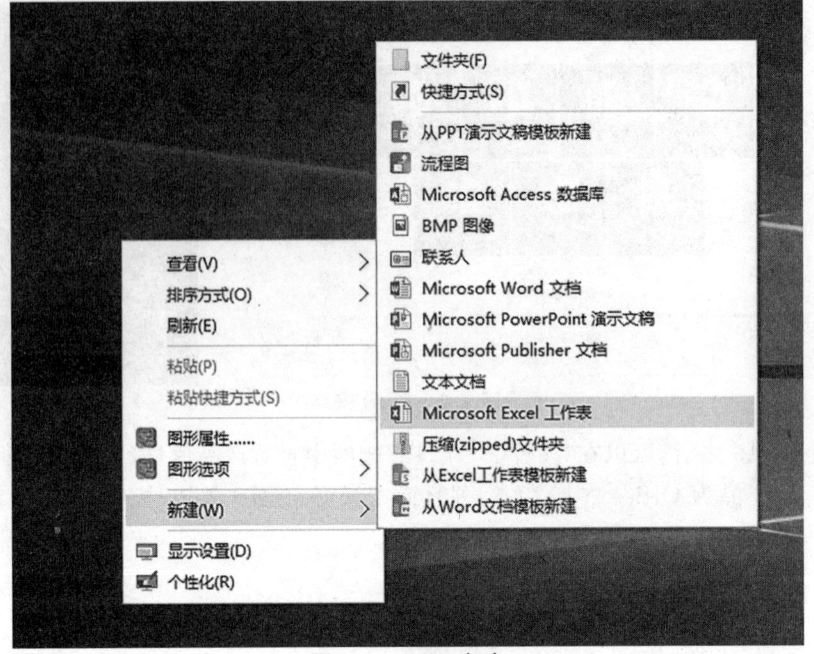

图 1.4 Excel 启动

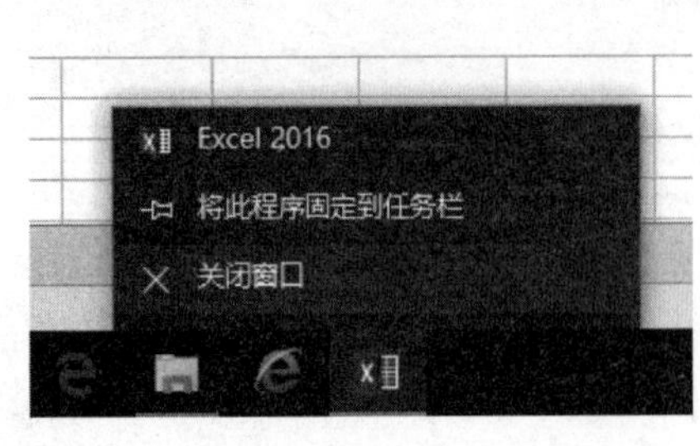

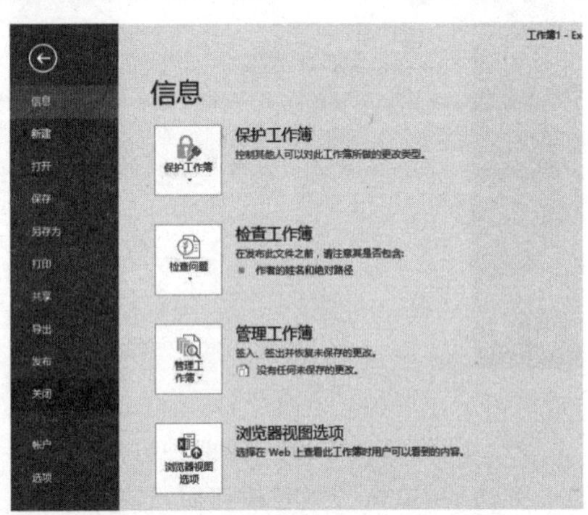

方法二　　　　方法三

图 1.5 Excel 退出

1.1.2 Excel 操作界面

Excel 的操作界面如图 1.6 所示，从上往下依次是标题栏、选项卡、功能区、编辑栏、工作表标签、任务栏等，其中编辑栏为输入和显示公式或函数的区域。

1.1.3 Excel 工作簿、工作表及单元格

工作簿是处理和存储数据的文件，标题栏上显示的是当前工作簿的名称。一个工作簿可能包含多个工作表，最多可存放 255 个工作表。Excel 2016 默认的工作簿文件扩展名为“. xlsx”，也可以是保存宏代码的“. xlsm”格式，或者 Excel 早期版本的“. xls”格式。

工作表是以行和列的形式组织和存放数据的表格，由单元格组成，每个工作表都有

图 1.6 Excel 界面

一个工作表标签来标识。当前正在使用的工作表为活动工作表，可通过单击工作表标签在不同的工作表之间切换。文件格式不同，工作表的大小也不一样，“.xls”文件格式每张工作表最多能包含256列和65536行，列用英文字母编号，从A到Ⅳ，行用阿拉伯数字编号；“.xlsx”和“.xlsm”文件格式每张工作表最多能包含16384列和1048576行。工作表最大行数和列数可以分别使用快捷键“ctrl+↓”和“ctrl+→”查看，也可以分别使用公式“=ROWS(A:A)”和“=COLUMNS(1:1)”查看。

单元格是工作表中行和列的交点，是工作表中的最小单位，一个单元格最多可容纳32000个字符。单元格根据其所在的列号和行号来命名，如A9表示第1列第9行的单元格。当前正在操作的、显示绿色边框的单元格为活动单元格。

1.2 Excel数据分析

1.2.1 数据分析基础

从语义构成上来说，数据分析包括“数据”和“分析”两个完全独立的词语，“数据”是关键词，“分析”是用来提取数据价值的动作。数据本身就是冰冷冷的数字，安静的图形/图像等，每天都在源源不断地产生。如果不对数据进行数据分析，数据将永远与垃圾为伍、无人问津；而一旦采用针对性的方法对数据进行研究和分析，数据中就有可能钻出石油、挖出黄金。

在如今的大数据时代，数据成了有价值的资源，数据分析也变得非常重要，它是企业了解业务进展、用户习惯，以及提升资源价值的关键手段。从各大招聘网站提供的职位来看，数据分析师也是供不应求的。本小节将从数据分析流程、数据分析层次以及常见的数据分析应用场景三个方面对数据分析进行概述。

1. 数据分析流程

数据分析并不是对数据进行单一的操作处理，它指的是对数据使用的一个全流程，包括数据源采集、数据预处理、数据存储、数据处理与分析、数据可视化和基于业务的数据分析报告，如图 1.7 所示。

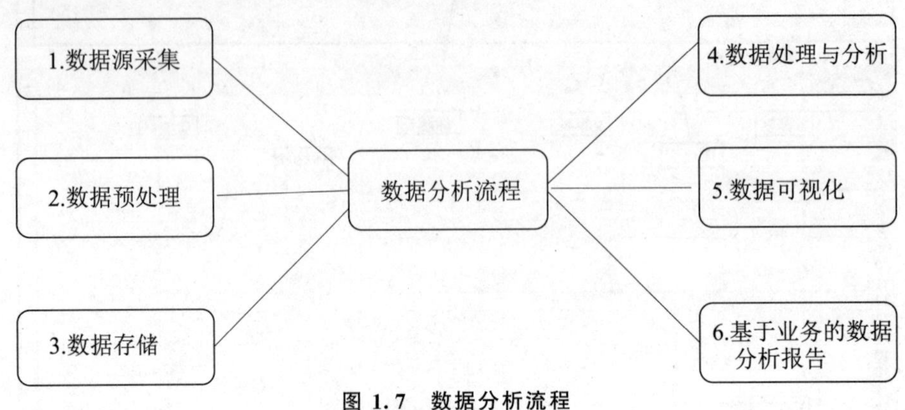

图 1.7　数据分析流程

数据分析流程也可以概括为以下 4 步：

步骤一：数据采集。获取数据是数据分析的第一步。随着各行各业数字化转型升级，传统的线下数据采集方式越来越少，更多的是采用线上问卷、运营平台埋点采集、数据库抽取及网络爬虫等方法和手段。

步骤二：数据整理和存储。虽然在数据采集的时候细分了门类或领域，但在采集到的数据中通常还会存在各种问题，如数据格式不对、数据重复值过多、数据缺失明显、异常数据等。此时就需要针对这些数据源里的问题进行处理，对数据进行清洗和整理，最终获得可直接使用的干净数据。清洗后的数据或者以文件形式存储，或者采用数据库的方式存储。

步骤三：数据分析和可视化。数据分析是为了对数据进行特征规律总结，从各个业务维度去考虑数据的分布情况和趋势。数据分析结果可以结合一些可视化图表来呈现。例如，采用折线图来分析数据随时间周期的变化趋势、采用饼图来分析数据的占比大小、采用柱形图/条形图来对比数据数量的差异、采用散点图分析各个数据之间的关联程度等。

步骤四：数据报表和总结。数据报表是数据分析结果最终的呈现形式，要求报表显示简单明了、数据直观清晰。报表将会被提交到决策部门或者进行演示验收，展示数据的规律价值。

2. 数据分析层次

著名的咨询公司 Gartner 于 2013 年总结、归纳、提炼出一套数据分析的框架，该框架把数据分析分为以下 4 个层次：

(1)描述性分析(Descriptive Analysis)：发生了什么。该层次主要是对意境发生的事实数据做出准确的描述，这也是许多企业需求最多、最杂的统计工作。

(2)诊断性分析(Diagnostic Analysis)：为什么会发生。明确到底发生了什么很有用，但是更重要的是明白为什么发生。到这一层次数据分析就开始脱离打杂层次，成为辅助经营的角色。

(3)预测性分析(Predictive Analysis)：可能会发生什么。通过寻找相关特征和运行逻辑规律，借助定量和定性的分析实现预测。这种方式不仅能找到问题发生的原因和解决方法，还能防患于未然，提前调整发展方向，这是辅助经营的一个更高层次。

(4)处方性分析(Prescriptive Analysis)：该做些什么。有了预测性分析的结果后，连未来怎么做都已经规划好，这已经上升到在战略层面引领业务发展，这是数据分析的最高层次。数据分析将作为领导参与企业决策的依据，成为企业不可或缺的一部分。

3. 常见数据分析应用场景

目前各个行业都在拥抱互联网，其业务系统平台都会部署到云上，如各类电商平台、银行系统、团购系统、购车系统、房产交易、工业互联网系统以及一些社区论坛等。这些行业云上的数据都可以实现自动采集，同时为了提升资源价值率。数据分析也在实时进行着。

(1)电商平台数据分析。电商平台对数据最为敏感，也最重视数据分析。电商的核心是交易和销售，所以如何吸引新客户、留住老客户、挖掘老客户群体中的高净值客户、促进平台商品销售和利润的增长等，都需要依赖精准的数据分析。

(2)银行数据分析。银行有专门的数据分析部门，大多数时候，其数据分析与银行的风控系统相关。银行需要贷款给有能力偿还的客户，同时也会实施许多大额的投资，而判断客户的信用和偿还能力就需要银行根据客户的历史数据和财产状况进行分析判别。

(3)房产交易平台。房子已经成为非常成熟的投资品种，通过二手房交易数据的分析，可以及时了解房价变化趋势、区域热点的切换以及不同人群财富价值的变化。

(4)工业互联网。工业互联网，就是通过通信网络平台，把生产全流程的要素资源包括设备、员工、供应商、产品和客户等紧密地连接起来，实现数字化、网络化、自动化和智能化，达到提升生产效率的目的。可以简单理解为把人、数据和机器都连接起来。数据是其核心的生产要素，对数据的实时分析和监控，可以实现价值的提升和成本的降低。

1.2.2 数据分析模块

Excel 在电子表格数据分析与处理方面功能强大，涉及到查询编辑器 Power Query、开发工具和加载项、图表工具、数据透视表工具等主要模块。

(1) 查询编辑器 Power Query

Power Query 最初问世于 Excel 2013，后来由于需求庞大，微软又对应地开发了对 Excel 2010 版本的支持。Power Query 专注于对数据连接的管理，可以理解为一种 ETL (Extract, Transform, Load) 服务。Power Query 支持将导入的不同数据源数据进行裁剪和合并生成一个新的表单(例如将 SQL,Oracle 和 Facebook 的数据进行整合)，同时也支持对数据格式进行调整，去掉空数据，批量替换某些数据，以及拆分某一 column 或者合并多个 column。如果有需要，还可以用 Power Query 对数据做简单的整理，例如计算、排序和过滤。Power Query 对数据的处理都在加载数据之前完成的，也就是说，通过 Power Query 中的设置，相当于创建了一个模具，只有符合这个模具大小要求的数据才会被加载到 Excel 之中。相比 Power Pivot 只能在加载数据之前做过滤处理，Power Query 提供的功能操作就丰富了很多，可以很大程度上减少冗余数据的加载，从而显著提高数据分析的效率和能力。

查询编辑器 Power Query 模块在以前的 Excel 版本中称为"获取和转换"数据，其主要功能是用于获取数据源、完成数据类型和格式的转换等数据整理任务。使用 Power

Query 可以导入或连接到外部数据；对数据进行调整，例如，删除列、更改数据类型或合并表格，以满足需求；可以将查询加载到 Excel 以创建图表和报表；也可以定期刷新数据，使其更新。

虽然在不同的 Excel 版本中 Power Query 模块的启用方式有所差别，但其基本功能和使用方式都是相似的。Excel 2016 可以使用 Power Query 从文件、数据库、Web 等其他源获取数据。以读取 sales. csv 文件为例，使用 Power Query 获取数据的过程为：

从"数据"菜单"获取和转换"栏中点击"新建查询"，选择"从文件"下的"从 CSV"，如图 1.8 所示。

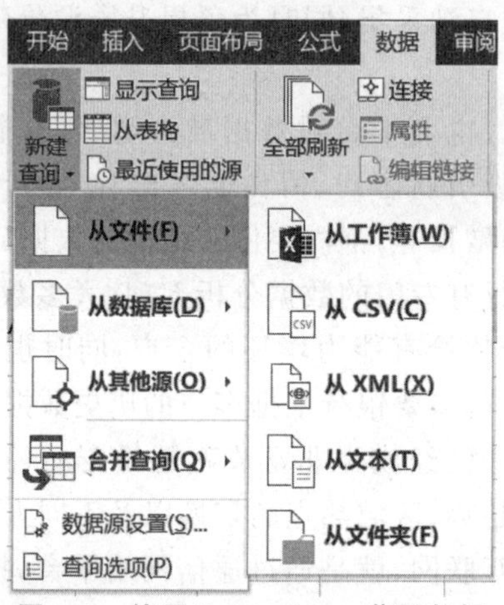

图 1.8　使用 Power Query 获取数据

在弹出的"导入数据"对话框中找到 sales. csv 文件，双击或点击"打开"按钮，即可在 Power Query 窗口中显示文件中的数据，如图 1.9 所示。

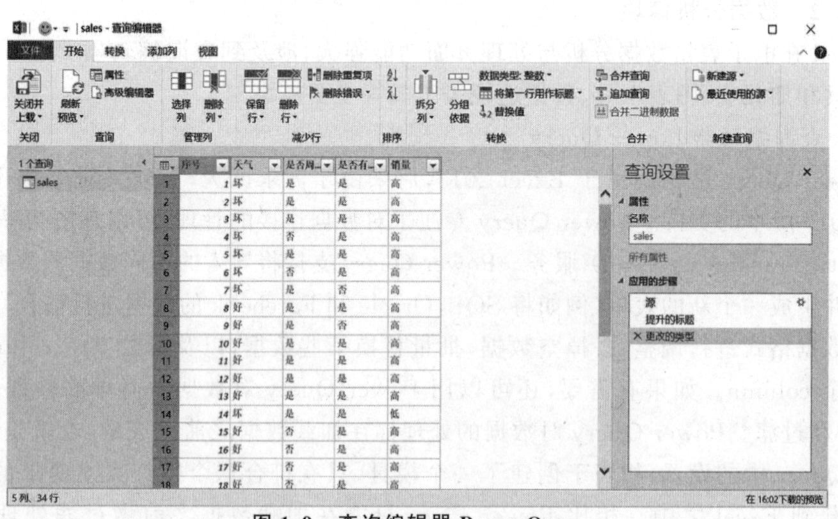

图 1.9　查询编辑器 Power Query

点击工具栏最左边的"关闭并上载"即可将数据导入 Excel 工作表中。

（2）开发工具和加载项

Excel 的开发工具中包含数据分析工具库、规划求解等数据分析相关的加载项。在默认安装 Office 时,Excel 2016 的开发工具并没有显示在功能区中,需要在功能区按钮处右击鼠标,从快捷菜单中点击"自定义功能区",或单击"文件"菜单中的"选项",然后在弹出的"Excel 选项"对话框左侧点击"自定义功能区",在右侧"自定义功能区"的"主选项卡"中勾选"开发工具",最后点击"确定"按钮,开发工具就显示在功能区了,如图 1.10 所示。使用同样的方法,还可以对其他功能进行显示/隐藏操作。

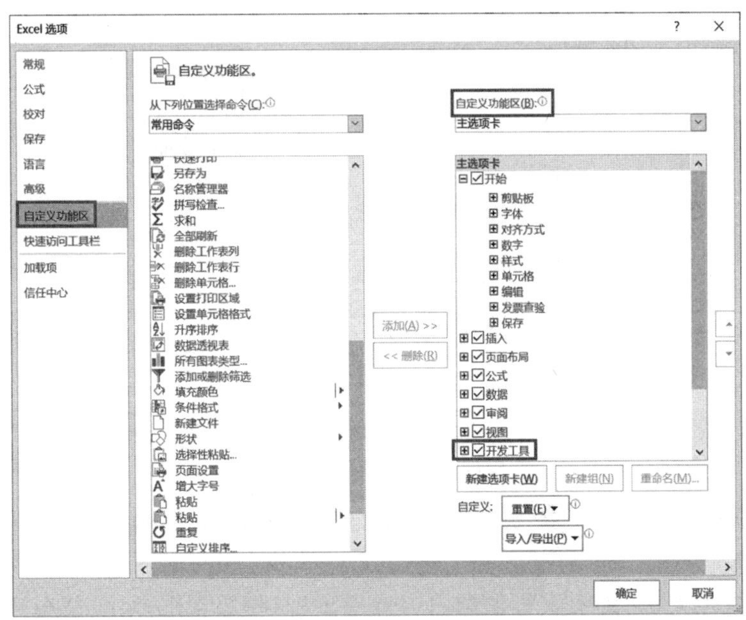

图 1.10 Excel 选项——自定义功能区

点击"开发工具"菜单"加载项"栏中的"Excel 加载项",在弹出的"加载宏"对话框中将"分析工具库"勾选上,点击"确定"按钮,即可加载"分析工具库",同理可加载"规划求解加载项",如图 1.11 所示。

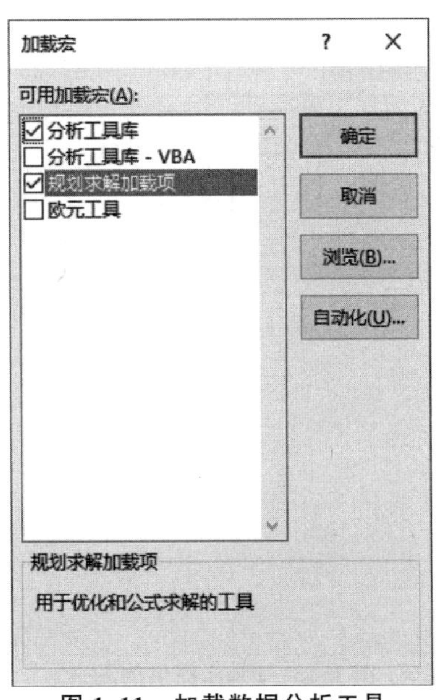

图 1.11 加载数据分析工具

也可以单击“文件”菜单中的“选项”，在弹出的“Excel 选项”对话框左侧点击“加载项”，在右侧“加载项”的底部“管理”项中选择“Excel 加载项”，然后点击“转到”，如图 1.12 所示，在弹出的“加载宏”对话框中勾选“分析工具库”和“规划求解加载项”。

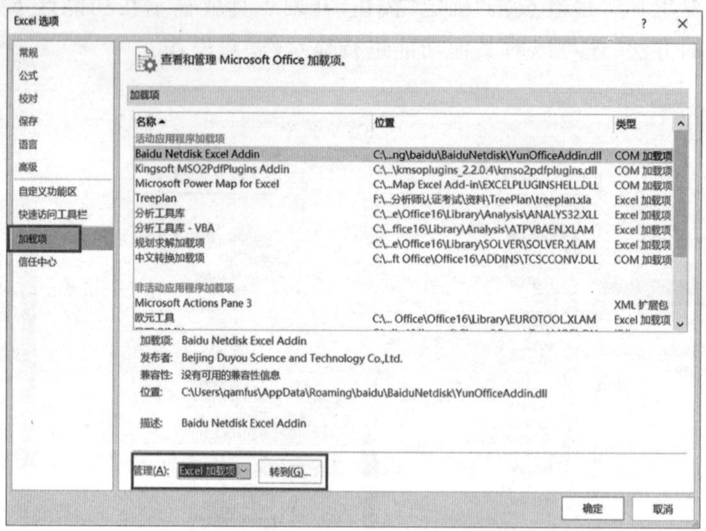

图 1.12　Excel 选项——加载项

加载完成后在“数据”菜单“分析”栏中就能看到“数据分析”和“规划求解”工具了。

(3) 图表工具

图表工具是以图形的形式将数据内容展现出来，将数据图形化，使用户可以更直观地了解数据之间的关系和变化趋势。Excel 提供了丰富的图表类型，如图 1.13 所示。

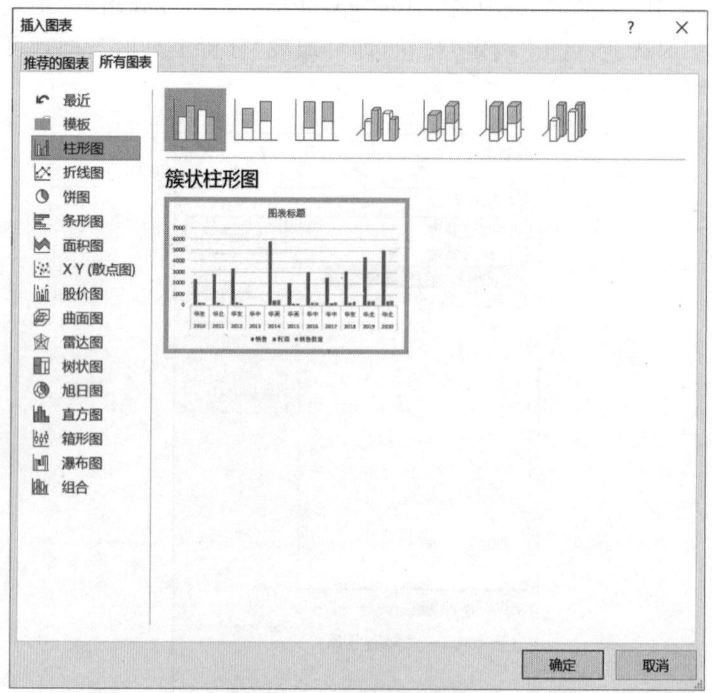

图 1.13　Excel 提供的图表

选中一张图表，就可进入到“图表工具”功能区，如图 1.14 所示。图表工具有“设计”和“格式”两个选项卡，用来对图表进行编辑操作，使图表符合工作表的布局与数据要求。

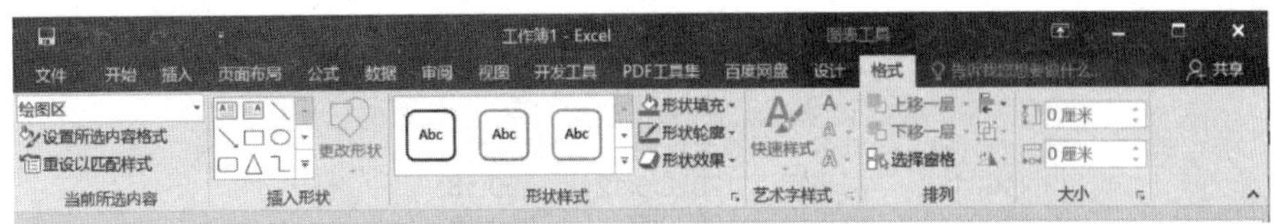

图 1.14 Excel 图表工具

(4) 数据透视表工具

数据透视表可以全面地对数据进行重新组织，以便对数据进行统计操作。它不仅可以转换行列以显示源数据的不同汇总效果，可以显示不同页面以筛选数据，还可以根据用户的需要显示数据区域中的明细数据。

选择数据区域后，点击“插入”菜单“表格”栏中的“数据透视表”，即可进入数据透视表工具，它包含“分析”和“设计”两个选项卡，如图 1.15 所示。

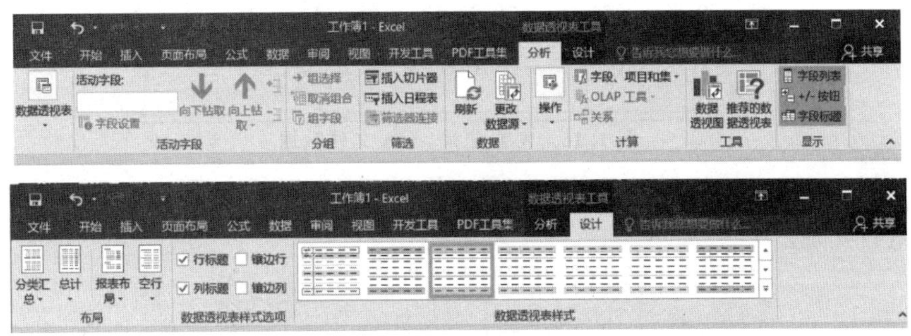

图 1.15 Excel 数据透视表工具

在数据透视表的基础上还可以创建数据透视图，与数据透视表的不同之处在于它可以创建适当的图表。数据透视图是另一种数据表现形式，它通过图形直观地展示数据透视表中的数据信息。

1.3 Excel 数据表基础操作

1.3.1 工作表

工作表是显示在工作簿窗口中的表格，Excel 2016 默认一个工作簿只有一张工作表，默认名称为 Sheet1。用户可以根据需要添加工作表，每个工作表都有一个名字，工作表名显示在工作表标签上。如果默认表格张数不够用，可以在任意位置添加任意数量的新工作表。添加的新工作表可以重新命名，也可以移动或者复制工作表。对于具有保密性质的工作表，还可以进行一些保护设置，从而有效保障数据的安全。

(1) 插入/删除工作表

如果默认的工作表数量不够用，可以在指定位置插入一张新的工作表，也可以删除不需要的任意工作表，删除工作表时可以单独删除一张，也可以一次性删除多张。

【例 1.1】在工作簿中添加新工作表：考勤记录 . xlsx 文件中存放了一公司职员的考勤记录，需要在“6 月 12 日考勤记录”表右侧插入一张新的工作表。

操作步骤如下：

① 打开工作簿后，鼠标移动至工作表标签右侧的"＋"按钮，即显示出新工作表，如图 1.16 中所示。

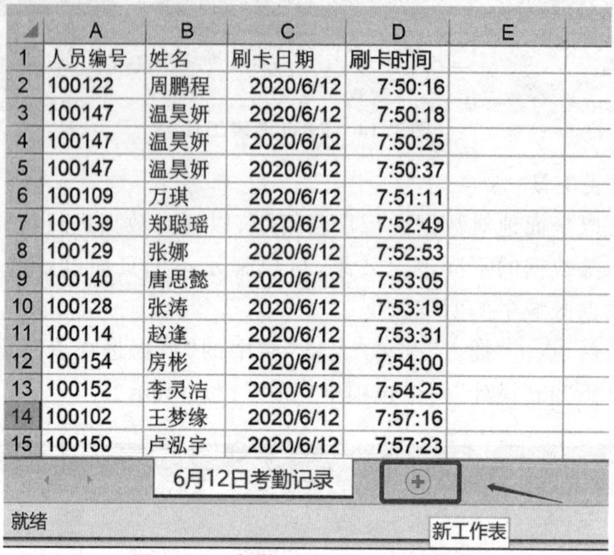

	A	B	C	D	E
1	人员编号	姓名	刷卡日期	刷卡时间	
2	100122	周鹏程	2020/6/12	7:50:16	
3	100147	温昊妍	2020/6/12	7:50:18	
4	100147	温昊妍	2020/6/12	7:50:25	
5	100147	温昊妍	2020/6/12	7:50:37	
6	100109	万琪	2020/6/12	7:51:11	
7	100139	郑聪瑶	2020/6/12	7:52:49	
8	100129	张娜	2020/6/12	7:52:53	
9	100140	唐思懿	2020/6/12	7:53:05	
10	100128	张涛	2020/6/12	7:53:19	
11	100114	赵逢	2020/6/12	7:53:31	
12	100154	房彬	2020/6/12	7:54:00	
13	100152	李灵洁	2020/6/12	7:54:25	
14	100102	王梦缘	2020/6/12	7:57:16	
15	100150	卢泓宇	2020/6/12	7:57:23	

6月12日考勤记录　⊕

就绪　新工作表

图 1.16　考勤记录 .xlsx 文件数据

② 单击该按钮，即可创建出新工作表，如图 1.17 中所示。需要几个工作表就可以单击几次进行实现。

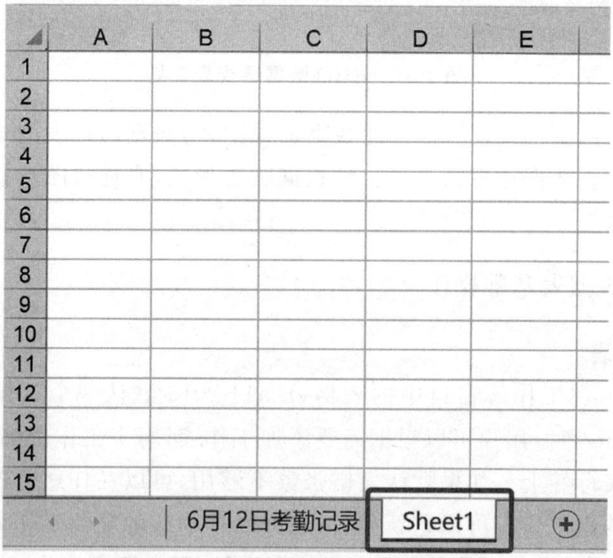

	A	B	C	D	E
1					
2					
3					
4					
5					
6					
7					
8					
9					
10					
11					
12					
13					
14					
15					

6月12日考勤记录　Sheet1　⊕

图 1.17　考勤记录 .xlsx 新增工作表

此外，需要注意的是，如果有多张工作表，插入前需要准确定位。选中谁就在谁的右侧添加新工作表。

【例 1.2】删除不需要的工作表：在上例中将新增的 Sheet1 工作表进行删除。

操作步骤如下：

选中要删除的工作表后，单击鼠标右键，在弹出的快捷菜单中选择"删除"命令，即可删除该工作表,如图 1.18 中所示。

图 1.18 考勤记录.xlsx 删除工作表

注意:删除的工作表无法进行恢复操作,所以当准备删除某工作表时,一定要考虑好再执行操作。

(2) 重命名工作表

为了方便管理工作簿,经常需要在一个工作簿中建立多张工作表,这些工作表的名称都应和工作簿名称有一定关系。因此,可根据用途和需求重命名工作表。

【例 1.3】将考勤记录.xlsx 文件的“6 月 12 日考勤记录”表重命名为“Sheet1”。

操作步骤如下:

① 选中要重名的工作表后,单击鼠标右键,在弹出的快捷菜单中选择“重命名”命令,如图 1.19 所示。

图 1.19 考勤记录.xlsx 重命名工作表 1

② 进入名称编辑状态，直接输入新名称即可，如图 1.20 所示。

	A	B	C	D	E
1	人员编号	姓名	刷卡日期	刷卡时间	
2	100122	周鹏程	2020/6/12	7:50:16	
3	100147	温昊妍	2020/6/12	7:50:18	
4	100147	温昊妍	2020/6/12	7:50:25	
5	100147	温昊妍	2020/6/12	7:50:37	
6	100109	万琪	2020/6/12	7:51:11	
7	100139	郑聪瑶	2020/6/12	7:52:49	
8	100129	张娜	2020/6/12	7:52:53	
9	100140	唐思懿	2020/6/12	7:53:05	
10	100128	张涛	2020/6/12	7:53:19	
11	100114	赵逢	2020/6/12	7:53:31	
12	100154	房彬	2020/6/12	7:54:00	
13	100152	李灵洁	2020/6/12	7:54:25	
14	100102	王梦缘	2020/6/12	7:57:16	
15	100150	卢泓宇	2020/6/12	7:57:23	

Sheet1

图 1.20　考勤记录 . xlsx 重命名工作表 2

另外，也可以通过双击“6 月 12 日考勤记录”表标签，进入表名称编辑状态，输入新名称，并按 Enter 键结束编辑。

（3）选中多个工作表

日常操作 Excel 程序的过程中，经常需要统一对多张工作表进行连续相同的操作，例如一次性删除一个工作簿中的多张工作表、一次性输入相同数据等，这时就需要使用“工作组”这项功能，将多张工作表组成一个组，就可以同时实现相同操作了。

【例 1.4】在空白表 . xlsx 工作簿中一次选中三个工作表作为一个工作组。在第一个工作表中设置三行三列的表格边框，输入文字，设置填充格式。完成对第一个工作表的设置后，切换至其他两个工作表中查看样式。

操作步骤如下：

① 选中要组合的起始工作表标签，按住 shift 键的同时选中要组合的最后一个工作表标签，即可把连续的多张工作表创建为一个工作组，并单击鼠标右键，在弹出的快捷菜单中选择命令操作，如图 1.21 所示。当需要选择的多张工作表不是连续的时候，则按住 Ctrl 键的同时，依次在目标工作标签上单击将其选中，即可组合成一个工作组。

② 在空白表 . xlsx 的 Sheet1 中设置第一行前三列的外边框，并在其中分别输入“序号”“姓名”“销售金额”，并设置边框内填充颜色为绿色，如图 1.22（a）所示。保存完对 Sheet1 工作表的设置后，依次切换至 Sheet2 和 Sheet3 工作表，即可看到应用了与 Sheet1 工作表相同的文字和格式，如图 1.22（b）（c）所示。

（4）移动或复制工作表

日常工作中经常需要将一个工作簿下的几张工作表进行移动和复制，或者将不同工作簿之间的工作表进行移动和复制。下面介绍工作簿内部以及工作簿外部之间表格的移动或复制操作。

本工作簿中的移动或复制

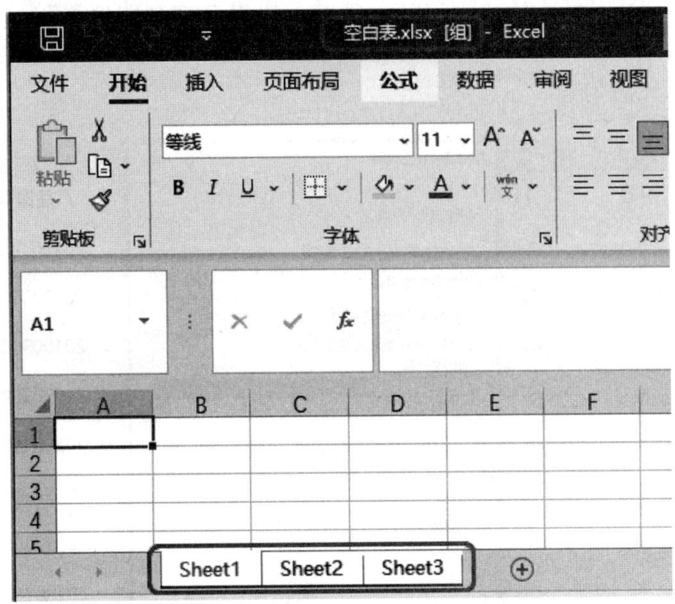

图 1.21　空白表.xlsx 创建工作组

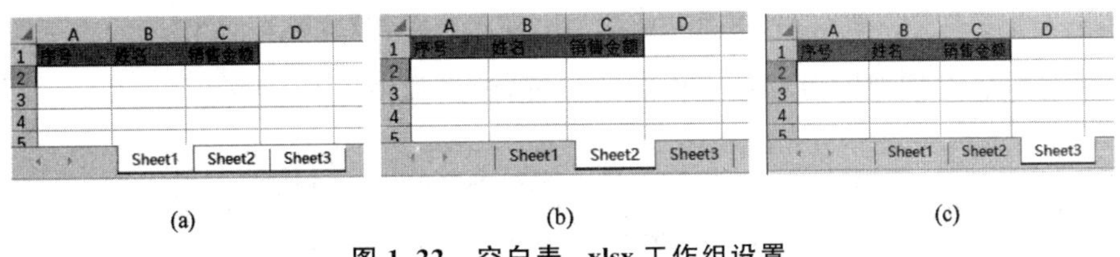

(a)　(b)　(c)

图 1.22　空白表.xlsx 工作组设置

【例 1.5】在销售明细表.xlsx 工作簿中建立一张和已有工作表相同格式的表格。

操作步骤如下：

① 选中要移动的工作表"2019 上半年销售数据明细表"后，单击鼠标右键，在弹出的快捷菜单中选择"移动或复制"命令，如图 1.23 所示。

图 1.23　销售明细表.xlsx 工作表移动或复制 1

② 打开“移动或复制工作表”对话框，设置工作表移动到的位置“采购信息表”，如图 1.24 所示。如果需要复制该工作表，则需要勾选“建立副本”复选框。此处仅进行工作表移动操作，因此，无需勾选。

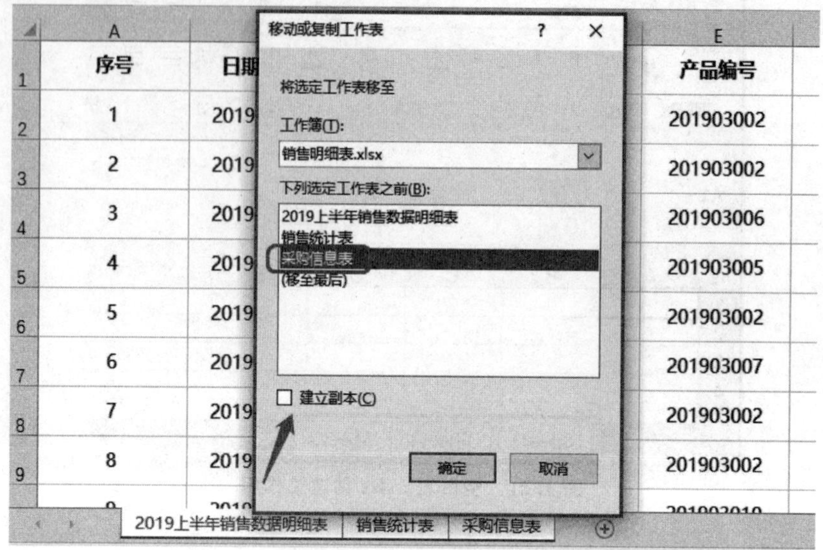

图 1.24　销售明细表 . xlsx 工作表移动或复制 2

③ 单击“确定”按钮即可移动工作表的位置，效果如图 1.25 所示。

5	2019-01-04	SL20190104-1	渠道商7
6	2019-01-08	SL20190108-1	渠道商6
7	2019-02-03	SL20190203-1	渠道商7
8	2019-02-03	SL20190203-2	渠道商8

销售统计表 | 2019上半年销售数据明细表 | 采购信息表

图 1.25　销售明细表 . xlsx 工作表移动或复制 3

跨工作簿移动或复制

【例 1.6】将销售明细表 . xlsx 工作簿中“2019 上半年销售数据明细表”移动或复制到空白表 . xlsx 工作簿中。

操作步骤如下：

① 打开销售明细表 . xlsx 与空白表 . xlsx 两个工作簿，如图 1.26 所示。

② 选中销售明细表 . xlsx 中“2019 上半年销售数据明细表”工作表后，单击鼠标右键，在弹出的快捷菜单中选择“移动或复制”命令，如图 1.27 所示。

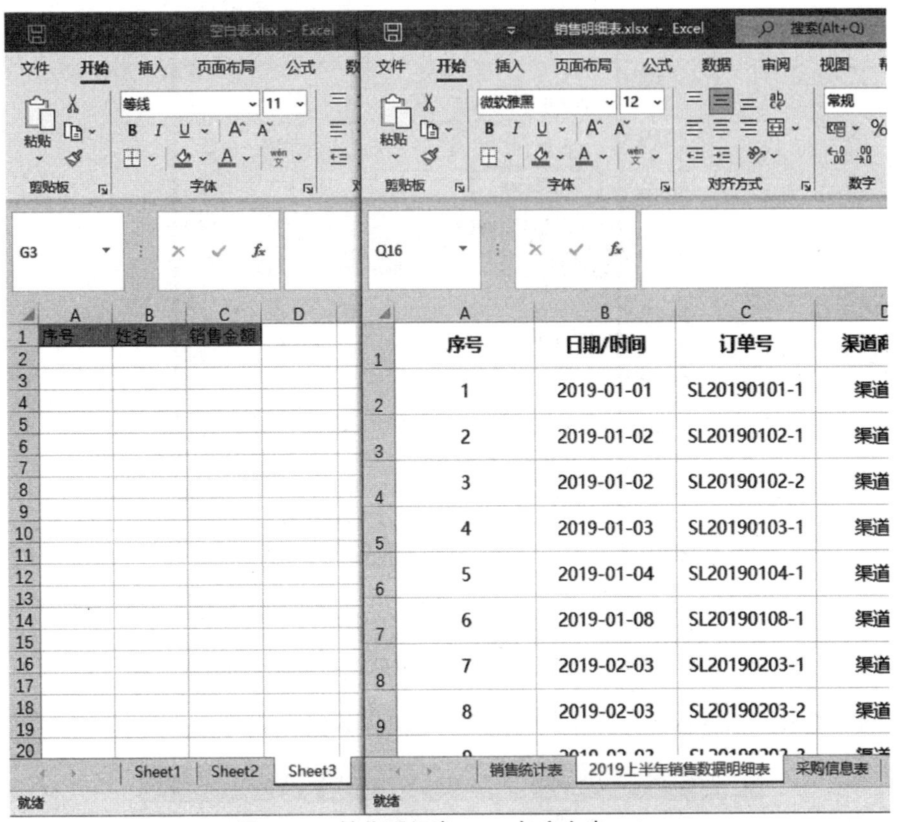

图 1.26 销售明细表.xlsx与空白表.xlsx

图 1.27 销售明细表.xlsx中工作表的跨工作簿移动或复制1

③ 打开“移动或复制工作表”对话框，单击“工作簿”右侧的下拉按钮，在弹出的下拉列表中选中需要复制到的工作簿“空白表.xlsx”。然后在“下列选定工作表”列表框中选中需要复制到的位置“Sheet1”，勾选“建立副本”复选框，最后如图1.28所示。

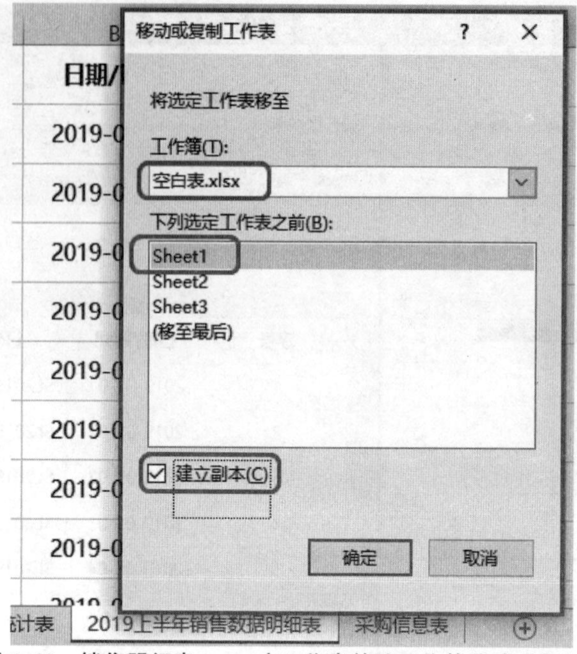

图 1.28　销售明细表.xlsx 中工作表的跨工作簿移动或复制 2

④ 单击“确定”按钮，完成跨工作簿的移动与复制，效果如图 1.29 所示。

图 1.29　跨工作簿移动或复制工作表

1.3.2 单元格

在工作表中编辑数据时，经常需要添加或者删除一些单元格，这时可以通过简单的“插入”命令来实现，例如，在指定位置插入单个单元格或者多行、多列单元格等。如果单元格的设置不满足实际需求，例如，单元格需要合并、单元格的行高和列宽需要调整等，都可以使用相应的设置。

(1) 插入/删除单元格

如果编辑表格的过程中发现丢了一个数据，但是又无法重新录入数据、逻辑不连贯，可以使用“插入”命令在指定位置插入单个空白单元格或者删除不需要的单元格数据。

【例 1.7】人员调职申请书.xlsx 工作簿中，在“申请调职单位”和“调职日期”右侧插入单元格。

操作步骤如下：

① 选中 B2:B3 单元格，单击鼠标右键，在弹出的快捷菜单中选择“插入”，如图 1.30 所示。

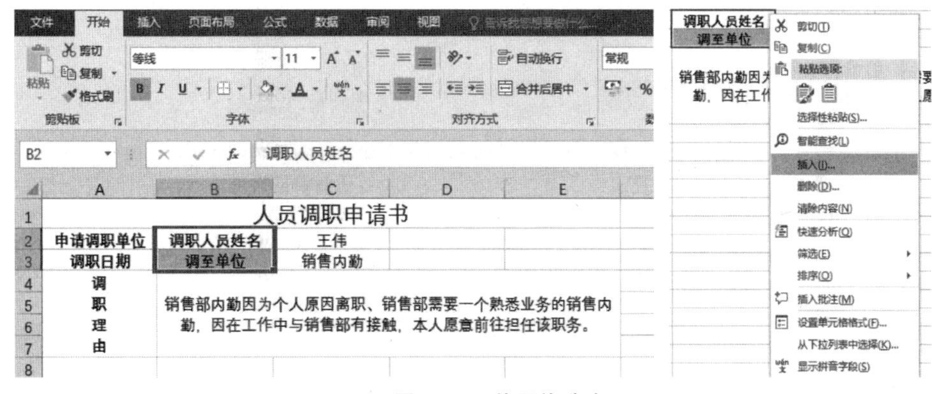

图 1.30 单元格选中

② 打开“插入”对话框，选中“活动单元格右移”命令，如图 1.31 所示。

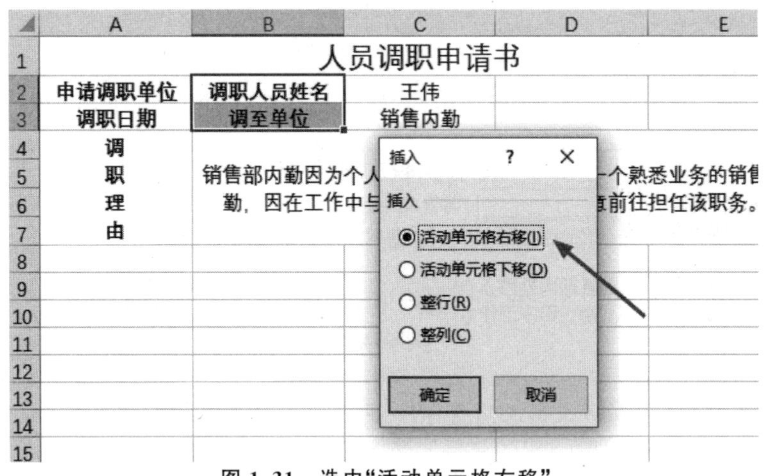

图 1.31 选中“活动单元格右移”

③ 单击“确定”按钮，即可在左侧插入新单元格，如图 1.32 所示。

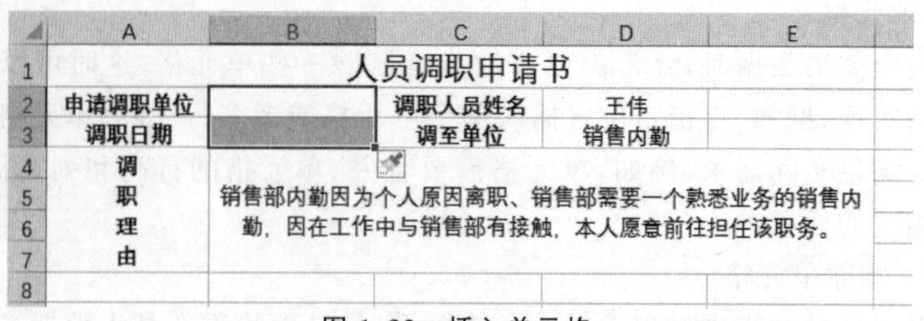

图 1.32　插入单元格

【例 1.8】在上个例子的人员调职申请书.xlsx 工作簿中，删除所插入的单元格。

操作步骤如下：

① 选中要删除的单元格，单击鼠标右键，在弹出的快捷菜单中选择“删除”命令，如图 1.33 所示。

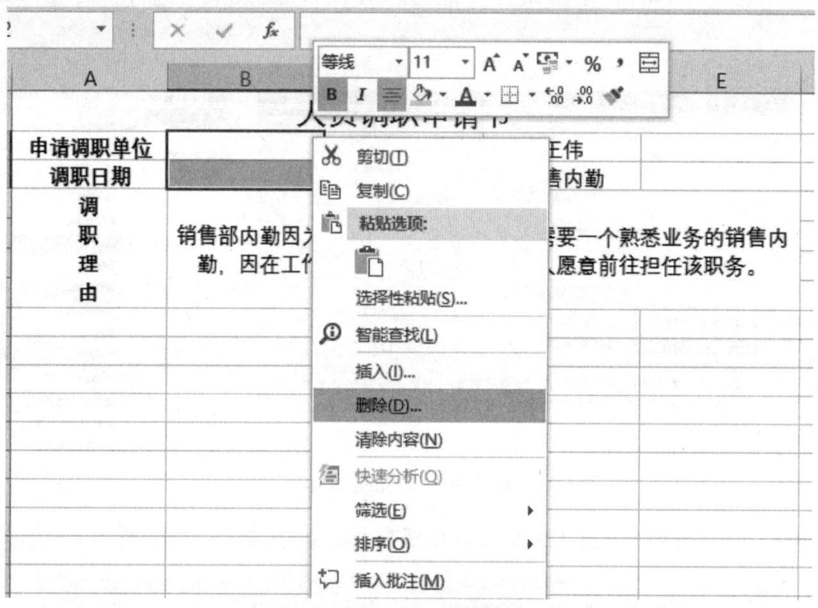

图 1.33　选中“删除”命令

② 在打开的“删除”对话框选中“右侧单元格左移”单选按钮，如图 1.34 所示。

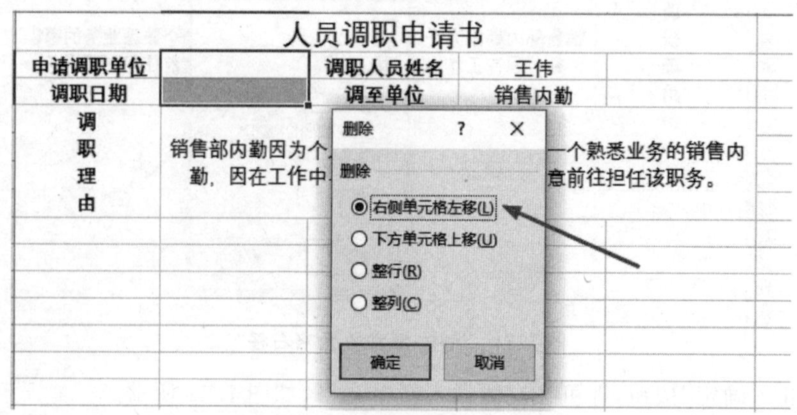

图 1.34　选中“右侧单元格左移”

③ 单击“确定”按钮，即可删除选中的单元格，效果如图 1.35 所示。

	A	B	C	D	E
1	人员调职申请书				
2	申请调职单位	调职人员姓名	王伟		
3	调职日期	调至单位	销售内勤		
4	调	销售部内勤因为个人原因离职、销售部需要一个熟悉业务的销售内勤，因在工作中与销售部有接触，本人愿意前往担任该职务。			
5	职				
6	理				
7	由				
8					

图 1.35　删除单元格

(2) 插入行或列

完成表格编辑后，如果后期想要添加一些新的信息，可以通过插入单行、单列或者多行、多列的方法实现。

【例 1.9】在人员调职申请书 . xlsx 工作簿中的“调职日期”处上方，插入工作表行。

操作步骤：选中 A3 单元格，切换到“开始选项卡”，在“单元格”选项组中单击“插入”按钮，然后在下拉菜单中选择“插入工作表行”命令，如图 1.36 所示。即可在选中的第三行上方插入新行，效果如图 1.37 所示。

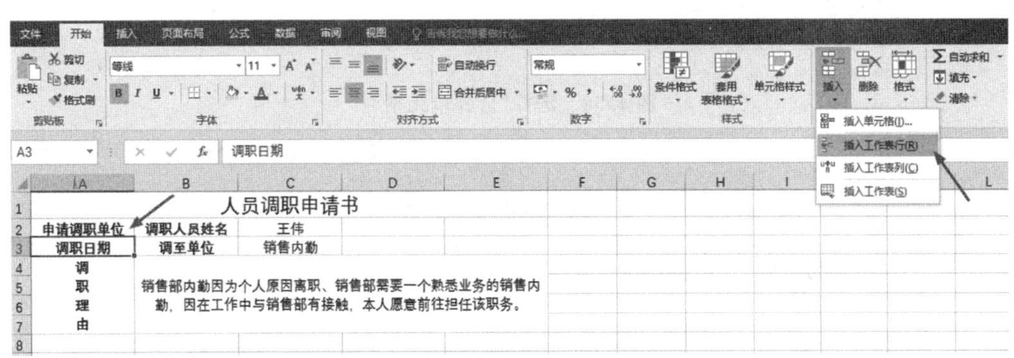

图 1.36　选择“插入工作表行”

	A	B	C	D	E	F	G
1	人员调职申请书						
2	申请调职单位	调职人员姓名	王伟				
3							
4	调职日期	调至单位	销售内勤				
5	调	销售部内勤因为个人原因离职、销售部需要一个熟悉业务的销售内勤，因在工作中与销售部有接触，本人愿意前往担任该职务。					
6	职						
7	理						
8	由						
9							

图 1.37　插入工作表行

(3) 合并单元格

单元格合并是编辑表格过程中经常要用到的一项功能，例如，职位申请表中需要列出求职者的工作经历，就需要使用该功能来表达一对多的关系，让表格的逻辑表达更加清晰。

【例 1.10】在人员调职申请书.xlsx 工作簿中选中“调职理由”，对所选单元格当列的下方三行单元格进行合并。

操作步骤：选中“调职理由”单元格后，在“开始选项卡”的“对齐方式”组中单击“合并后居中”下拉按钮，在下拉菜单中选择“合并单元格”命令，如图 1.38 所示。即可合并多个单元格，效果如图 1.39 所示。

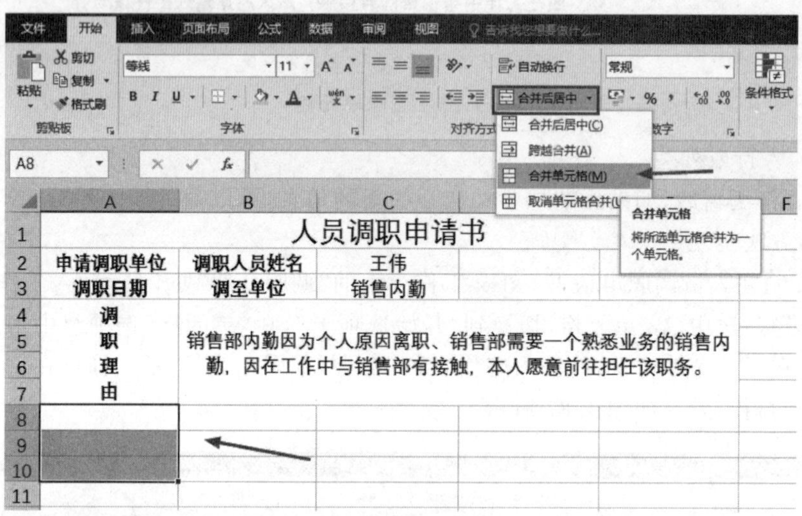

图 1.38　选择“合并单元格”

	A	B	C	D	E
1	人员调职申请书				
2	申请调职单位	调职人员姓名	王伟		
3	调职日期	调至单位	销售内勤		
4	调	销售部内勤因为个人原因离职、销售部需要一个熟悉业务的销售内勤，因在工作中与销售部有接触，本人愿意前往担任该职务。			
5	职				
6	理				
7	由				
8					
9					
10					

图 1.39　合并单元格

（4）设置单元格大小

编辑表格有默认的行高和列宽，如果实际工作中的文本和数字与默认行高或列宽不适合，可以自定义调整行高值和列宽值。

【例 1.11】使用命令调整人员调职申请书.xlsx 工作簿中“人员调整申请书”单元格区域的行高。

操作步骤如下：

① 选中要调整行高的“人员调整申请书”单元格区域，在“开始”选项卡的“单元格”组中单击“格式”下拉按钮，然后在下拉菜单中选择“行高”命令，如图 1.40 所示。

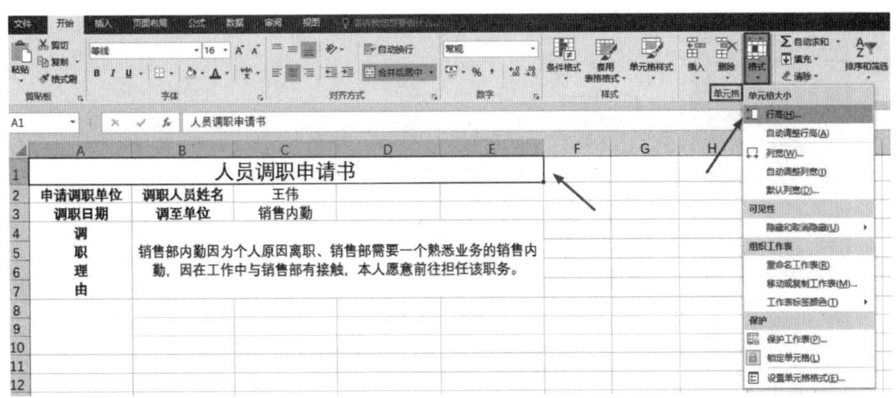

图 1.40 选择“行高”命令

② 打开“行高”对话框，输入精确的行高值(如 35)，如图 1.41 所示。

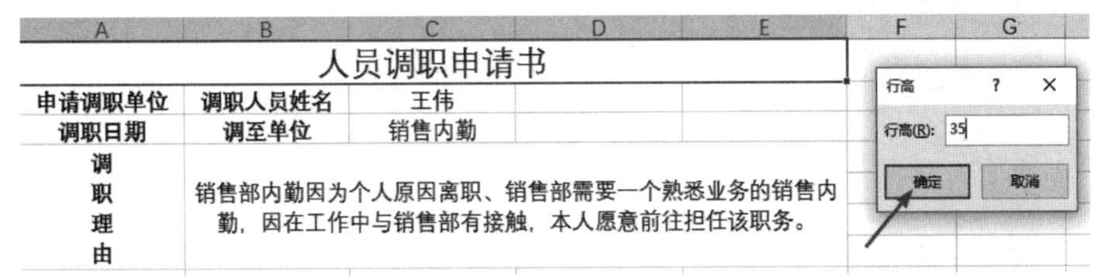

图 1.41 输入行高值

③ 单击“确定”按钮，即可设置选中单元格区域的行高，效果如图 1.42 所示。

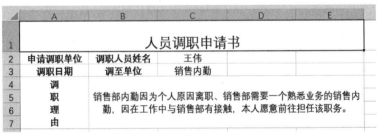

	A	B	C	D	E
1	人员调职申请书				
2	申请调职单位	调职人员姓名	王伟		
3	调职日期	调至单位	销售内勤		
4	调	销售部内勤因为个人原因离职、销售部需要一个熟悉业务的销售内勤，因在工作中与销售部有接触，本人愿意前往担任该职务。			
5	职				
6	理				
7	由				

图 1.42 调整行高

1.3.3 工作簿与工作表的安全保护

安全是“互联网+”时代的首要问题，在进行 Excel 表格文件的操作过程中，同样也要注意安全保护的问题。

(1) 保护工作簿

Excel 表格文件编辑完成后，如果工作簿内容不想被他人看到或修改，可以设置工作簿的保护，他人需要有密码才能打开工作簿。

【例 1.12】对人员调职申请书 .xlsx 工作簿进行加密保护。

操作步骤如下：

① 选择“文件”—“信息”命令，在右侧界面中单击“保护工作簿”下拉按钮，在弹出的下拉列表中选择“用密码进行加密”选项，如图 1.43 所示。

② 打开“加密文档”对话框，输入文档加密密码，如图 1.44 所示。

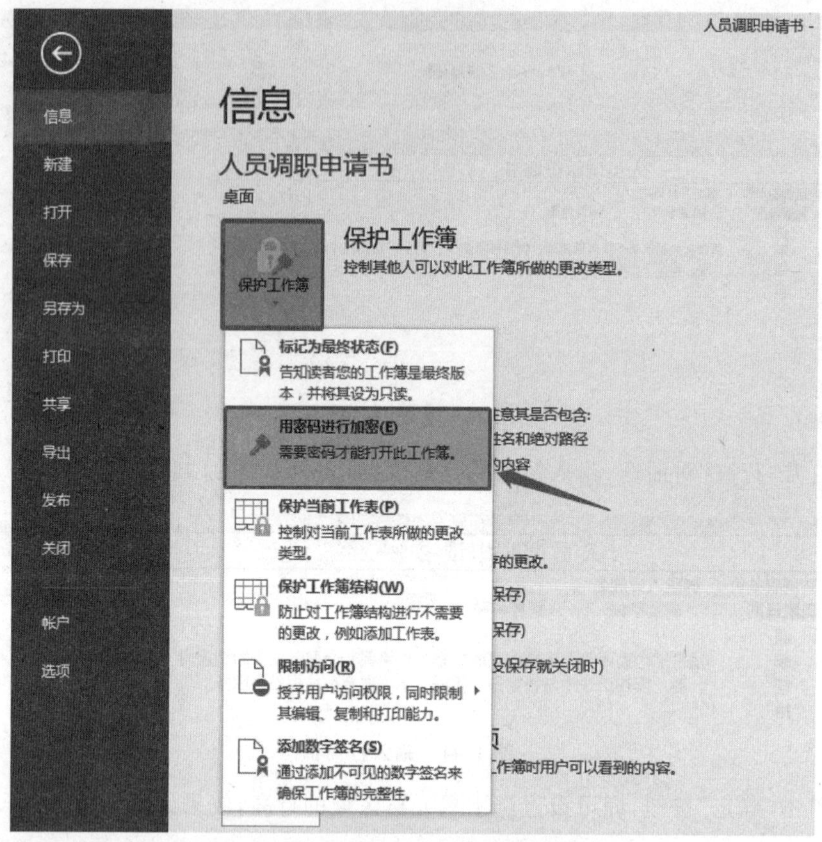

图 1.43　选择“用密码进行加密”

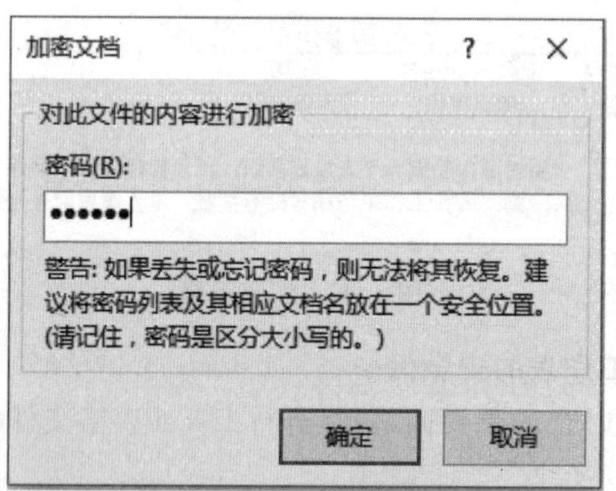

图 1.44　输入文档加密密码

注意：如果要取消密码保护，可以再次打开该对话框，清除文本框内密码即可。

③ 单击“确定”按钮，在弹出的“确认密码”对话框中重新输入密码加以确认，如图 1.45 所示。

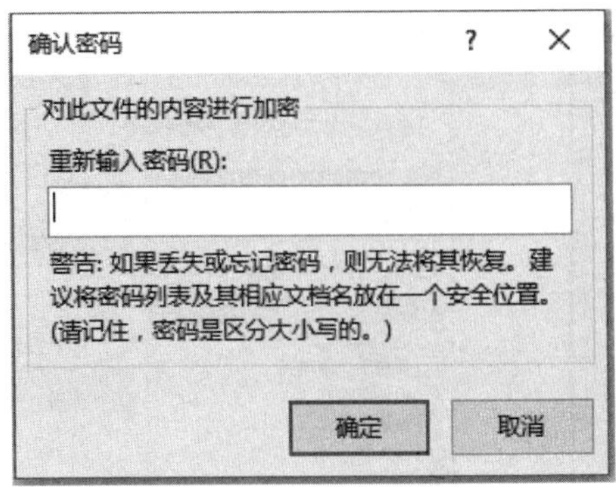

图 1.45　确认文档加密密码

（2）保护工作表

如果工作表数据非常重要，不想被他人随意查看或更改，可以针对工作表进行安全保护，如设置密码保护或者隐藏工作表，也可以设置只允许他人修改工作表中的部分内容。

【例 1.13】对销售明细表.xlsx 工作簿中的“2019 上半年销售数据明细表”工作表进行加密设置，禁止他人编辑工作表。

操作步骤如下：

① 选择要保护的工作表，在“审阅”选项卡的“更改”组中单击“保护工作表”按钮，如图 1.46 所示。

序号	日期/时间	订单号	渠道商名称	产品编号	产品类别
1	2019-01-01	SL20190101-1	渠道商1	201903002	类别1
2	2019-01-02	SL20190102-1	渠道商2	201903002	类别1
3	2019-01-02	SL20190102-2	渠道商3	201903006	类别2
4	2019-01-03	SL20190103-1	渠道商4	201903005	类别2
5	2019-01-04	SL20190104-1	渠道商7	201903002	类别1
6	2019-01-08	SL20190108-1	渠道商6	201903007	类别2
7	2019-02-03	SL20190203-1	渠道商7	201903002	类别1
8	2019-02-03	SL20190203-2	渠道商8	201903002	类别3
9	2019-02-03	SL20190203-3	渠道商1	201903010	类别3
10	2019-02-03	SL20190203-4	渠道商2	201903011	类别3

图 1.46　单击“保护工作表”

② 打开“保护工作表”对话框，设置保护密码，如图 1.47 所示。

③ 单击“确定”按钮，在弹出的“确认密码”对话框中重新输入保护密码加以确认，如图 1.48 所示。

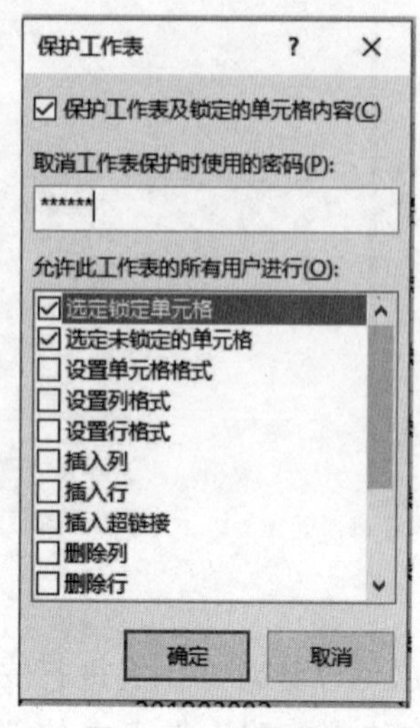

图 1.47　设置保护密码

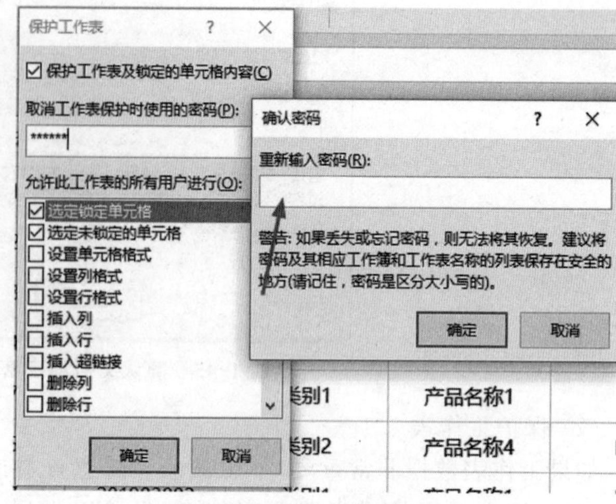

图 1.48　确认保护密码

④ 单击“确定”按钮，即可完成工作表的保护。以后他人想要编辑工作表时，就会弹出提示对话框，如图 1.49 所示。

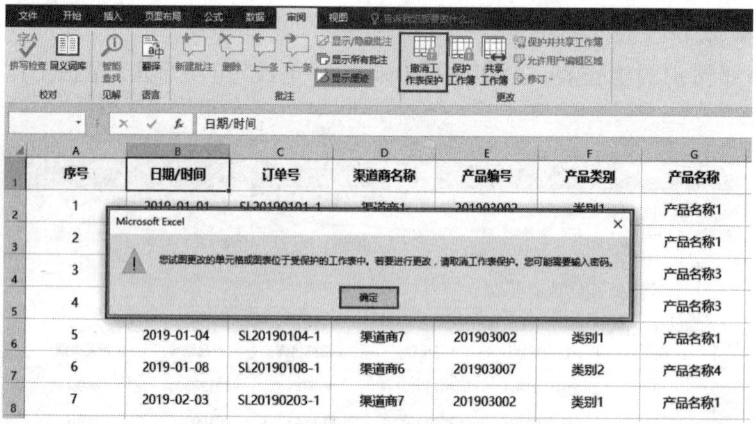

图 1.49　提示对话框

注意：如果要恢复他人对工作表的编辑，可以单击图 1.49 中圈出的“撤销工作表”按钮，但要输入设置保护时使用的密码。

【例 1.14】对销售明细表.xlsx 工作簿中的“2019 上半年销售数据明细表”工作表进行隐藏，实现保护。

操作步骤：选择需要隐藏的工作表，单击鼠标右键，在弹出的快捷菜单中选择“隐藏”命令，如图 1.50 中所示。即可隐藏指定工作表，效果如图 1.51 所示。

图 1.50 选择"隐藏"命令

9	百胜超市	1059	2171	2085
10	多宝利超市	2184	1031	2097
11	丰达超市	1005	2110	2068
12	海福超市	1068	2139	1021
13	和恒超市	1014	1058	994
14	华惠超市	1135	964	2078

销售统计表 采购信息表

图 1.51 隐藏工作表

【例 1.15】对销售明细表.xlsx工作簿中的"2019上半年销售数据明细表"工作表的"订单号"与"渠道商名称"两列单元格区域设置锁定，保护部分单元格区域内容智能被其他人查看，而不能进行操作。

操作步骤如下：

① 选定整个工作表(单击表格区域行号列表交叉处的◢按钮即可全选)，如图 1.52 所示。

	A	B	C	D	E	F	G	H	I	J
1	序号	日期/时间	订单号	渠道商名称	产品编号	产品类别	产品名称	规格型号	单位	供货单价
2	1	2019-01-01	SL20190101-1	渠道商1	201903002	类别1	产品名称1	S	个	¥50.00
3	2	2019-01-02	SL20190102-1	渠道商2	201903002	类别1	产品名称1	S	个	¥50.00
4	3	2019-01-02	SL20190102-2	渠道商3	201903006	类别2	产品名称3	SS	包	¥60.00
5	4	2019-01-03	SL20190103-1	渠道商4	201903005	类别2	产品名称3	LL	瓶	¥50.00
6	5	2019-01-04	SL20190104-1	渠道商7	201903002	类别1	产品名称1	S	个	¥45.00
7	6	2019-01-08	SL20190108-1	渠道商6	201903007	类别2	产品名称4	HH	瓶	¥50.00
8	7	2019-02-03	SL20190203-1	渠道商7	201903002	类别1	产品名称1	LLL	S	¥55.00
9	8	2019-02-03	SL20190203-2	渠道商8	201903002	类别3	产品名称5	SSS	个	¥40.00
10	9	2019-02-03	SL20190203-3	渠道商1	201903010	类别3	产品名称5	5EEE	个	¥30.00
11	10	2019-02-03	SL20190203-4	渠道商2	201903011	类别3	产品名称6	6FF	个	¥40.00

2019上半年销售数据明细表 销售统计表 采购信息表

图 1.52 选定整个工作表

② 在"开始"选项卡的"字体"组中单击 按钮，打开"设置单元格"对话框，切换到"保护"选项卡，取消勾选"锁定"复选框，单击"确定"按钮，如图 1.53 所示。

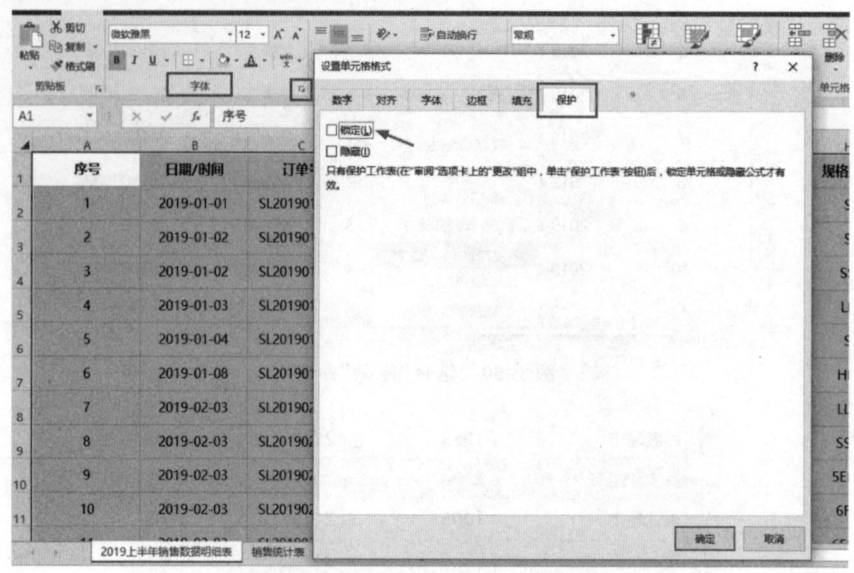

图 1.53　取消勾选"锁定"复选框

③ 在工作表中选择要保护的单元格区域："订单号"与"渠道商名称"两列，如图 1.54 所示。

C1　订单号

	A	B	C	D	E	F	G
1	序号	日期/时间	订单号	渠道商名称	产品编号	产品类别	产品名称
2	1	2019-01-01	SL20190101-1	渠道商1	201903002	类别1	产品名称1
3	2	2019-01-02	SL20190102-1	渠道商2	201903002	类别1	产品名称1
4	3	2019-01-02	SL20190102-2	渠道商3	201903006	类别2	产品名称3
5	4	2019-01-03	SL20190103-1	渠道商4	201903005	类别2	产品名称3
6	5	2019-01-04	SL20190104-1	渠道商7	201903002	类别1	产品名称1
7	6	2019-01-08	SL20190108-1	渠道商6	201903007	类别2	产品名称4
8	7	2019-02-03	SL20190203-1	渠道商7	201903002	类别1	产品名称1
9	8	2019-02-03	SL20190203-2	渠道商8	201903002	类别3	产品名称5
10	9	2019-02-03	SL20190203-3	渠道商1	201903010	类别3	产品名称5
11	10	2019-02-03	SL20190203-4	渠道商2	201903011	类别3	产品名称6

2019上半年销售数据明细表　销售统计表　采购信息表

图 1.54　选定整个工作表

④ 再次从"字体"组中单击打开"设置单元格格式"对话框，选择"保护"按钮，重新勾选"锁定"复选框，如图 1.55 所示。

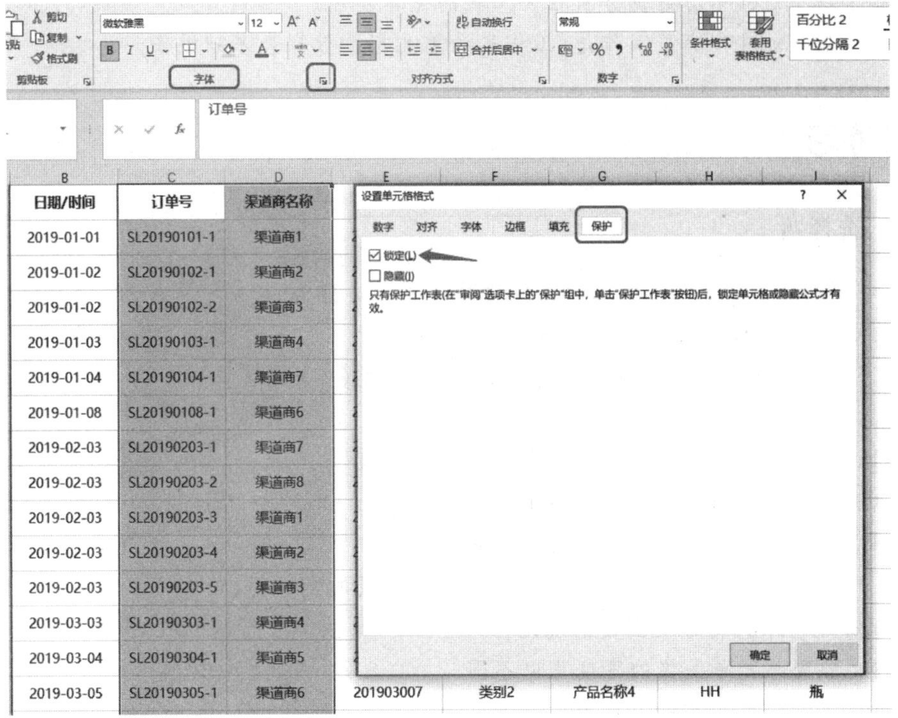

图 1.55 选定整个工作表

⑤ 单击"确定"按钮回到工作表中，然后按照【例 1.13】中介绍的操作步骤执行工作表的保护操作。

⑥ 设置完成后，当试图对这一部分单元格进行更改时，将弹出如图 1.56 所示的提示信息。除这一部分单元格之外的其他单元格都是可以进行操作的。

图 1.56 提示信息

本章要点解析

本章简要介绍了 Excel 工作界面、工作簿与工作表，以及与数据分析相关的工具。本章的要点：

(1)熟悉 Excel 的工作界面，理解 Excel 工作簿和工作表的常识性知识。

(2)了解Excel中与数据分析相关工具的基本功能。

(3)掌握Excel中有关工作簿、工作表及单元格的数据表基础操作。

本章练习

一、选择题

1. 在Excel 2016中，一般工作文件的默认文件类型为(　)

   A. doc　B. mdb　C. xlsx　D. ppt

2. 下列有关Excel工作表命名的说法，正确的是(　)。

   A. 工作表的名字只能以字母开头

   B. 同一个工作簿可以存在两个同名的工作表

   C. 工作表的名字可以自定义拟定

   D. 工作簿默认的工作表名称为Book1

3. 下列有关Excel工作表单元格的说法中，错误的是(　)。

   A. 每个单元格都有固定的地址

   B. 同列不同单元格的宽度可以不同

   C. 若干单元格构成工作表

   D. 同列不同单元格可以选择不同的数字分类

4. 在Excel工作表单元格中，下列(　)是正确的区域表示法。

   A. A1#D4　B. A1..D4

   C. A1:D4　D. A1－D4

二、填空题

1. Excel 2016的工作表标签位于窗口的________。
2. 单击工作表________的矩形块，可以选取整个工作表。
3. 在Excel 2016中，A3指的是________。

三、问答题

1. 简述Excel界面的主要组成部分。
2. 简述工作簿和工作表的关系。
3. Excel文件的类型有哪几种，简述它们的工作表大小。
4. 简述查看工作表大小的方法。

第 2 章 数据存取

本章学习目标

☑ 掌握在 Excel 中导入不同格式的数据；
☑ 掌握在 Excel 中输出不同格式的数据。

本章思维导图

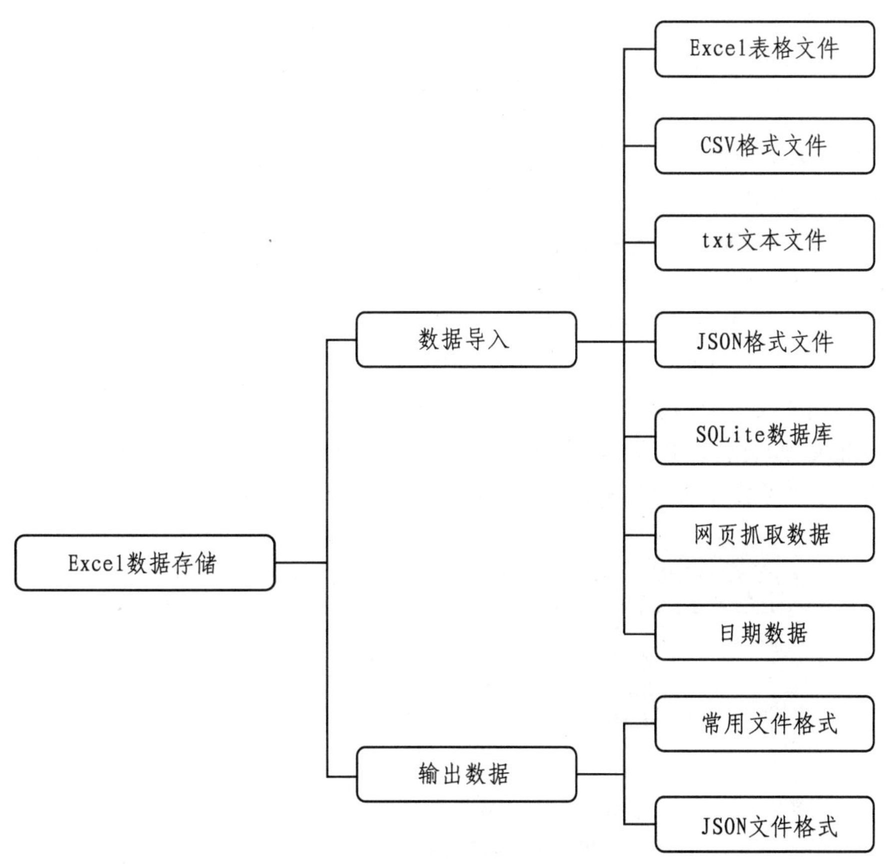

数据源是一切数据分析的基础，在大数据时代，各领域都为数据分析提供了海量的数据源。其中数据可以分为非结构化数据、半结构化数据和结构化数据。目前常见的数据源主要包括各种类型格式的数据文件、数据库和网络资源等。本章主要介绍如何通过Excel读取不同数据源中的数据，学习如何获取多种不同形式的数据。

2.1 导入数据

Excel中常见的生成数据表的方法有两种，第一种是导入外部数据，第二种是直接写入数据。Excel中的“数据”菜单中“获取外部数据”栏与“获取和转换”栏中的“新建查询”功能均可导入数据，如图2.1所示，不仅支持本地表格文件、文本文件、数据库文件等多种格式的数据导入，也支持从外部的专业数据平台导入数据，还支持使用网络爬虫从网页获取数据。

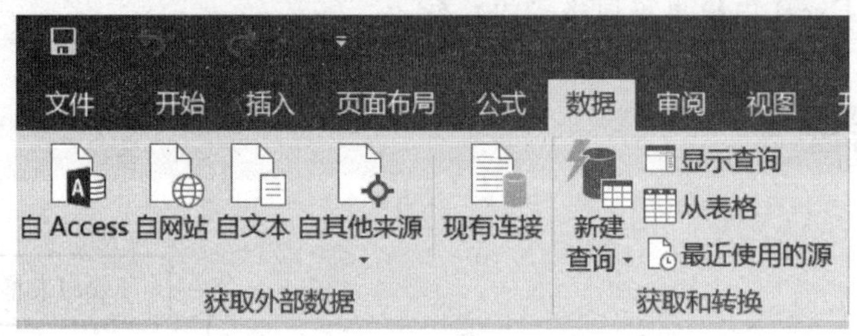

图2.1 导入数据菜单

使用“获取和转换”中的“新建查询”功能导入数据的方法参见1.2.2节中的Power Query部分，这里不再赘述。

2.1.1 导入Excel表格文件数据

Excel属于常用的表格数据存储工具，许多企业或组织都使用Excel记录日常工作中产生的数据。在Excel中导入表格文件非常简单，直接双击文件即可打开，也可以从“文件”菜单中单击“打开”，在文件存放的相应位置选择并打开文件。

【例2.1】餐饮企业的决策者想要了解影响餐厅销量的一些因素，如天气的好坏、促销活动是否能够影响餐厅的销量，周末和非周末餐厅销量是否有大的差别。本地文件sales.xlsx存放了餐厅收集的数据，部分数据显示如图2.2所示。

	A	B	C	D	E
1	序号	天气	是否周末	是否有促销	销量
2	1	坏	是	是	高
3	2	坏	是	是	高
4	3	坏	是	是	高
5	4	坏	否	是	高
6	5	坏	是	是	高
7	6	坏	否	是	高
8	7	坏	是	否	高

图2.2 餐厅数据集 sales.xlsx

2.1.2 导入CSV格式文件数据

CSV文件也被称为字符分割文件，是一种用分隔符分割的文本文件格式，分隔符一般使用逗号，也可以使用空格、制表符“Tab 键”等。由于 Excel 文件在存放大量数据时会占用较大的存储空间，且读入数据时也会占用大量的内存，因此，大数据量的数据存储常常使用 CSV 文件格式。

在 Excel 中导入 CSV 格式文件和导入 Excel 表格文件一样，直接双击文件，或者使用“文件”菜单中的“打开”，也可以从“数据”菜单的“获取外部数据”中单击“自文本”，使用文本导入向导完成 CSV 文件数据的导入，如图 2.3 所示。

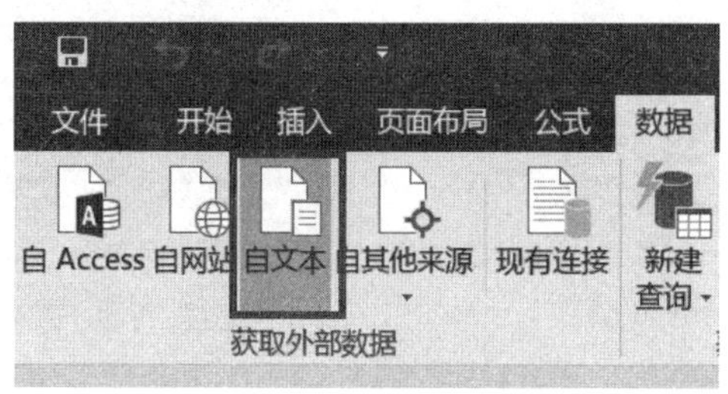

图 2.3 “自文本”导入数据

【例 2.2】将餐厅收集的数据保存为 sales. csv，使用文本导入向导打开 CSV 文件的过程分为三步，如图 2.4 所示，其数据内容与 sales. xlsx 相同。

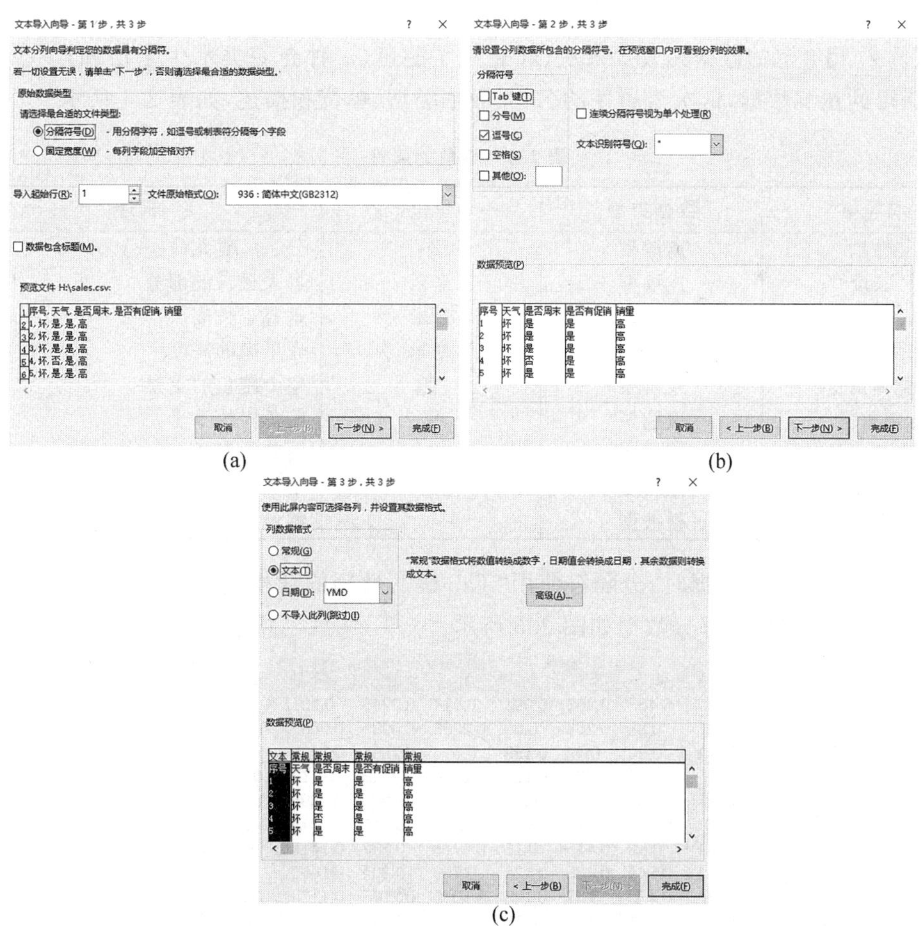

图 2.4 文本导入向导

从图 2.4(b)中可以看出，常用的分隔符有制表符、分号、逗号和空格，也可以自定义分隔符。图 2.4(c)中的数据格式设置非常重要，错误的数据类型会导致读入的数据不正确。例如，股票代码很多是以 00 或 000 开头的，如图 2.5(a)所示，如果将其数据格式设置为数字，就会出现如图 2.5(b)中的情况，股票代码开头的 0 不显示，这显然是错误的。

	A	B	C	D	E	F	G	H
1	股票代码	股票名称	上榜次数	累积购买额(万)	累积卖出额(万)	净额(万)	买入席位数	卖出席位数
2	002738	中矿资源	1	94671.16	50600.25	44070.91	5	4
3	600277	亿利洁能	1	49761.42	21139.34	28622.08	5	5
4	002162	悦心健康	3	56783.42	34385.91	22397.51	15	12
5	000893	亚钾国际	1	31836.65	9749.13	22087.52	5	5
6	000065	北方国际	2	41169.64	19898.44	21271.2	7	7
7	600056	中国医药	2	40336.09	19130.2	21205.89	10	10
8	300603	立昂技术	2	92086.86	71706.5	20380.36	9	10
9	002762	金发拉比	1	37965.37	21868.49	16096.88	5	5
10	600490	鹏欣资源	2	36866.3	20928.12	15938.19	10	9
11	002699	美盛文化	2	63402.95	49102.12	14300.83	9	9
12	000889	中嘉博创	2	35915.62	22501.24	13414.38	5	10
13	600199	金种子酒	1	51415.75	38357.22	13058.53	5	5
14	002997	瑞鹄模具	1	35219.79	22583.58	12636.21	5	5
15	300279	和晶科技	1	14701.01	2113.9	12587.11	5	5
16	002941	新疆交建	1	17023.09	4467.46	12555.63	5	5
17	002192	融捷股份	1	51636.75	40780	10856.75	5	3
18	001227	兰州银行	1	18453.5	8402	10051.49	5	5
19	600668	尖峰集团	1	27875.41	17958.52	9916.89	5	5
20	002639	雪人股份	2	100278.99	90635.8	9643.19	7	6

(a)

	A	B	C	D	E	F	G	H
1	股票代码	股票名称	上榜次数	累积购买额(万)	累积卖出额(万)	净额(万)	买入席位数	卖出席位数
2	2738	中矿资源	1	94671.16	50600.25	44070.91	5	4
3	600277	亿利洁能	1	49761.42	21139.34	28622.08	5	5
4	2162	悦心健康	3	56783.42	34385.91	22397.51	15	12
5	893	亚钾国际	1	31836.65	9749.13	22087.52	5	5
6	65	北方国际	2	41169.64	19898.44	21271.2	7	7
7	600056	中国医药	2	40336.09	19130.2	21205.89	10	10
8	300603	立昂技术	2	92086.86	71706.5	20380.36	9	10
9	2762	金发拉比	1	37965.37	21868.49	16096.88	5	5
10	600490	鹏欣资源	2	36866.3	20928.12	15938.19	10	9
11	2699	美盛文化	2	63402.95	49102.12	14300.83	9	9
12	889	中嘉博创	2	35915.62	22501.24	13414.38	5	10
13	600199	金种子酒	1	51415.75	38357.22	13058.53	5	5
14	2997	瑞鹄模具	1	35219.79	22583.58	12636.21	5	5
15	300279	和晶科技	1	14701.01	2113.9	12587.11	5	5
16	2941	新疆交建	1	17023.09	4467.46	12555.63	5	5
17	2192	融捷股份	1	51636.75	40780	10856.75	5	3
18	1227	兰州银行	1	18453.5	8402	10051.49	5	5
19	600668	尖峰集团	1	27875.41	17958.52	9916.89	5	5
20	2639	雪人股份	2	100278.99	90635.8	9643.19	7	6

(b)

图 2.5 设置数据格式

2.1.3 导入 txt 文本文件数据

虽然以 txt 文本文件格式存放数据的形式并不常用，但在一些特殊情况下仍然被使用。在 Excel 中可以通过“数据”菜单操作导入 txt 文本文件，过程和 CSV 文件相同。

【例 2.3】给定的数据集 abalone.txt 记录了鲍鱼(一种介壳类水生生物)的一些比较容易获得的量测数据，依次为属性的名称、数据类型、单位和描述，如表 2.1 所示。

表 2.1 鲍鱼的属性

特征名	数据类型	单位	描述
性别	离散型	—	公、母、婴儿(1、−1、0)
长度	连续型	毫米	贝壳最长的部分
直径	连续型	毫米	垂直于长度
高度	连续型	毫米	壳里肉的高度
整体重量	连续型	克	整个鲍鱼的重量
肉重量	连续型	克	鲍鱼肉的重量
内脏重量	连续型	克	内脏的重量
壳重	连续型	克	干了之后的壳重
年龄	整数型	—	鲍鱼的年龄

使用 Excel 导入数据时，分隔符使用“Tab 键”，性别的数据类型为离散型，对应的数据格式设置为“文本”，部分数据如图 2.6 所示。

	A	B	C	D	E	F	G	H	I
1	1	0.455	0.365	0.095	0.514	0.2245	0.101	0.15	15
2	1	0.35	0.265	0.09	0.2255	0.0995	0.0485	0.07	7
3	-1	0.53	0.42	0.135	0.677	0.2565	0.1415	0.21	9
4	1	0.44	0.365	0.125	0.516	0.2155	0.114	0.155	10
5	0	0.33	0.255	0.08	0.205	0.0895	0.0395	0.055	7
6	0	0.425	0.3	0.095	0.3515	0.141	0.0775	0.12	8
7	-1	0.53	0.415	0.15	0.7775	0.237	0.1415	0.33	20
8	-1	0.545	0.425	0.125	0.768	0.294	0.1495	0.26	16
9	1	0.475	0.37	0.125	0.5095	0.2165	0.1125	0.165	9
10	-1	0.55	0.44	0.15	0.8945	0.3145	0.151	0.32	19

图 2.6 鲍鱼数据集

2.1.4 导入 Json 格式文件数据

Json 是一种轻量级的数据交换格式,功能上类似于 XML,但是 Json 的数据更容易解析,更小、速度更快。Json 是一种完全独立于编程语言的文本格式,因此 Json 可以运用于不同的语言中。采用完全独立于编程语言的文本格式来存储和表示数据,占用空间小,易于传输、阅读和编写,同时也易于机器解析和生成,并有效地提升网络传输效率。

(1) 以文本文件方式导入数据

在 Excel 中不能直接导入 Json 文件中的数据,首先应将 Json 文件扩展名 json 更改为 txt,将其转换为文本文件,然后按照 txt 文本文件的打开方式导入数据。

【例 2.4】 sites. json 文件是某数据分析师使用网络爬虫获取的用户数据,包括用户的 id,其访问的网站名,网站的 url 地址,以及用户所喜欢的产品,部分示例数据如图 2.7 所示。

```
{
  "id":["1","2","3"],
  "name":["Google","Runoob","Taobao"],
  "url":["www.google.com","www.runoob.com","www.taobao.com"],
  "likes":[ 111,222,333]
}
```

图 2.7 Json 文件数据集

操作步骤如下:

① 使用 Excel 导入数据时,先将"sites. json"文件重命名为"sites. txt",然后使用"数据"菜单下"获取外部数据"中的"自文本"读取数据,其中分隔符和数据格式设置如图 2.8 所示。

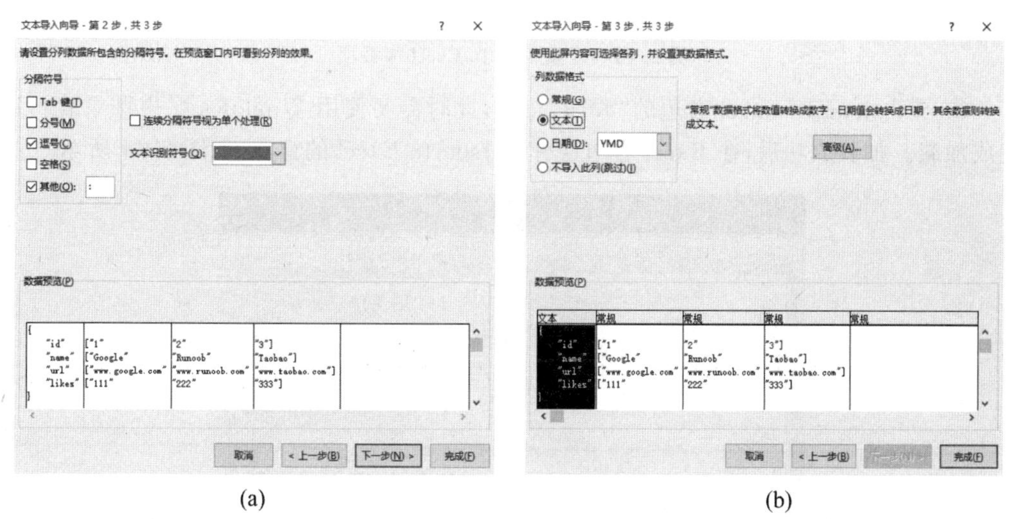

图 2.8 设置分隔符和数据格式

② 导入数据结果如图 2.9(a)所示,显然数据中包含了许多不能用于数据分析处理的花括号、方括号、引号等符号,可以使用"查找和替换"中的替换功能依次将上述符号去掉。

③ 选中所有数据并复制(快捷键"Ctrl+c"),再点击右键使用"选择性粘贴"中的"转

置”功能，即可得到如图 2.9(b)所示的结果。当然，Excel 中的行列转换也可以使用 TRANSPOSE()函数来实现：先选择区域，然后写公式(=TRANSPOSE(A2:D5))，再同时按“Ctrl+Shift+Enter”即可。

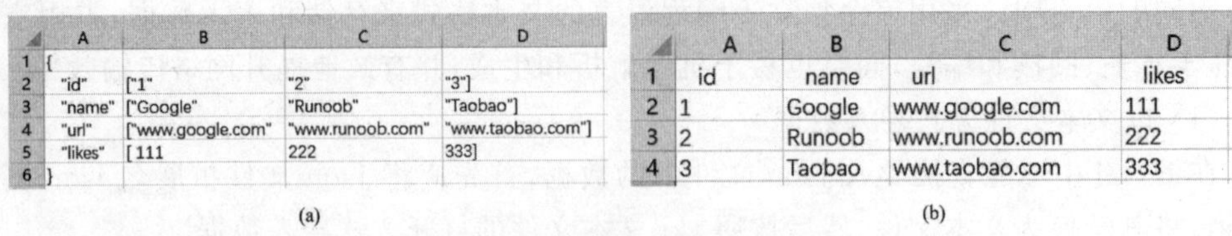

	A	B	C	D
1	{			
2	"id"	["1"	"2"	"3"]
3	"name"	["Google"	"Runoob"	"Taobao"]
4	"url"	["www.google.com"	"www.runoob.com"	"www.taobao.com"]
5	"likes"	[111	222	333]
6	}			

(a)

	A	B	C	D
1	id	name	url	likes
2	1	Google	www.google.com	111
3	2	Runoob	www.runoob.com	222
4	3	Taobao	www.taobao.com	333

(b)

图 2.9　Json 格式数据的转换结果

(2) 使用 Office 加载项导入数据

在 Excel 中，也可以使用 Office 提供的免费加载项“Json to Excel”导入 Json 文件中的数据。加载“Json to Excel”的具体过程：

① 在“插入”菜单的“加载项”面板中点击“我的加载项”，弹出“Office 相关加载项”对话框，在“应用商店”中搜索 Json to Excel，如图 2.10 所示。

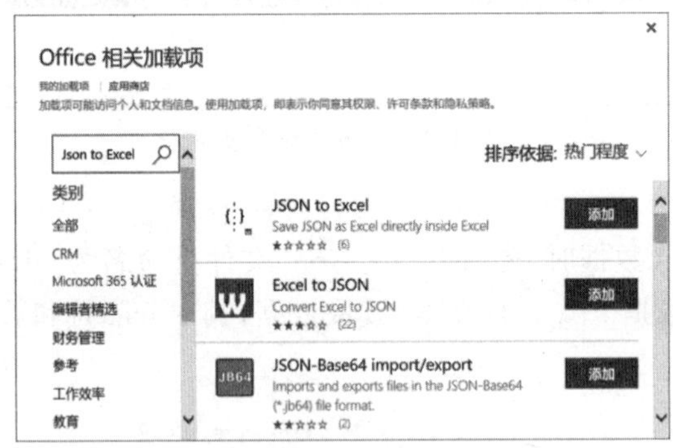

图 2.10　搜索 Json to Excel 加载项

② 点击 Json to Excel 右边的“添加”按钮，此时需要使用 Windows 账户登录就可以完成加载。加载成功后，在 Excel 右边会弹出 Json to Excel 的窗口，如图 2.11 所示。

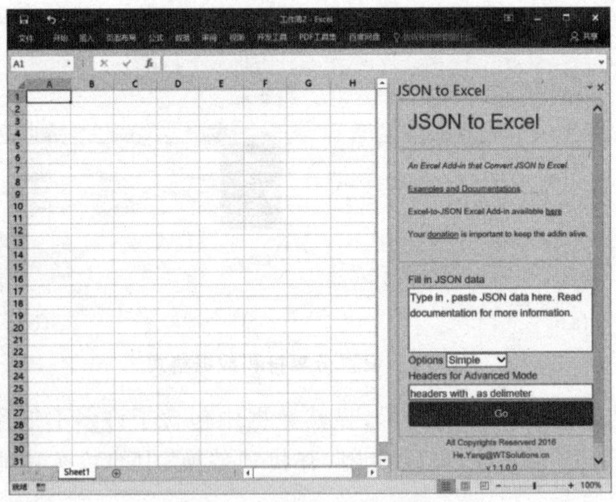

图 2.11　Json to Excel 窗口

【例 2.5】sites.json 文件中存储了网站的用户数据，包括了用户 id，其访问的网站名，网站 url 地址，以及用户所喜欢的产品，将其导入 Excel 表格。

操作步骤如下：

① 在 Excel 中打开“插入”菜单“加载项”面板中“我的加载项”，在弹出“Office 相关加载项”窗口中选择已经加载的 Json to Excel，如图 2.12 所示。

② 用记事本将 sites.json 文件打开，复制文件内容并粘贴在 Json to Excel 中，点击“Go”按钮，转换完成之后的数据即显示在表格中。

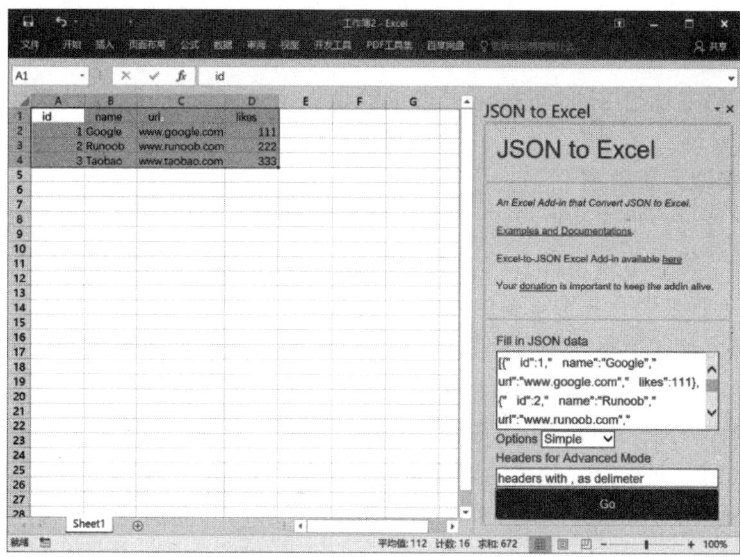

图 2.12 Json to Excel 窗口

2.1.5 导入 SQLite 数据库数据

SQLite 是一个软件库，实现了自给自足的、无服务器的、零配置的、事务性的 SQL 数据库引擎。SQLite 是在世界上最广泛部署的 SQL 数据库引擎，且 SQLite 源代码不受版权限制。

SQLite 引擎不是一个独立的进程，是一个进程内的库。就像其他数据库，SQLite 可以按应用程序需求进行静态或动态连接。在 Excel 中，可以通过 ODBC 来访问操作 SQLite 数据库，其具体过程：

① 下载并安装第三方组件库的 SQLite ODBC Driver；

② 在控制面板的管理工具中找到数据源(ODBC)，添加 ODBC driver for sqlite，并配置数据源连接；

③ 打开 Excel 的 VBA 代码编辑窗口，通过菜单栏的“工具”→“引用”添加 Microsoft ActiveX Data Objects 2.7 Library，目的是使用 VBA 的数据库连接功能连接 SQLite 数据库；

④ 在 VBA 代码窗口输入代码：

```
Sub 读取数据库数据()
Dim conn As New ADODB.Connection '引用 ADO
Dim ConnstrAs String
Connstr="Driver={SQLite3 ODBC Driver};Database=" & ThisWorkbook.Path & "\\test_database.db"
conn.Open Connstr
conn.Execute "Select * from sales_table "
conn.Close
End Sub
```

上面的代码会连接“test_database”这个数据库文件，然后将数据表 sales_table 中的数据导入 Excel 的工作表中。

2.1.6 爬取网页数据

除了从文件和数据库获取数据源以外，获取数据源的另一个常用途径就是使用爬虫爬取网络数据。网络上每天都会产生大量的数据，这些数据具有实时性、种类丰富等特点，对于数据分析来说是非常重要的数据来源。

网页中经常使用表格作为数据呈现的方式，因此获取表格数据是网络爬取中最常用的获取数据的方式。使用 Excel 可以很方便地获取网页中的表格数据。

【例 2.6】从中国天气网爬取北京天气预报。

中国天气网上北京天气预报的网址为：

http://www.weather.com.cn/textFC/beijing.shtml，在浏览器中打开网页，如图 2.13 所示。

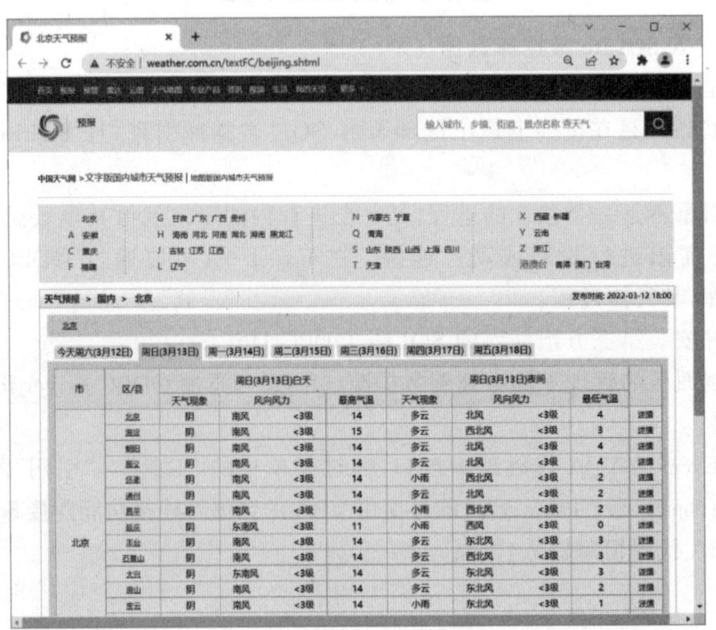

图 2.13　北京天气预报网页

使用 Excel 爬取数据的过程：

① 从“数据”菜单的“获取外部数据”栏中点击“自网站”，弹出“新建 Web 查询”对话框(如果弹出一些脚本提示对话框，全部选择“是”)，在地址栏输入网址，点击地址栏右边的“转到”按钮，即可加载网页信息，如图 2.14 所示。

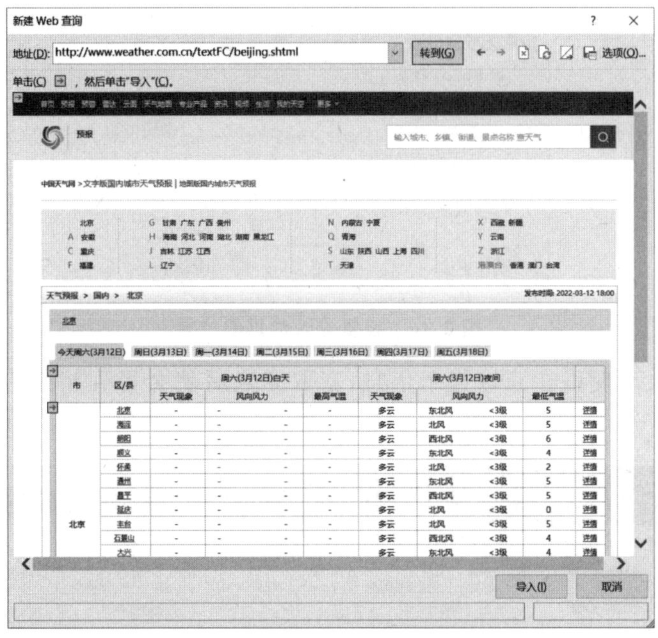

图 2.14　加载北京天气预报网页信息

② 网页加载完成后，会出现一些黄色带箭头的方块，点击需要导入的数据部分的箭头块，使之变为对钩，然后点击“导入”按钮，如图 2.15 所示。

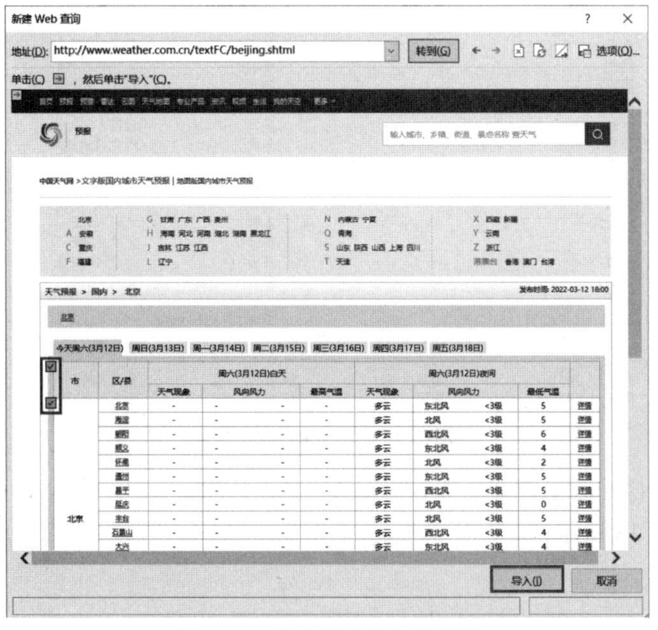

图 2.15　选中需要导入的数据

③ 弹出“导入数据”对话框，选择数据的放置位置，如图 2.16 所示，默认为工作表第一个单元格，也可以通过点击文本框右边的按钮选择其他位置，然后点击“确定”。

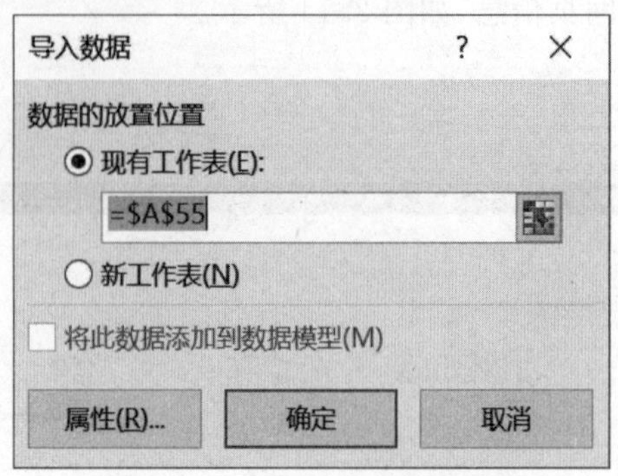

图 2.16　设置导入数据的位置

④ 工作表会出现正在获取提示信息，获取完成后就会得到相应的数据信息，如图 2.17 所示。

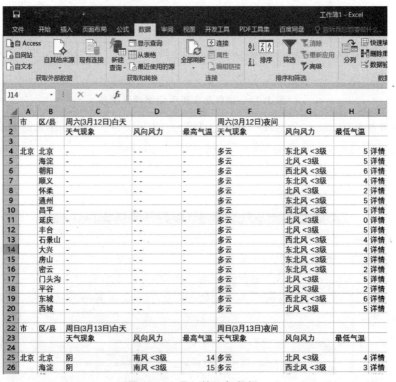

	A	B	C	D	E	F	G	H	I
1	市	区/县	周六(3月12日)白天			周六(3月12日)夜间			
2			天气现象	风向风力	最高气温	天气现象	风向风力	最低气温	
3									
4	北京	北京	-	- -	-	多云	东北风 <3级	5	详情
5		海淀	-	- -	-	多云	北风 <3级	5	详情
6		朝阳	-	- -	-	多云	西北风 <3级	6	详情
7		顺义	-	- -	-	多云	东北风 <3级	4	详情
8		怀柔	-	- -	-	多云	北风 <3级	2	详情
9		通州	-	- -	-	多云	东北风 <3级	5	详情
10		昌平	-	- -	-	多云	西北风 <3级	5	详情
11		延庆	-	- -	-	多云	北风 <3级	0	详情
12		丰台	-	- -	-	多云	北风 <3级	5	详情
13		石景山	-	- -	-	多云	西北风 <3级	4	详情
14		大兴	-	- -	-	多云	东北风 <3级	4	详情
15		房山	-	- -	-	多云	东北风 <3级	3	详情
16		密云	-	- -	-	多云	东北风 <3级	2	详情
17		门头沟	-	- -	-	多云	北风 <3级	5	详情
18		平谷	-	- -	-	多云	北风 <3级	2	详情
19		东城	-	- -	-	多云	西北风 <3级	6	详情
20		西城	-	- -	-	多云	北风 <3级	5	详情
21									
22	市	区/县	周日(3月13日)白天			周日(3月13日)夜间			
23			天气现象	风向风力	最高气温	天气现象	风向风力	最低气温	
24									
25	北京	北京	阴	南风 <3级	14	多云	北风 <3级	4	详情
26		海淀	阴	南风 <3级	15	多云	西北风 <3级	3	详情

图 2.17　导入的天气数据

⑤ Excel 也自带数据刷新功能，在“数据”菜单“连接”栏中找到“全部刷新”下的“连接属性”，如图 2.18 所示。

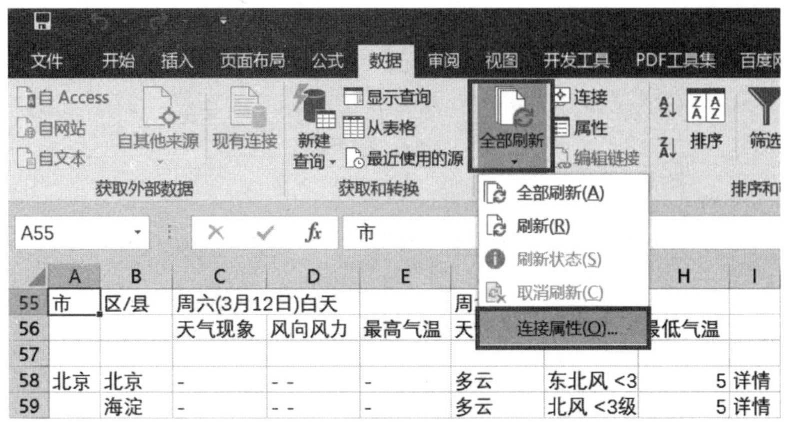

图 2.18 刷新数据

⑥ 在“连接属性”对话框中选择刷新条件,刷新频率、时间等,如图 2.19 所示,然后 Excel 就会依照设定的刷新属性自动更新数据。

图 2.19 连接属性对话框

⑦ 也可以使用“数据”菜单的“获取和转换”栏中的“新建查询”,选择“从其他源”下的“从 Web”选项,获取网页的表格数据,如图 2.20 所示。

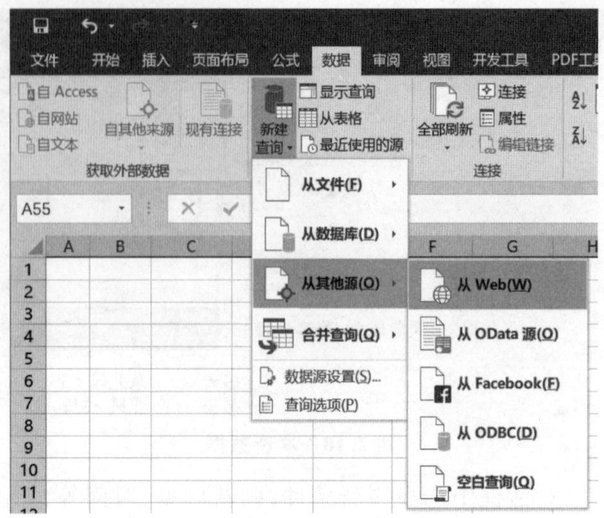

图 2.20 “从 Web”方式获取网页表格数据

当然利用 Excel 表格来爬取数据有优点有缺点。优点是利用 Excel 本身自带功能进行数据抓取更新，简单方便，不用涉及编程等繁琐的操作。缺点就是 Excel 网页数据抓取只能抓取表格数据，无法爬取文本类数据、图片类数据等。

2.1.7 输入日期型数据

日期型数据是表示日期的数据，虽然也是数字，但是 Excel 将其视为特殊的数值，并规定了严格的输入格式。日期的默认格式是{mm/dd/yyyy}，其中 mm 表示月份，dd 表示日期，yyyy 表示年度，固定长度为 8 位。在 Excel 中输入日期时，也可以用斜线“/”或者短线“-”来分隔日期中的年、月、日部分，Excel 则可辨认出所输入数据为日期，否则会被视为文本数据格式处理。

【例 2.7】人力资源部门为记录公司员工出勤情况，需要记录员工的刷卡日期。daily. xlsx 文件中存放了人员编号及姓名数据，如图 2.21 所示。

	A	B	C	D
1	人员编号	姓名	刷卡日期	刷卡时间
2	100122	周鹏程		
3	100147	温昊妍		
4	100109	万琪		
5	100139	郑聪瑶		
6	100129	张娜		
7	100140	唐思懿		
8	100128	张涛		
9	100114	赵逢		
10	100154	房彬		
11	100152	李灵洁		
12	100102	王梦缘		
13	100150	卢泓宇		
14	100157	唐振隆		
15	100172	于杰		
16	100179	黄淇尧		
17	100110	田道光		
18	100144	张聪聪		
19	100156	杜艺璠		
20	100164	陈玉倩		
21	100131	阎仁杰		
22	100113	游三龙		

图 2.21 daily. xlsx 文件数据

可通过如下几种方式输入日期数据：

(1)常规输入

右击空白单元格，选择“设置单元格格式”，在“分类”中选择“日期”，可在右侧“类型”列表中选择日期类型，如选择为“2012 年 3 月 14 日”，单击“确定”按钮。再在空白单元处输入日期，如输入 2021/05/10 或 2021-05-10，则会自动显示为所设置的格式，展示为 2022 年 5 月 10 日，如图 2.22 所示。

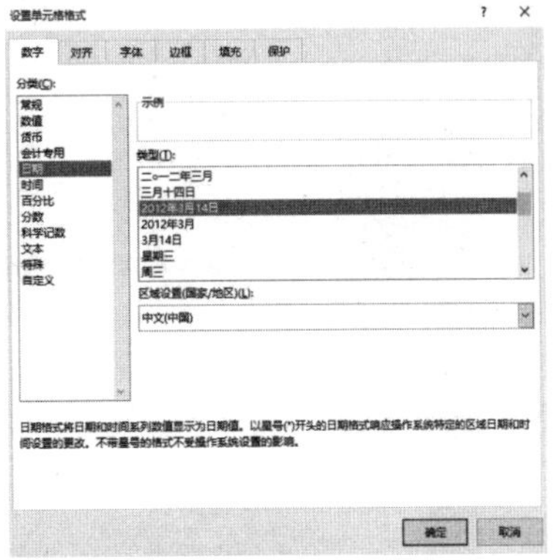

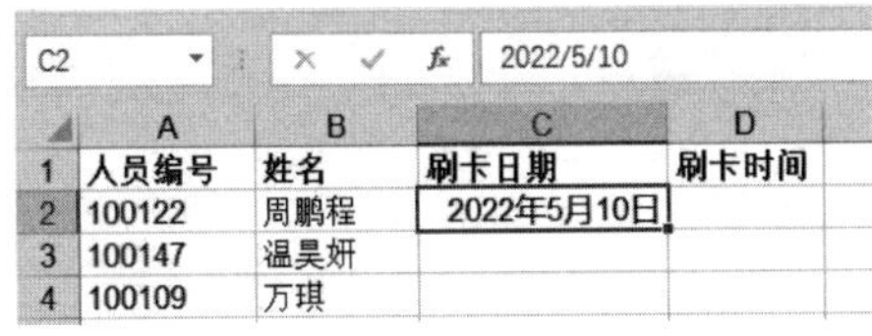

图 2.22　常规输入日期数据

(2) 快速输入

按“Ctrl ＋ ;”组合键，即可快速生成当天日期；按“Ctrl ＋ Shift ＋ ;”组合键，即可快速生成当前时间。操作结果展示如图 2.23 所示。

C3　　2022/5/11

	A	B	C	D
1	人员编号	姓名	刷卡日期	刷卡时间
2	100122	周鹏程	2022年5月10日	
3	100147	温昊妍	2022/5/11	1:58:00
4	100109	万琪		

图 2.23　快速输入日期数据

(2)批量输入

当所需录入日期均一致时，可以将鼠标指针移至单元格右下角至指针变成✚形状，单击按钮后，在所出现的下拉列表中选择▣“等于”单选按钮，即可输入相同时间了。

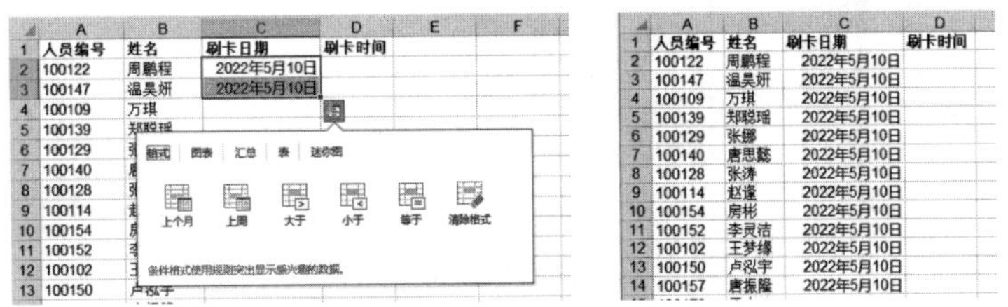

图 2.24　批量输入日期数据

2.2 输出数据

与导入数据源类似，可以将数据和分析结果存储到多种文件中，不仅包括 Excel 文件、CSV 文件、文本文件等常用文件格式，还可以输出为 Json 文件格式。

2.2.1 输出为常用文件格式

在 Excel 中，可以将表格数据存储为 xlsx、xls、csv、txt 等文件类型，只需要在“文件”菜单中选择“保存”或“另存为”，在弹出的对话框中选择相应的“保存类型”即可，如图 2.25 所示。

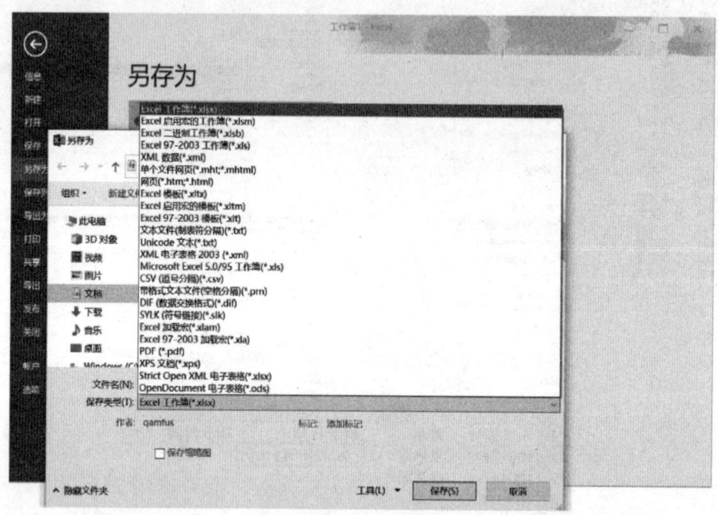

图 2.25 数据保存

例如，图 2.26 所示为在 Excel 中使用爬虫从新浪财经的数据中心爬取的股票数据，可以依次将其保存为 stocks. xlsx、stocks. csv 和 stocks. txt。

	A	B	C	D	E	F	G	H	I	J	K
1	股票代码	股票名称	上榜次数	累积购买	累积卖出	净额(万)	买入席位	卖出席位数			
2	002738	中矿资源	1	94671.16	50600.25	44070.91	5	4			
3	600277	亿利洁能	1	49761.42	21139.34	28622.08	5	5			
4	002162	悦心健康	3	56783.42	34385.91	22397.51	15	12			
5	000893	亚钾国际	1	31836.65	9749.13	22087.52	5	5			
6	000065	北方国际	2	41169.64	19898.44	21271.2	7	7			
7	600056	中国医药	2	40336.09	19130.2	21205.89	10	10			
8	300603	立昂技术	2	92086.86	71706.5	20380.36	9	10			
9	002762	金发拉比	1	37965.37	21868.49	16096.88	5	5			
10	600490	鹏欣资源	2	36866.3	20928.12	15938.19	10	9			
11	002699	美盛文化	2	63402.95	49102.12	14300.83	9	9			
12	000889	中嘉博创	2	35915.62	22501.24	13414.38	5	10			
13	600199	金种子酒	1	51415.75	38357.22	13058.53	5	5			
14	002997	瑞鹄模具	1	35219.79	22583.58	12636.21	5	5			
15	300279	和晶科技	1	14701.01	2113.9	12587.11	5	5			
16	002941	新疆交建	1	17023.09	4467.46	12555.63	5	5			
17	002192	融捷股份	1	51636.75	40780	10856.75	5	3			
18	001227	兰州银行	1	18453.5	8402	10051.49	5	5			
19	600668	尖峰集团	1	27875.41	17958.52	9916.89	5	5			
20	002639	雪人股份	2	100279	90635.8	9643.19	7	6			
21	002546	新联电子	1	24206.78	14730.41	9476.37	5	5			
22	002503	搜于特	1	25034.65	15831.63	9203.02	5	5			
23	300081	恒信东方	2	46271.76	37107.74	9164.02	7	10			
24											

图 2.26 爬虫爬取的股票数据

2.2.2 输出为 Json 文件格式

要把 Excel 的数据转换成 Json 格式，可以使用 Office 提供的免费加载项“Excel to Json”。加载项“Excel to Json”的具体过程：

① 在“插入”菜单的“加载项”面板中点击“我的加载项”，弹出“Office 相关加载项”对话框，在“应用商店”中搜索 Excel to Json，如图 2.27 所示。

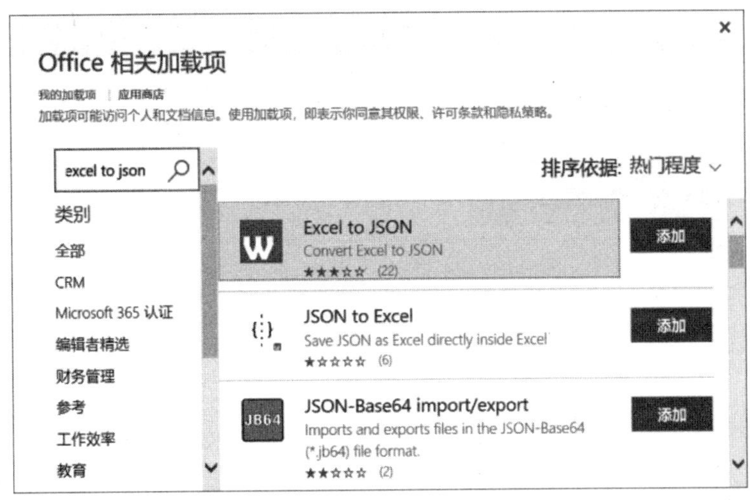

图 2.27 搜索 Excel to Json 加载项

② 点击 Excel to Json 右边的“添加”按钮，此时需要使用 Windows 账户登录就可以完成加载。加载成功后，在 Excel 右边会弹出 Excel to Json 的窗口，如图 2.28 所示。

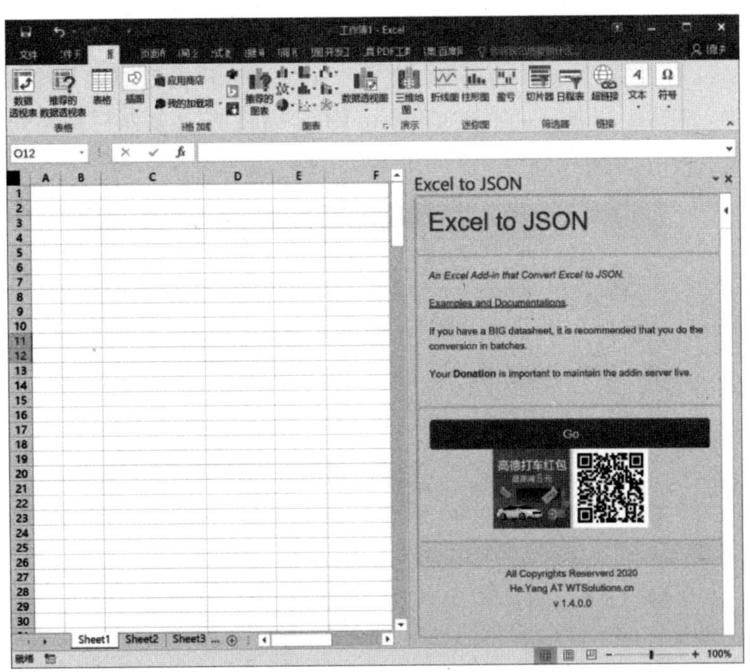

图 2.28 Excel to Json 窗口

【例 2.8】sites.xlsx 中存储了网站的用户数据，包括了用户 id，其访问的网站名，网站

url 地址，以及用户所喜欢的产品，将其输出为 sites. json 文件。

操作步骤如下：

① 在 Excel 中打开 sites. xlsx 文件(或在 Excel 表格中输入需要转换的数据内容)，然后选中需要转换成 Json 的部分，在“插入”菜单的“加载项”面板中点击“我的加载项”，在弹出“Office 相关加载项”窗口中选择已经加载的 Excel to Json，点击“插入”按钮，如图 2. 29 所示。

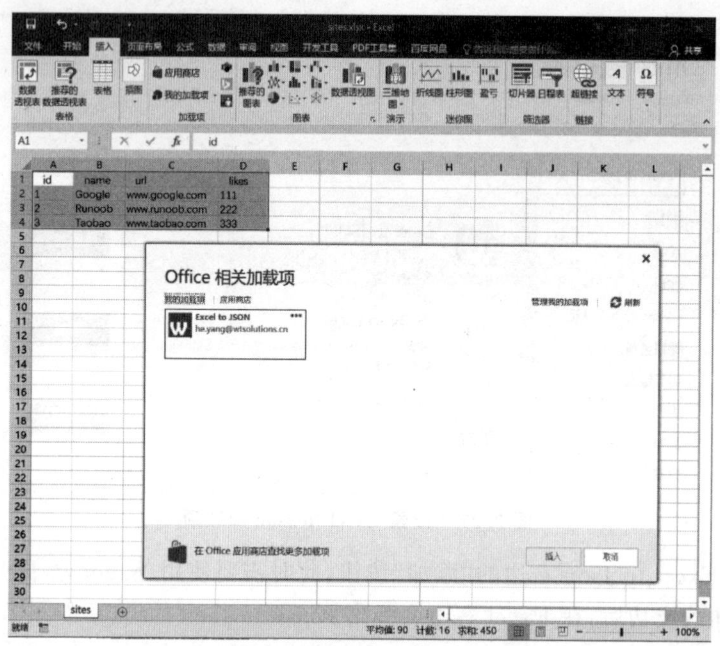

图 2. 29　选择 Excel to Json 加载项

② 在 Excel 右边的 Excel to Json 中点击“Go”按钮；转换完成之后会显示转换后的 Json 格式数据，如图 2. 30 所示，点击“Copy to Clipboard”按钮复制后粘贴到文本文件，把文件扩展名修改为 json 即可。

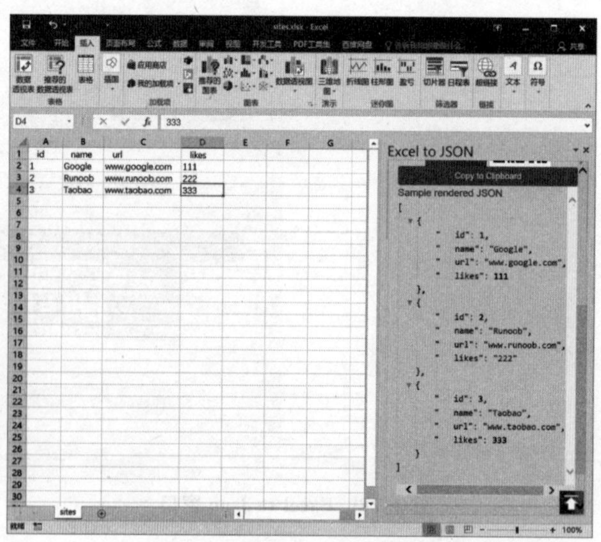

图 2. 30　转换后的 Json 格式数据

本章要点解析

本章介绍了数据分析中数据的读取和导入、数据的写入和输出两个方面的内容。本章的要点：

对于数据的读取和导入部分介绍了从多种数据源中获取数据的方法，包括获取文件中的数据、数据库中的数据、网页中的数据等：

(1)掌握从 xlsx、xls、csv、txt 等几种格式文件读取数据的方法。

(2)熟悉从 Json 格式文件读取数据的方法。

(3)了解从 SQLite 数据库文件读取数据的方法。

对于数据的写入和输出部分：

(1)掌握将表格数据存储为 xlsx、xls、csv、txt 等常用文件类型的方法。

(2)熟悉将表格数据存储为 Json 格式文件的方法。

本章练习

一、选择题

1. 在 Excel 2016 中，文本数据包括(　)。

A. 汉字、短语和空格　　B. 数字

C. 其他可输入字符　　D. 以上全部

2. 在 Excel 2016 中，输入当天的日期可按组合键(　)。

A. Shift ＋ ；　　B. Ctrl ＋ ；

C. Shift ＋ ：　　D. Ctrl ＋ Shift

3. 在 Excel 中，不可以将表格数据存储为以下哪种类型(　)。

A. xlsx　　B. csv

C. ppt　　D. txt

二、填空题

1. Excel 中的行列转换可以使用________函数来实现。

2. 在 Excel 2016 中，输入当前时间可按________组合键快速生成。

3. 若要将 Excel 的数据转换成 Json 格式，则需要使用________加载项。

三、操作题

1. 餐饮企业的决策者想要了解影响餐厅销量的一些因素，如天气的好坏、促销活动是否能够影响餐厅的销量，周末和非周末餐厅销量是否有大的差别。收集的数据存储在 sales. csv 文件中，请将数据读入 Excel 表格后输出为 txt 格式。

2. 数据集 abalone. txt 记录了鲍鱼(一种介壳类水生生物)的一些比较容易获得的量测数据，依次为属性的名称、数据类型、单位和描述，请将数据读入 Excel 表格后分别输出为 csv 和 xlsx 格式。

3. 使用 Power Query 读入 sales. csv 文件中的数据，并将其输出为 xlsx 格式文件。

4. 某数据分析师使用网络爬虫获取网站的用户数据存储在 sites. json 文件中，数据包括了用户的 id，其访问的网站名，网站的 url 地址，以及用户所喜欢的产品。请将数据读入 Excel 表格后，输出为 sites. csv 格式文件。

5. 在 Excel 中使用网络爬虫从新浪财经网站上获取股票的个股龙虎榜数据，网址为：http://vip. stock. finance. sina. com. cn/q/go. php/vLHBData/kind/ggtj/index. phtml。

第3章
数据预处理

本章学习目标

☑ 熟悉数据文件的大小、数据格式、分布以及取值情况；
☑ 掌握缺失值的处理：检查、删除、替换/填充；
☑ 掌握重复值与异常值的识别与处理；
☑ 了解数据类型的转换，掌握 Excel 数据的相关整理操作。

本章思维导图

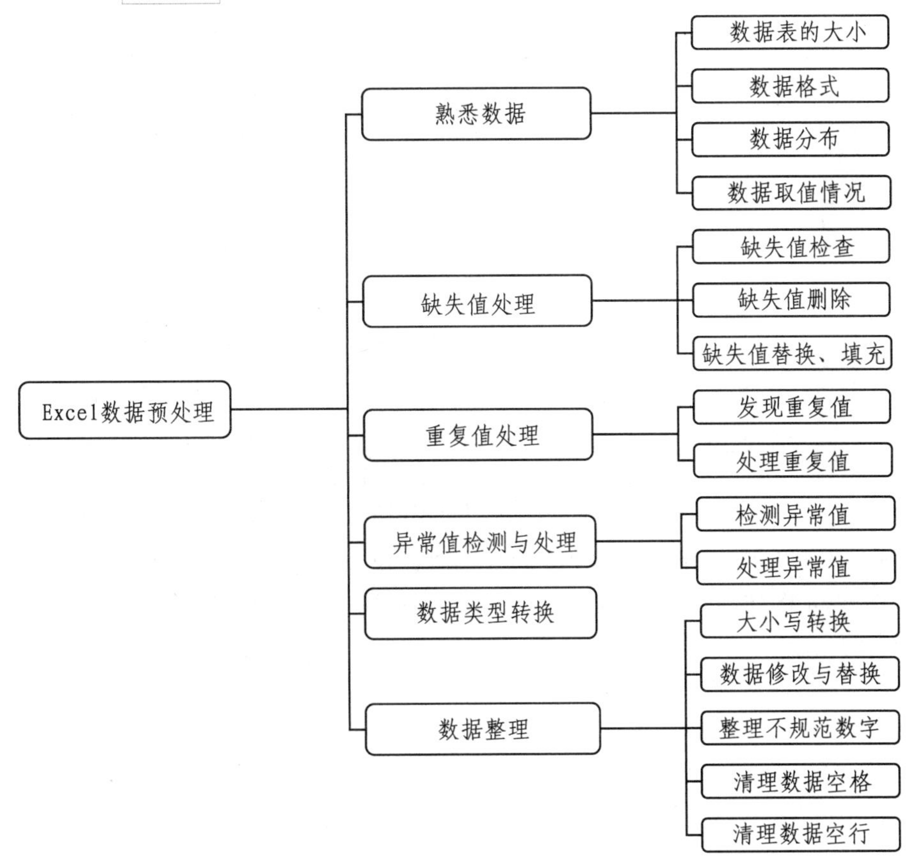

从不同数据源获取原始数据之后，在进行数据分析之前，需要对获取的数据进行预处理操作，包括数据大小规模等基本信息的查看、数据的格式查看、数据是否存在缺失数据、数据缺失值的填充处理、重复数据的检测与处理、异常数据的检测与处理等。

3.1 熟悉数据

通常数据分析要处理的数据量会比较大，无法一目了然地了解数据的整体情况，必须通过一些方法来获得数据的关键信息。此外，熟悉数据的另一个目的是了解数据的概况，例如整个数据表的大小、所占空间、数据格式、是否有空值和重复项和具体的数据内容，为后面的清洗和预处理做好准备。

3.1.1 查看数据表的大小

在 Excel 中，可以使用"Ctrl+↓"来查看行号，"Ctrl+→"来查看列号，从而可以很容易了解数据的规模。

【例 3.1】对于给定的文件 test. xlsx，数据如图 3.1 所示，查看数据表的大小。

	BT	BU	BV	BW	BX	BY	BZ	CA	CB
1449	0				0	10	2006	WD	Normal
1450	0				0	3	2006	WD	Normal
1451	0				0	4	2006	WD	Normal
1452	0				0	5	2006	WD	Normal
1453	0				0	5	2006	WD	Normal
1454	0				0	12	2006	WD	Abnorml
1455	0		GdPrv		0	6	2006	WD	Normal
1456	0				0	6	2006	WD	Normal
1457	0				0	4	2006	WD	Abnorml
1458	0				0	9	2006	WD	Abnorml
1459	0		MnPrv	Shed	700	7	2006	WD	Normal
1460	0				0	11	2006	WD	Normal
1461									

图 3.1 test 数据集

另外，也可以使用"开始"菜单"编辑"栏中"查找和选择"功能中的"定位条件"，点击"最后一个单元格"即可定位到数据表格的最后，如图 3.2 所示，根据行列标识就可以获取数据表的大小。

图 3.2　定位最后一个单元格

3.1.2　查看数据格式

Excel 可以自动识别数据集各列的数据类型，在查询编辑器 Power Query 中导入数据集后，从“转换”栏中即可查看每列的数据类型。

【例 3.2】在 Power Query 中导入给定的文件 sales.csv，选中一列就会自动显示相应的数据类型，如图 3.3 所示。

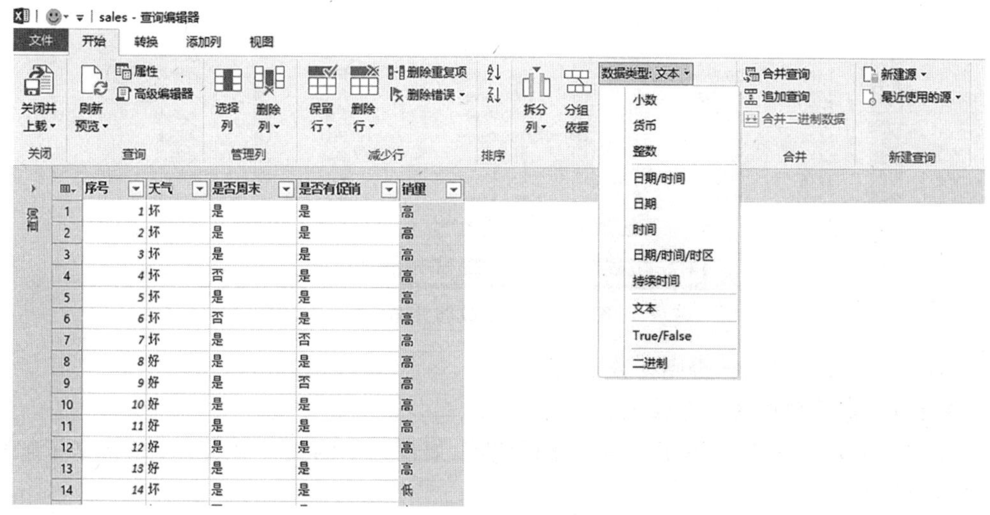

图 3.3　Power Query 查看属性的数据类型

另外，在 Excel 中“开始”菜单的“数字”栏也可以查看数据的格式，如图 3.4 所示，但需要事先设置。

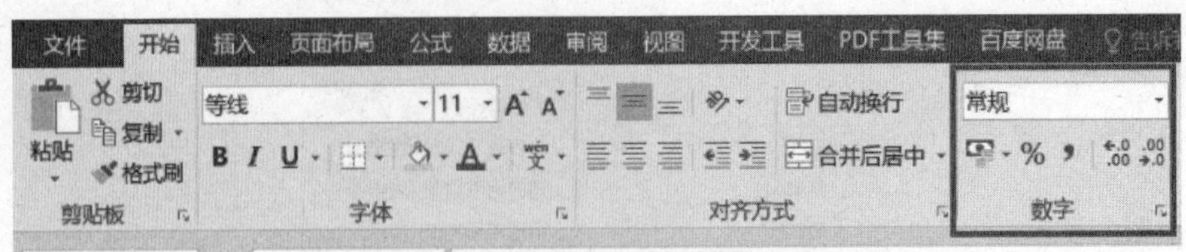

图 3.4 Excel 表格查看数据类型

3.1.3 查看具体的数据分布

数据分布情况主要是对数据进行简单统计，了解数据整体状况，如集中趋势和离散程度等。在 Excel 中选中一个数值型属性列的取值区域，即可获得该列的平均值、计数和求和这三个统计信息，如图 3.5 所示，标准差、最值等统计信息可以使用公式来获取。

test.xlsx - Excel

D2 fx 80

	A	B	C	D	E	F	G	H	I	J
1	Id	MSSubClas	MSZoning	LotFrontag	LotArea	Street	Alley	LotShape	LandContc	Utilities
2	1461	20	RH	80	11622	Pave		Reg	Lvl	AllPub
3	1462	20	RL	81	14267	Pave		IR1	Lvl	AllPub
4	1463	60	RL	74	13830	Pave		IR1	Lvl	AllPub
5	1464	60	RL	78	9978	Pave		IR1	Lvl	AllPub
6	1465	120	RL	43	5005	Pave		IR1	HLS	AllPub
7	1466	60	RL	75	10000	Pave		IR1	Lvl	AllPub
8	1467	20	RL		7980	Pave		IR1	Lvl	AllPub
9	1468	60	RL	63	8402	Pave		IR1	Lvl	AllPub
10	1469	20	RL	85	10176	Pave		Reg	Lvl	AllPub
11	1470	20	RL	70	8400	Pave		Reg	Lvl	AllPub
12	1471	120	RH	26	5858	Pave		IR1	Lvl	AllPub
13	1472	160	RM	21	1680	Pave		Reg	Lvl	AllPub
14	1473	160	RM	21	1680	Pave		Reg	Lvl	AllPub
15	1474	160	RL	24	2280	Pave		Reg	Lvl	AllPub
16	1475	120	RL	24	2280	Pave		Reg	Lvl	AllPub
17	1476	60	RL	102	12858	Pave		IR1	Lvl	AllPub
18	1477	20	RL	94	12883	Pave		IR1	Lvl	AllPub
19	1478	20	RL	90	11520	Pave		Reg	Lvl	AllPub

test

就绪 平均值: 68.58035714 计数: 1232 求和: 84491 100%

图 3.5 查看数据分布

注意：不要选中列名，否则计数要减去 1。

3.1.4 查看数据的取值情况

在 Excel 中，可以通过查看数据表中的空值、属性列中的唯一值或重复值等来了解数据的取值情况。

查看空值的方法：

(1)使用“查找和选择”功能中的“定位条件”对数据表中的空值进行定位，如图 3.6 所示，空值单元格被显示为灰色填充状态。

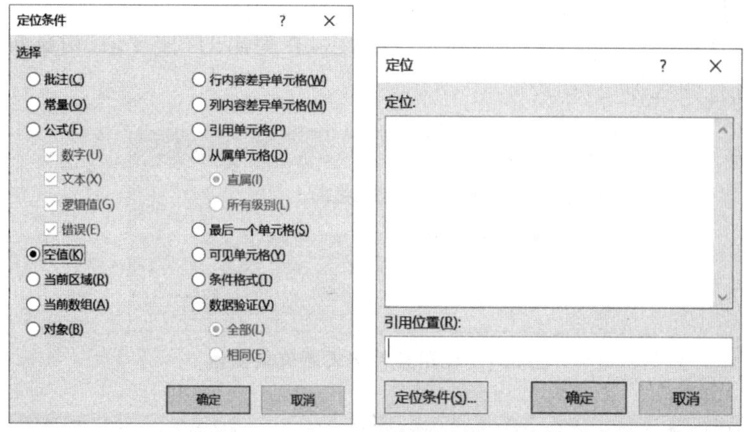

图 3.6 定位空值

(2)使用组合键"Ctrl+G"调出定位功能对话框,如图 3.7 所示,然后点击"定位条件"按钮。

	BP	BQ	BR	BS	BT	BU	BV	BW	BX
1	OpenPorcl	EnclosedP	3SsnPorch	ScreenPorc	PoolArea	PoolQC	Fence	MiscFeatur	MiscVal
2	0	0	0	120	0		MnPrv		0
3	36	0	0	0	0			Gar2	12500
4	34	0	0	0	0		MnPrv		0
5	36	0	0	0	0				0
6	82	0	0	144	0				0
7	84	0	0	0	0				0
8	21	0	0	0	0		GdPrv	Shed	500
9	75	0	0	0	0				0
10	0	0	0	0	0				0
11	0	0	0	0	0		MnPrv		0
12	68	0	0	0	0				0
13	0	0	0	0	0				0

test 就绪 100%

图 3.7 定位

【例 3.3】对于给定的文件 test. xlsx,使用"定位条件"查看数据表中的空值,如图 3.8 所示。

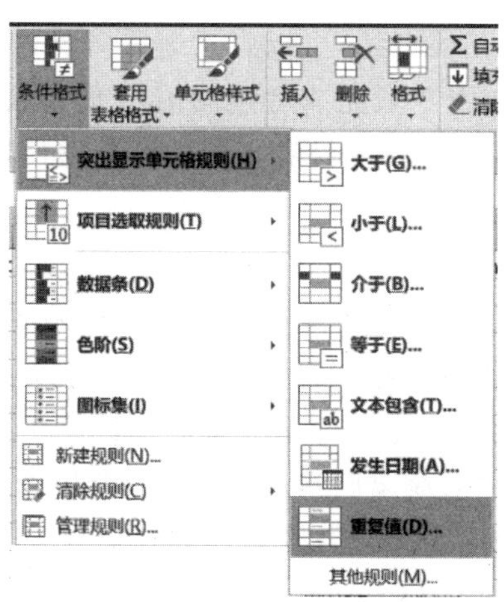

图 3.8 定位数据集中的空值

查看唯一值或重复值的方法：使用“开始”菜单“样式”栏中“条件格式”功能，选择“突出显示单元格规则”下的“重复值”，如图 3.9 所示，在弹出的“重复值”对话框即可对唯一值或重复值进行颜色标记，如图 3.10 所示。

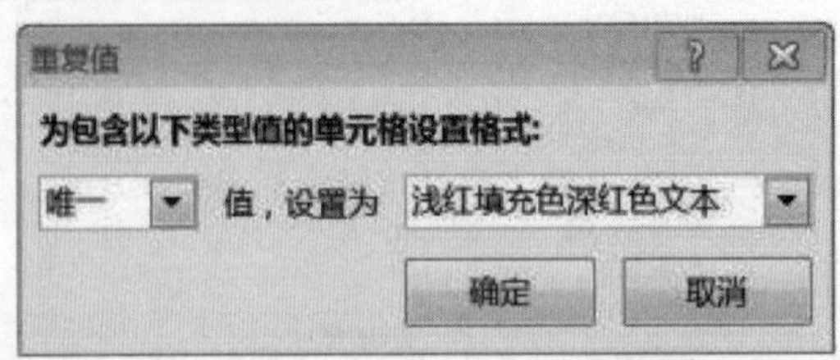

图 3.9　使用条件格式定位重复值

	A	B	C	D	E	F	G
1	item1	item2	item3	item4	item5	item6	
2		1	1	1	1		
3	2	2		2	2		
4	3	3	3		3		
5	4	4	4				
6	5	5			5		
7							
8							

图 3.10　设置唯一值标记

3.2　缺失值处理

对于缺失值的处理方式有很多种，可以直接删除含有缺失值的数据，也可以用特定数据对缺失值进行填充，比如用 0 填充或者用均值填充等，还可以根据不同字段之间的逻辑对缺失值进行推算，例如通过回归计算填充值。具体使用哪种方式要根据数据的具体情况确定，不能一概而论。

3.2.1　缺失值检查

在对缺失值进行处理之前，首先要检查数据中存在哪些缺失值以及缺失值的分布。缺失数据在 Excel 单元格中内容为空，当数据量较小时可以直接观察到缺失数据，当数据量较大时，可以通过比较属性列的数据个数来判断是否存在缺失值。

【例 3.4】程序员使用爬虫对淘宝网站进行爬取得到原始数据集 items. csv，如图 3.11 所示。数据表格中共有 5 条记录，选中的属性列只有 2 项，可知该列存在 3 个缺失数据项。

若要了解每一列数据缺失的情况，只能通过依次点击每一列来查看，比较繁琐。如

图 3.11 检查缺失值

果数据量较大，很难找到所有的缺失值，可以使用 Excel 的定位功能辅助查找，即使用“查找和选择”中“定位条件”功能直接对数据表中的缺失值进行定位，如图 3.12 所示。

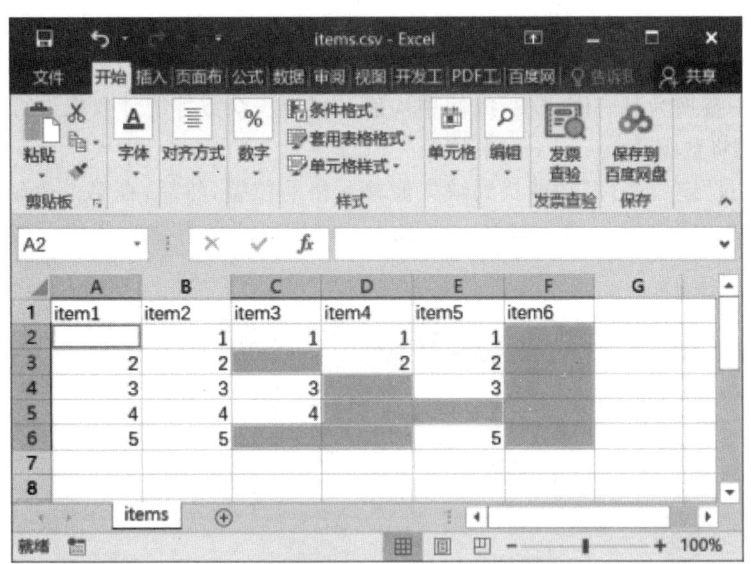

图 3.12 定位缺失值

3.2.2 缺失值删除

当缺失数据较多且其重要程度不太高的时候，可以直接删除这些没有价值的数据。删除数据时可以删除存在缺失值的数据行，也可以删除所在的数据列。删除数据行是最简单的缺失值处理方法，而删除列可能会对数据分析的结果造成一定的影响。

【例 3.5】删除数据集 items.csv 中的缺失值。

首先，从“开始”菜单“编辑”栏的“查找和选择”中选择“定位条件”，选中所有的缺失值单元格；然后，点击右键从快捷菜单中选择“删除”命令，在弹出的对话框中选择删除方式，如图 3.13 所示，可以删除整行，也可以删除整列。

图 3.13　删除缺失值

3.2.3　缺失值替换/填充

删除缺失值是通过减少数据量来换取数据完整性的一种比较简单的方法，但为了保证数据的完整性，也可以采用对缺失值进行替换或填充。Excel 中可以通过“查找和选择”中的“替换”功能对缺失值进行处理，也可以使用“查找和选择”中的“定位条件”功能，将缺失值统一替换为某一固定值，或使用均值、中位数、众数等统计数据进行替换。

【例 3.6】将数据集 items.csv 中的缺失值替换为 1。

首先，通过“定位条件”功能找到缺失值单元格的位置，然后，在第一个缺失值单元格中输入要替换的固定值 1，接着按“Ctrl＋Enter”键即可将所有缺失值单元格替换为 1，如图 3.14 所示。

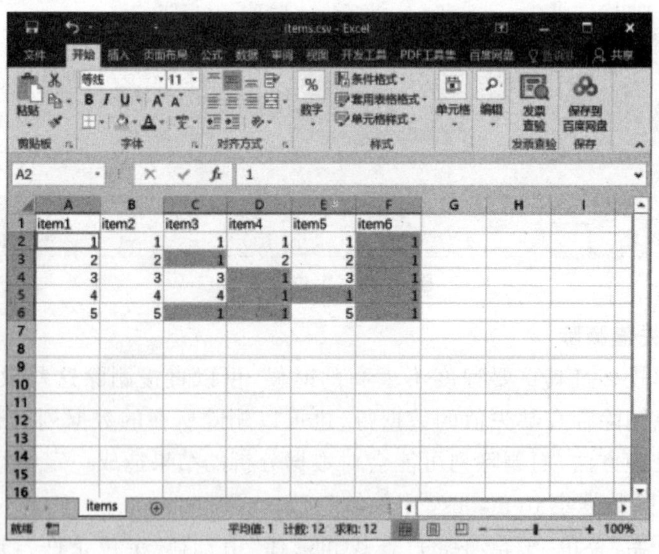

图 3.14　使用固定值填充缺失值

此外，也可以使用“查找和选择”中的“替换”功能，在“替换为”后面的文本框中输入要替换的值1，然后点击“全部替换”即可，如图3.15所示。

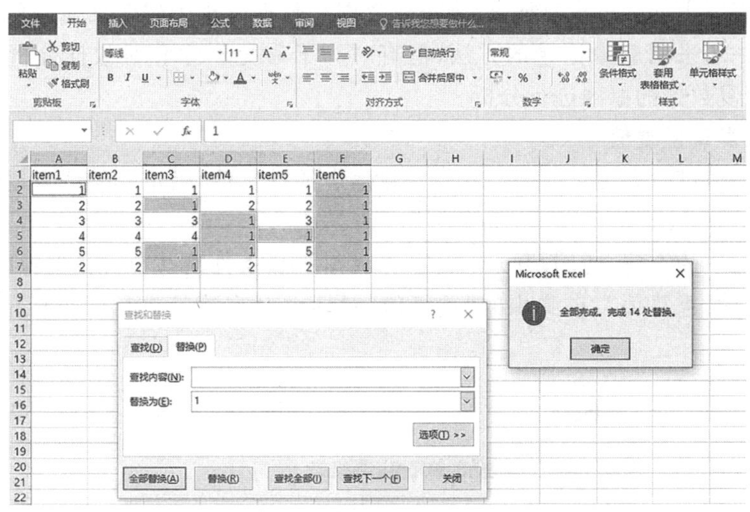

图 3.15 使用固定值替换缺失值

但是使用固定值替换可能会影响后续的数据分析结果，因此可以使用每个属性列的均值、中位数、众数等统计量对缺失值进行替换，均值、中位数和众数可以先分别使用AVERAGE()、MEDIAN()和MODE()函数计算出来，然后把它们作为固定值进行填充。

此外，处理缺失值也可以使用数据集中的某些非固定值进行填充，如使用缺失值所在位置的上一单元格数据、下一单元格数据、前一单元格数据或后一单元格数据。

【例3.7】将数据集items.csv中的缺失值替换为下一单元格数据。

首先，通过“定位条件”功能找到缺失值单元格的位置，然后，在第一个缺失值单元格中输入等号“=”，单击缺失值的下一单元格，接着按“Ctrl+Enter”键即可将所有缺失值单元格填充为下一行单元格的值，如图3.16所示。

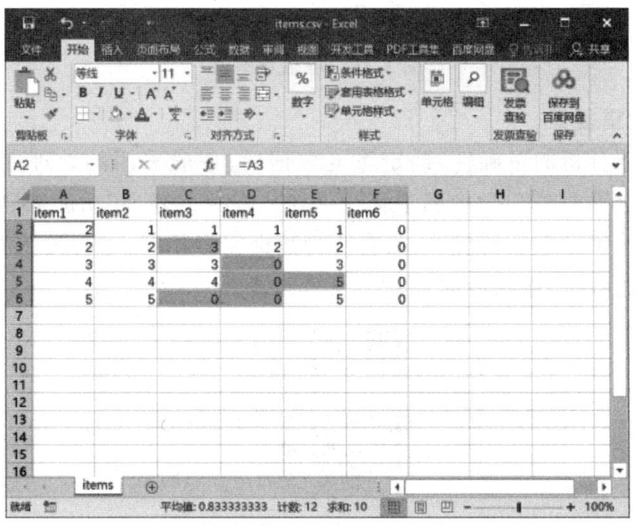

图 3.16 使用下一单元格的值替换缺失值

3.3 重复值处理

很多数据表中会含有重复值，处理重复数据是数据分析中经常面对的问题之一。对于重复数据一般采用删除记录的方法，但有时为了避免删除和对数据分析造成不良影响，需要对重复数据的原因进行分析。

3.3.1 发现重复值

在对重复值进行处理之前需要先检查数据中的重复值，确定有哪些重复值及其出现的位置。

查看重复值的方法：使用“开始”菜单“样式”栏中“条件格式”功能，选择“突出显示单元格规则”下的“重复值”，在弹出的“重复值”对话框对重复值进行颜色标记，如图 3.17 所示。

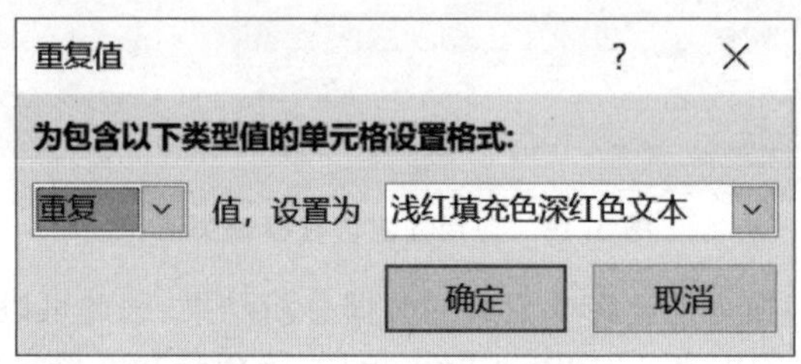

图 3.17 设置重复值标记

【例 3.8】对于 items1.csv 文件进行重复值检查。依次选中每一列属性，分别进行重复值检查，结果如图 3.18 所示。

	A	B	C	D	E	F
1	item1	item2	item3	item4	item5	item6
2		1	1	1	1	
3	2	2		2	2	
4	3	3	3		3	
5	4	4	4			
6	5	5			5	
7	2	2		2	2	

图 3.18 检查重复值

3.3.2 处理重复值

为了保证数据分析的正确性，确定重复数据后，一般采用的处理方式为删除重复数据。Excel 中使用“数据”菜单“数据工具”栏中的“删除重复项”功能来删除数据表中的重复值，如图 3.19 所示。默认情况下，只有两行数据完全相同，才会被认为是重复值，Excel 会保留最先出现的数据，删除后面重复出现的数据。

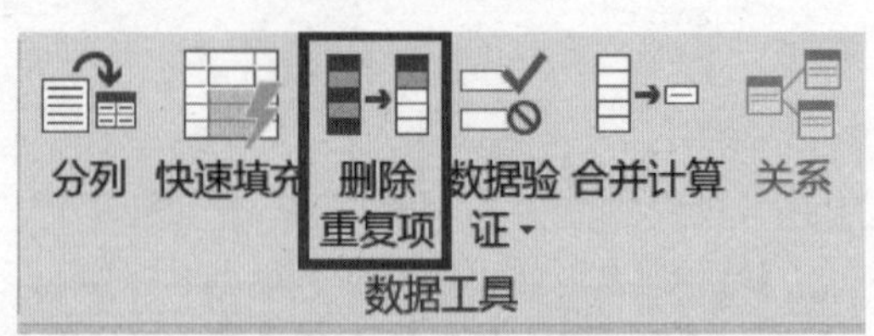

图 3.19 删除重复项按钮

【例 3.9】在上述对 items1.csv 文件检查出重复值的基础上，对重复数据进行删除。

选择数据区域 A2:F7，从“数据”菜单“数据工具”栏中点击“删除重复项”，弹出“删除重复项”对话框，如图 3.20 所示。确保选中所有列，并点击确定按钮，即可删除重复值，并弹出消息框提示删除的重复值个数，如图 3.21 所示。

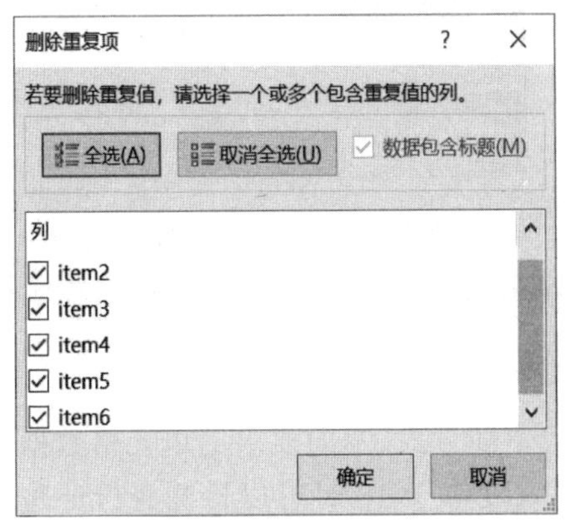

图 3.20 删除重复项对话框

图 3.21 删除重复值消息框

删除重复值后的结果如图 3.22 所示，可以看出，最后一行重复数据被成功删除。

	A	B	C	D	E	F
1	item1	item2	item3	item4	item5	item6
2		1	1	1	1	
3	2	2		2	2	
4	3	3	3		3	
5	4	4	4			
6	5	5			5	
7						

图 3.22 删除重复项后的结果

3.4 异常值的检测与处理

异常值是指样本中的个别值，其数据明显偏离其余的观测值。对数据进行分析时，如果存在异常值则会对分析结果产生不良影响，从而导致分析结果出现偏差甚至错误。

3.4.1 检测异常值

异常值检测是指找出数据中是否存在不合理或错误的数据，可以通过设定筛选条件将不符合条件的数据进行筛选，并显示出来。在 Excel 中可以使用“数据验证”功能检测异常值，也可以使用“筛选”功能检测异常值。

“数据验证”功能验证条件包括整数、小数、序列、日期、时间、文本长度和自定义，如图 3.23 所示。

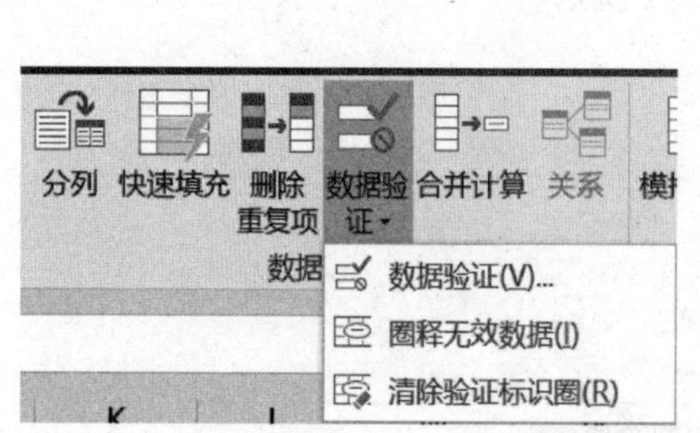

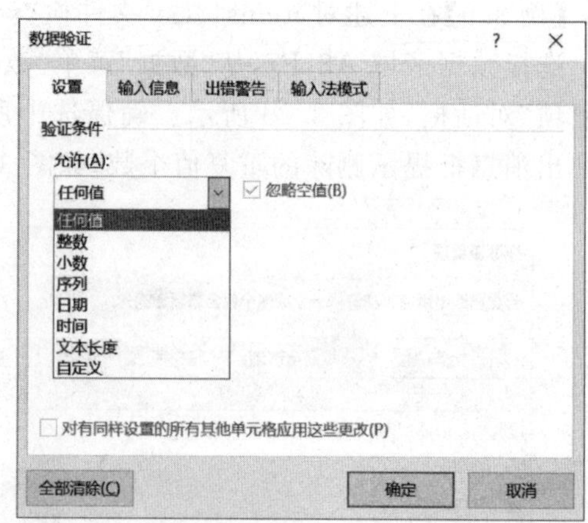

图 3.23 “数据验证”功能与“数据验证”对话框

通过对数据进行允许条件的设置可以完成不同方式、不同要求的单元格数据异常检测。如以“文本长度”作为允许条件，设置文本长度等于 18 时可以检测身份证是否存在异常。

【例 3.10】某公司的年度业务数据 work.csv，数据如图 3.24 所示，假定设置条件年度销售量不低于 1000，请检测数据是否存在异常值。

	A	B
1	年份	销售
2	2010	2342
3	2011	2840
4	2012	3349
5	2013	5
6	2014	5845
7	2015	2034
8	2016	3021
9	2017	2540
10	2018	3098
11	2019	4410
12	2020	5025

图 3.24 年度业务数据集

(1) 使用“数据验证”功能进行异常值检测的步骤：

选中数据区域 B2:B12，从“数据”菜单的“数据工具”栏中选择“数据验证”按钮，弹出“数据验证”对话框，按题意设置验证条件，如图 3.25 所示，点击“确定”按钮进行异常值检测。

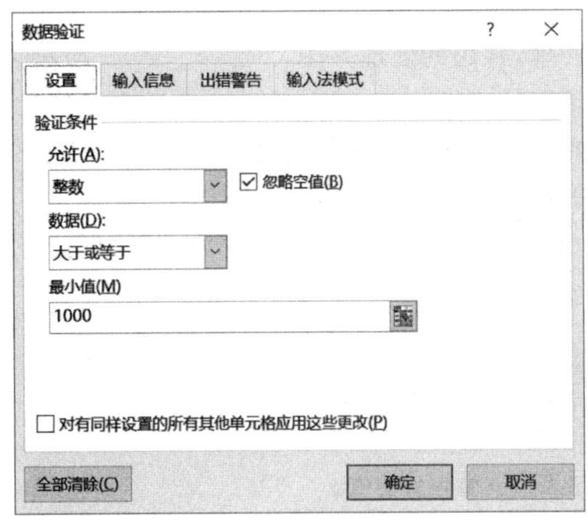

图 3.25 设置验证条件

	A	B
1	年份	销售
2	2010	2342
3	2011	2840
4	2012	3349
5	2013	5
6	2014	5845
7	2015	2034
8	2016	3021
9	2017	2540
10	2018	3098
11	2019	4410
12	2020	5025

图 3.26 圈释异常值

“数据验证”按钮上的倒三角形，从中选择“圈释无效数据”，即可看到用红色椭圆圈出的异常值，如图 3.26 所示。

(2) 使用“筛选”功能进行异常值检测的步骤：

从“开始”菜单的“编辑”栏中选择“排序和筛选”功能下的“筛选”，将数据变为筛选状态，如图 3.27 所示；

单击“销售”列右边的倒三角按钮，选择“数字筛选”中的“自定义筛选”，如图 3.28 所示；

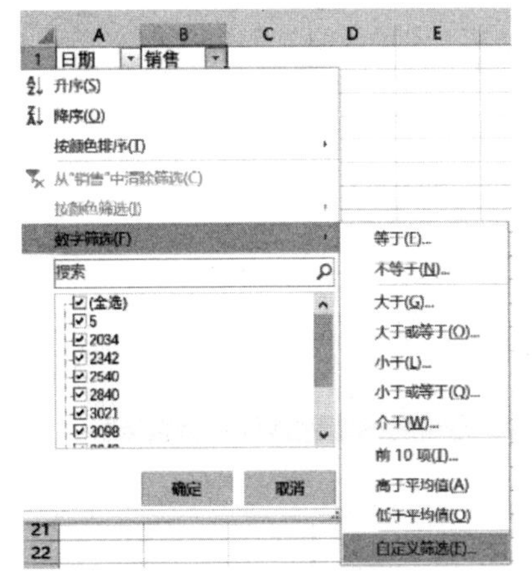

图 3.27 设置筛选

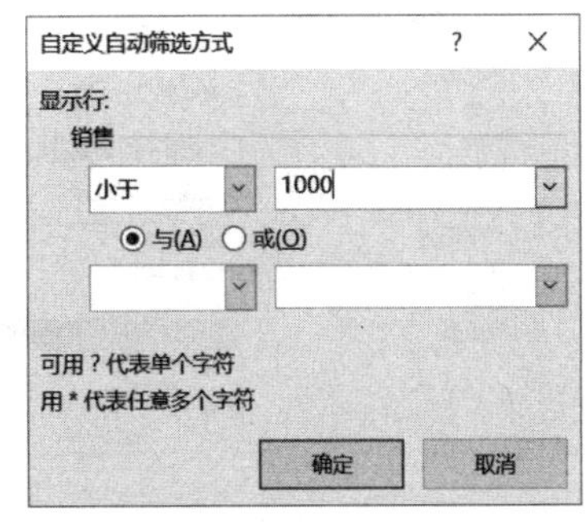

图 3.28 自定义筛选

在弹出的“自定义筛选方式”对话框中填入筛选条件，如图所示。经过筛选后只显示符合筛选条件的异常数据，如图 3.29 所示。

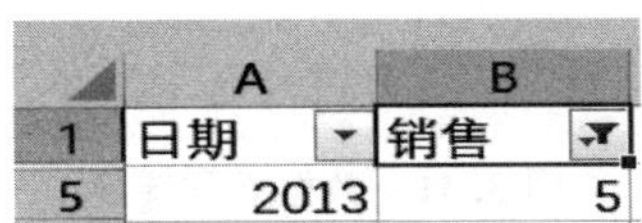

图 3.29 筛选出异常值

3.4.2 处理异常值

检测出异常值后需要对其进行处理，常用的处理方法：

(1)删除，即将含有异常值的记录删除。

(2)视为缺失值，即按照缺失值的处理方法对异常值进行修正。

(3)平均值修正，即用附近值的平均值对异常值进行修正。

【例 3.11】对于上述业务数据 work.csv，已经检测出异常值后，可以直接将异常值单元格的值替换为 1000 即可，如图 3.30 所示。

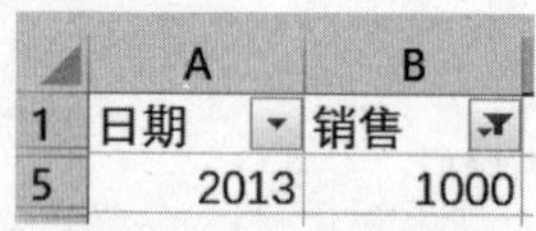

图 3.30 替换异常值

3.5 数据类型转换

数据源中的数据不一定符合数据规范，在进行数据分析之前需要确定每一列数据的类型。有些数据虽然存储为数字格式，但数据代表的是离散信息，就应该转换为文本类型。

在 Excel 中常用数据类型可以在“开始”菜单的“数字”栏中查看，如果数据类型不正确，可以从下拉列表中选择合适的数据类型；也可以通过右键菜单中的“设置单元格格式”功能修改数据格式，如图 3.31 所示。

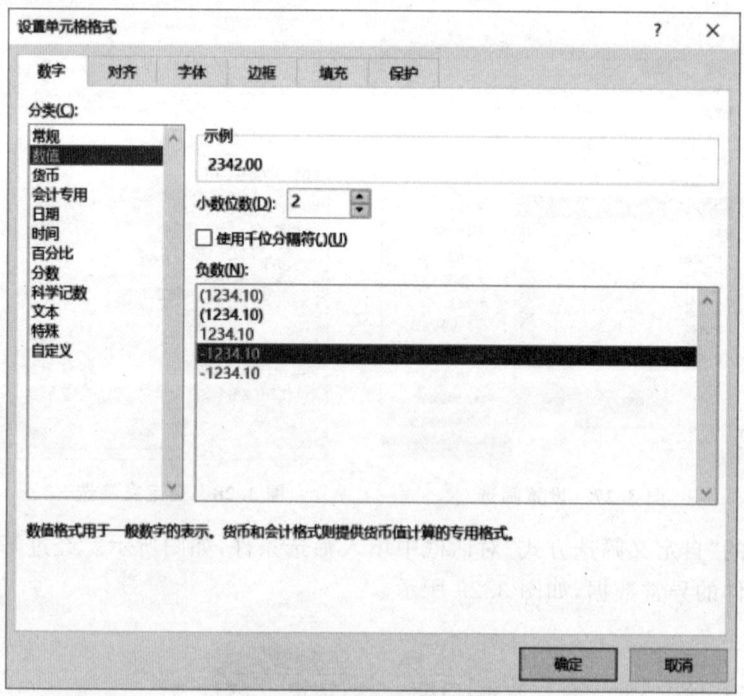

图 3.31 数据类型转换

3.6 数据的整理

3.6.1 大小写转换

在英文字段中，字母的大小写不统一也是一个常见的问题。Excel 中有 UPPER()，LOWER()等函数用来解决大小写的问题。

【例 3.12】在数据分析中，有时候需要将字符串中的字符进行大小写转换。请将给定的字符串“I Love China”全部转换为小写。

使用 LOWER()函数转换后的结果如图 3.32 所示，也可以使用 UPPER()函数将小写字母转换为大写，如图 3.33 所示。

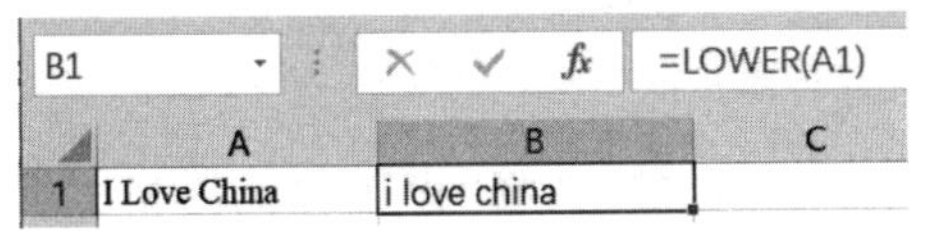

图 3.32 大写字母转换为小写

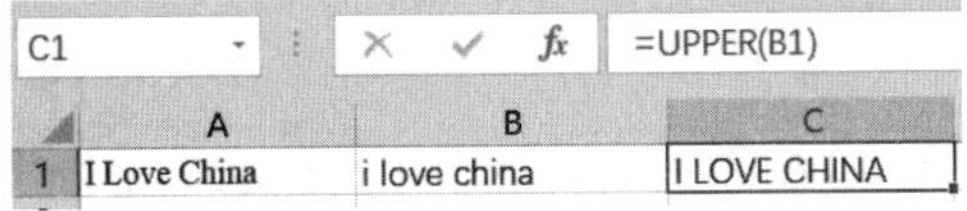

图 3.33 小写字母转换为大写

3.6.2 数据修改与替换

Excel 中数据清洗时，数值修改与替换可以使用“查找和替换”功能来实现，如图 3.34 所示。

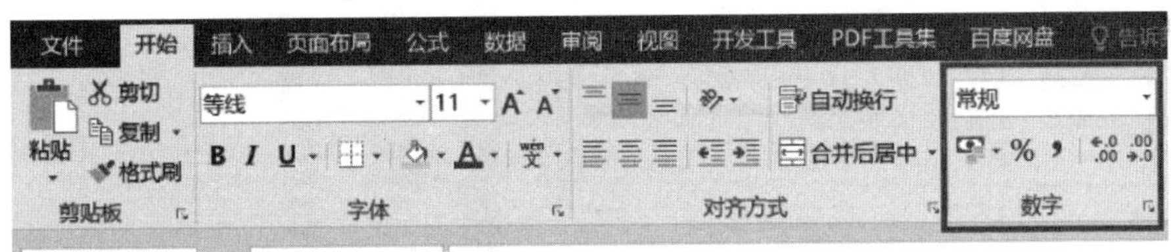

图 3.34 查找与替换

【例 3.13】对 work.csv 文件中的异常值进行替换，结果如图 3.35 所示。

图 3.35 设置替换内容

3.6.3 整理不规范的数字

如果表格中存在不规范的数字，则可能会影响到正常的公式计算与数据分析，比较常见的就是文本格式的数据导致无法正常计算。

【例 3.14】如图 3.36 所示，表格中明明显示了数字，却无法进行求和运算。出现这种情况是因为数据的格式不正确，Excel 中不允许文本型的数字被计算，因此需要转换数据格式。

	A	B	C	D	E
1	年份	销售			
2	2010	2342			
3	2011	2840			
4	2012	3349			
5	2013	5			
6	2014	5845			
7	2015	2034			
8	2016	3021			
9	2017	2540			
10	2018	3098			
11	2019	4410			
12	2020	5025			
13	总计	=SUM(B2:B12)			
14		SUM(**number1**, [number2], ...)			

B13 =B2:B12

	A	B	C	D	E
1	年份	销售			
2	2010	2342			
3	2011	2840			
4	2012	3349			
5	2013	5			
6	2014	5845			
7	2015	2034			
8	2016	3021			
9	2017	2540			
10	2018	3098			
11	2019	4410			
12	2020	5025			
13	总计	#VALUE!			

图 3.36　数字无法计算

具体操作步骤为：选中 B2：B12 单元格区域，单击右键，选择“设置单元格格式”，在“分类”中选择“数值”，点击确定。完成操作后，再重新通过公式计算，则可自动反馈正确的运算结果，如图 3.37 所示。

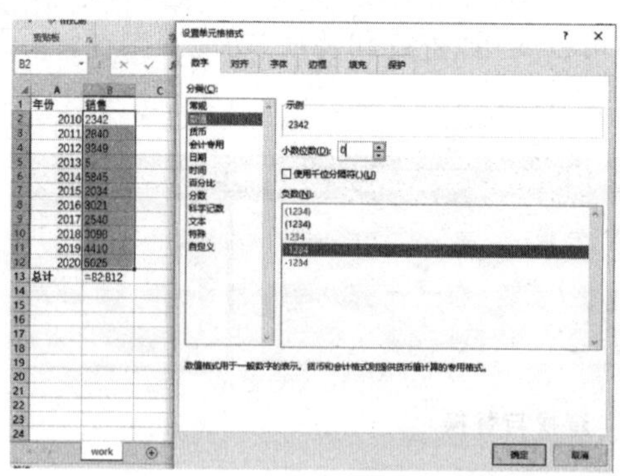

B13 =SUM(B2:B12)

	A	B	C	D	E
1	年份	销售			
2	2010	2342			
3	2011	2840			
4	2012	3349			
5	2013	5			
6	2014	5845			
7	2015	2034			
8	2016	3021			
9	2017	2540			
10	2018	3098			
11	2019	4410			
12	2020	5025			
13	总计	34509			

图 3.37　不规范数据的整理

3.6.4　清理数据空格

在使用 Excel 的 VLOOKUP()、IF()等函数过程中，有时因为单元格中存在空格，导致函数应用出错。此时，可以使用 TRIM()、SUBTITUTE()函数去掉空格。

TRIM()函数用于去掉字符前后和字符之间的空格，包括换行符。当用于去掉字符前后空格时，会去掉前后所有的空格，但用于去掉字符之间的空格时，会留下一个空格，不管字符是汉字还是英文，效果如图 3.38 所示。

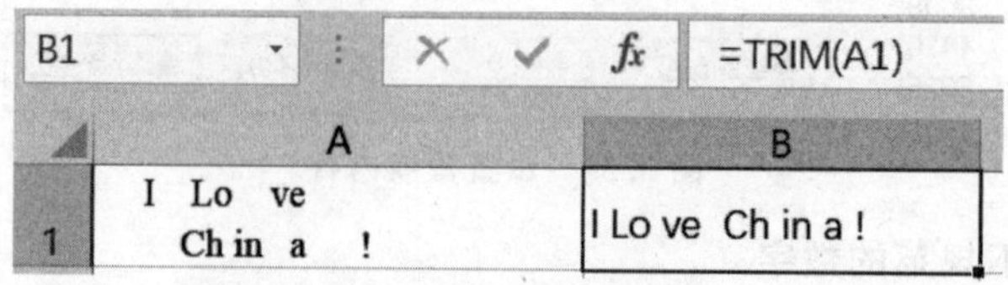

图 3.38　TRIM()函数去掉空格

SUBSTITUTE()函数的作用是将字符串中的部分字符串以新字符串替换，可以把字符之间的所有空格都去掉，包括换行符，效果如图 3.39 所示。

图 3.39 SUBTITUTE( )函数去掉空格

3.6.5 清理数据集中的空行

在表格数据中经常出现空行，可以使用“定位条件”定位空值，然后点击鼠标右键从快捷菜单中选择“删除”，将所有列均为空值的行整行删除即可，如图 3.40 所示。

	A	B	C	D	E	F	G	H	I	J
1	工号	姓名	性别	年龄	身份证号	出生日期	入职日期	工龄	部门	职务
2	001601	杨文	男	39	370*****7701011117	1977-1-1	2008-7-7	8	行政部	主管
3										
4	001603	孙晗	女	28	210*****8811215129			1	财务部	职员
5										
6	001605	王彦	男	31	170*****8505206738			4	销售部	主管
7										
8	001607	刘婧	女	26	120*****9008198326			1	销售部	职员
9	001608	孙洋	男	42	160*****7402212117			10	采购部	主管
10	001609	刘敏	女	29	320*****8708134027			5	采购部	职员
11										
12	001611	赵丽	女	36	370*****8001250504			6	财务部	主管

删除 ? ×
删除
○右侧单元格左移(L)
○下方单元格上移(U)
◉整行(R)
○整列(C)
确定 取消

图 3.40 清除空行

本章要点解析

在对数据进行分析之前，先需要了解数据的基本情况，如数据类型、数据维度大小、数据特征分布等，然后就可以对数据进行预处理，如对缺失的数据进行检查和填充、对重复数据的检测和删除、对噪声数据进行检测与处理等。本章的要点：

(1)掌握如何了解数据的基本情况，包括查看数据表的大小、数据类型、数据的分布情况、数据的取值等。

(2)掌握缺失数据的检查与处理方法。

(3)掌握重复数据的检测与处理方法。

(4)掌握异常数据的检测与处理方法。

(5)掌握其他一些常用的数据预处理方法，如大小写转换、清理数据中的空格和空行等。

本章练习

一、选择题

1. 在 Excel 工作表单元格中，可使用(　)组合键调出定位功能。

A. Ctrl+A　　　　B. Ctrl+V

C. Ctrl+G　　　　　　D. Ctrl+S

2. 在 Excel 中，日期数据属于(　)数据类型。

A. 数字型　　　　　　B. 文字型

C. 逻辑型　　　　　　D. 时间型

3. 在 Excel 中缺失值进行替换/填充时，下列操作说法正确的是(　)。

A. 通过“查找和选择”中的“替换”功能对缺失值进行处理

B. 使用“查找和选择”中的“定位条件”功能，将缺失值统一替换为某一固定值

C. 使用均值、中位数、众数等统计数据进行替换

D. 以上都正确

二、填空题

1. 在 Excel 中，可以使用______组合键来查看行号，______组合键来查看列号，从而了解数据的规模。

2. 在 Excel 工作表中，可以对缺失值进行______、______以及______处理。

3. 在 Excel 中可以使用______或______功能检测异常值。

4. 在 Excel 中可以使用______或______函数清理数据空格。

三、操作题

1. 餐饮企业的决策者想要了解影响餐厅销量的一些因素，如天气的好坏、促销活动是否能够影响餐厅的销量，周末和非周末餐厅销量是否有大的差别。餐厅收集的数据存储在 sales. csv 文件中，请统计数据中各元素的个数，均值、方差、最小值、最大值和分位数。

2. 数据文件 zipcode. xlsx 记录了北京部分区域的邮政编码，如图所示，请检测数据是否存在异常值，如果存在，则删除异常值。

	A	B
1	区域	邮政编码
2	新建胡同	100031
3	西直门外	1000144
4	上地六街	100085
5	远大路	10097
6	还珠园	100068
7	农展北路	100026
8	德胜门外	100029

3. 数据文件 pm10. csv 记录了 2020 年 2 月 18 日北京部分观测点收集的 PM10 的数据，如图所示，请导入该数据集，检查数据的缺失情况，并分别采用均值、中位数和众数对缺失值进行填充。

	A	B	C	D	E	F	G
1	date	hour	官园	奥体中心	农展馆	万柳	北部新区
2	2020-2-18	0	29		20	28	44
3	2020-2-18	1	28	29	28	26	24
4	2020-2-18	2	23	32		28	27
5	2020-2-18	3	27	19	27	34	
6	2020-2-18	4	16			28	
7	2020-2-18	5		13		26	24
8	2020-2-18	6	14	9		20	20
9	2020-2-18	7	18	13	13	23	20
10	2020-2-18	8	24	16	19	23	25
11	2020-2-18	9	18	20	16		30
12	2020-2-18	10	16	13		28	
13	2020-2-18	11	13	16	15		51
14	2020-2-18	12	16	17		25	21
15	2020-2-18	13		14			
16	2020-2-18	14	20	18			21
17	2020-2-18	15	27	26	19	17	16
18	2020-2-18	16	27	27	31	20	18
19	2020-2-18	17	25	25	19	26	22
20	2020-2-18	18	28	25	30	33	24
21	2020-2-18	19	33	31	34	43	49
22	2020-2-18	20	33	31	31	37	32
23	2020-2-18	21	37	33	38	38	29
24	2020-2-18	22	37	39	39	44	44
25	2020-2-18	23	41	42	38	43	40

4. 数据文件 daily. xlsx 记录了某公司员工的考勤打卡，部分数据如图所示，请检查其中的重复值并删除。

	A	B	C	D
1	人员编号	姓名	刷卡日期	刷卡时间
2	100122	周鹏程	2020-6-12	7:50:16
3	100147	温昊妍	2020-6-12	7:50:18
4	100147	温昊妍	2020-6-12	7:50:25
5	100147	温昊妍	2020-6-12	7:50:37
6	100109	万琪	2020-6-12	7:51:11
7	100139	郑聪瑶	2020-6-12	7:52:49
8	100129	张娜	2020-6-12	7:52:53
9	100140	唐思懿	2020-6-12	7:53:05
10	100128	张涛	2020-6-12	7:53:19

5. 对于以下含有空格的字符串“北京冬奥会，天安门，   王府井， 126 号 ”，请去除空格。

第 4 章
数据选择与运算

本章学习目标

☑ 掌握通过设置条件来对数据进行筛选的方法；
☑ 掌握数据表的横向合并与纵向合并的方法；
☑ 掌握常用统计方法、掌握查找函数功能、掌握相关财务函数功能；
☑ 了解查找和引用函数的基础知识、了解财务投资相关知识。

本章思维导图

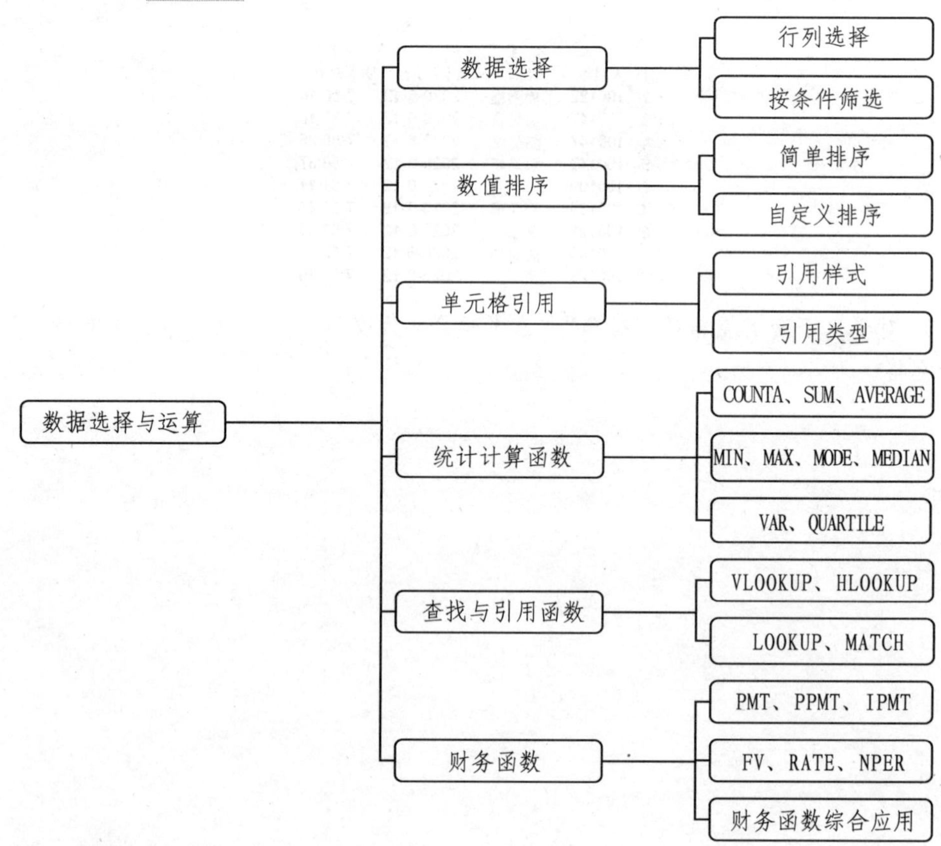

在数据分析过程中，对获取的数据进行预处理后，还需要针对数据集进行初步的数据选择与运算分析。常用的方法有数据选择、数据的拼接与合并、数据的基本数学运算、数据的统计分析等。

4.1 数据选择

在进行数据分析时，需要根据分析的目的对数据进行筛选，从中选择出算法分析所需要的数据。

4.1.1 行列选择

在 Excel 中，可以用鼠标单击左侧的行编号选中整行数据，或单击顶部列编号选中整列数据；若需选择连续的多行或多列数据，只需单击左侧的行编号并拖动鼠标，或单击顶部的列编号并拖动鼠标；若要选择非连续的多行或多列数据，只需先选中一行或一列，然后按住 Ctrl 键选择其他行或其他列。

若需要选择行列相交区域的数据，只需按住鼠标左键并拖动来选择所需数据区域，如图 4.1 所示。

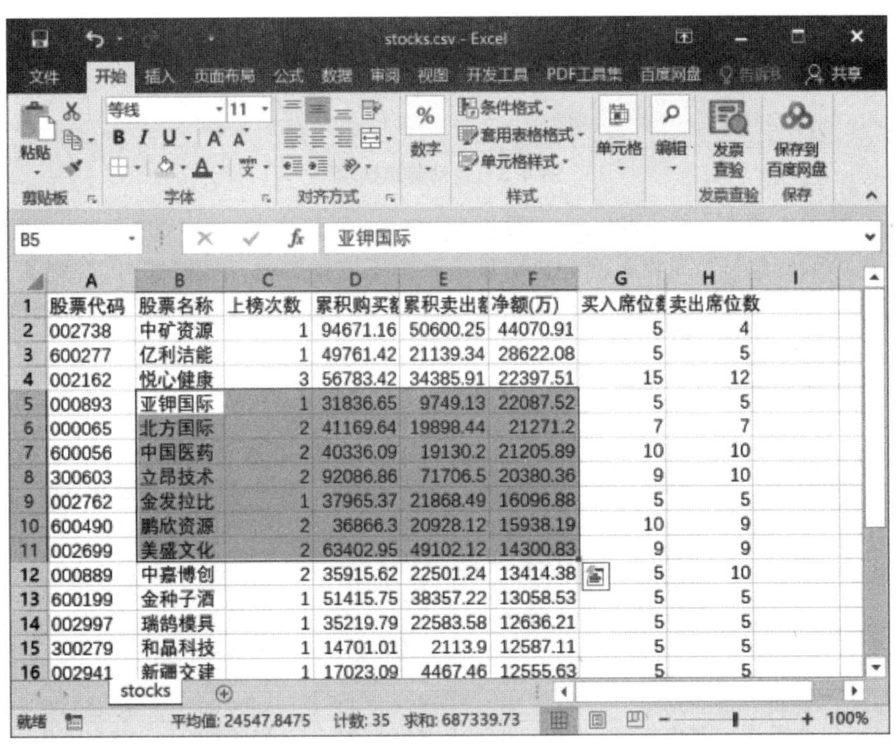

	A	B	C	D	E	F	G	H
1	股票代码	股票名称	上榜次数	累积购买	累积卖出	净额(万)	买入席位	卖出席位数
2	002738	中矿资源	1	94671.16	50600.25	44070.91	5	4
3	600277	亿利洁能	1	49761.42	21139.34	28622.08	5	5
4	002162	悦心健康	3	56783.42	34385.91	22397.51	15	12
5	000893	亚钾国际	1	31836.65	9749.13	22087.52	5	5
6	000065	北方国际	2	41169.64	19898.44	21271.2	7	7
7	600056	中国医药	2	40336.09	19130.2	21205.89	10	10
8	300603	立昂技术	2	92086.86	71706.5	20380.36	9	10
9	002762	金发拉比	1	37965.37	21868.49	16096.88	5	5
10	600490	鹏欣资源	2	36866.3	20928.12	15938.19	10	9
11	002699	美盛文化	2	63402.95	49102.12	14300.83	9	9
12	000889	中嘉博创	2	35915.62	22501.24	13414.38	5	10
13	600199	金种子酒	1	51415.75	38357.22	13058.53	5	5
14	002997	瑞鹄模具	1	35219.79	22583.58	12636.21	5	5
15	300279	和晶科技	1	14701.01	2113.9	12587.11	5	5
16	002941	新疆交建	1	17023.09	4467.46	12555.63	5	5

图 4.1 选择数据区域

4.1.2 按条件筛选数据

筛选是指暂时将不必显示的数据隐藏起来，只显示符合条件的数据。

Excel 的“数据”菜单“排序和筛选”栏提供了“筛选”功能，可以按不同的条件对表格数据进行筛选，如图 4.2 所示。筛选功能包括自动筛选、自定义筛选、高级筛选，还可以通过搜索框和通配符进行筛选。

【例 4.1】自动筛选费用表 . xlsx 中的数据，显示市场部和销售部两个部门的数据。

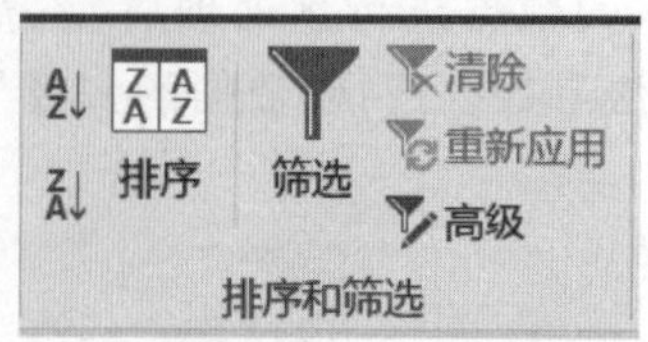

图 4.2　排序和筛选功能

交通费	住宿费	餐饮费	费用总额
¥1,200.00	¥600.00	¥230.00	¥2,030.00
¥600.00	¥700.00	¥400.00	¥1,700.00
¥5,020.00	¥850.00	¥500.00	¥6,370.00
¥1,120.00	¥900.00	¥600.00	¥2,620.00
¥112.00	¥1,000.00	¥400.00	¥1,512.00
¥1,280.00	¥6,000.00	¥150.00	¥7,430.00
¥15,600.00	¥2,600.00	¥450.00	¥18,650.00
¥2,150.00	¥450.00	¥256.00	¥2,856.00
¥250.00	¥620.00	¥50.00	¥920.00
¥255.00	¥1,450.00	¥300.00	¥2,005.00
¥155.00	¥5,600.00	¥400.00	¥6,155.00
¥1,890.00	¥2,300.00	¥450.00	¥4,640.00
¥485.00	¥4,600.00	¥560.00	¥5,645.00
¥1,260.00	¥5,900.00	¥600.00	¥7,760.00
¥1,540.00	¥400.00	¥320.00	¥2,260.00

图 4.3　自动筛选选项

选中数据中的任意单元格，点击“数据”菜单“排序和筛选”栏中的“筛选”按钮，即可发现表格中的标题行单元格右侧会自动显示一个下三角按钮，单击“部门”右侧的下三角按钮，在展开的下拉列表中取消“全选”，然后勾选“市场部”和“销售部”复选框，单击“确定”按钮，如图 4.3 所示。

自动筛选结果如图 4.4 所示。

	姓名	部门	交通费	住宿费	餐饮费	费用总额
2	周明	销售部	¥1,200.00	¥600.00	¥230.00	¥2,030.00
4	潘欣	市场部	¥5,020.00	¥850.00	¥500.00	¥6,370.00
7	钱清	销售部	¥1,280.00	¥6,000.00	¥150.00	¥7,430.00
8	金晶	销售部	¥15,600.00	¥2,600.00	¥450.00	¥18,650.00
10	陈和	市场部	¥250.00	¥620.00	¥50.00	¥920.00
11	潘欣	市场部	¥255.00	¥1,450.00	¥300.00	¥2,005.00
12	陈和	市场部	¥155.00	¥5,600.00	¥400.00	¥6,155.00
14	周明	销售部	¥485.00	¥4,600.00	¥560.00	¥5,645.00
15	金晶	销售部	¥1,260.00	¥5,900.00	¥600.00	¥7,760.00
16	周明	销售部	¥1,540.00	¥400.00	¥320.00	¥2,260.00

图 4.4　自动筛选结果

当自动筛选的属性列取值特别多时，在下拉列表中逐项去筛选比较费时，此时可以使用搜索框来进行筛选。

【例 4.2】使用搜索框筛选费用表 . xlsx 中的数据，显示姓名为“周明”的数据。

选中数据中的任意单元格，点击“数据”菜单“排序和筛选”栏中的“筛选”按钮，然后单击“姓名”右侧的下三角按钮，在展开的下拉列表的搜索框中输入“周明”，点击“确定”按钮即可，如图 4.5 所示。

部门	交通费	住宿费	餐饮费	费用总额
销售部	¥1,200.00	¥600.00	¥230.00	¥2,030.00
财务部	¥600.00	¥700.00	¥400.00	¥1,700.00
市场部	¥5,020.00	¥850.00	¥500.00	¥6,370.00
行政部	¥1,120.00	¥900.00	¥600.00	¥2,620.00
行政部	¥112.00	¥1,000.00	¥400.00	¥1,512.00
销售部	¥1,280.00	¥6,000.00	¥150.00	¥7,430.00
销售部	¥15,600.00	¥2,600.00	¥450.00	¥18,650.00
财务部	¥2,150.00	¥450.00	¥256.00	¥2,856.00
市场部	¥250.00	¥620.00	¥50.00	¥920.00
市场部	¥255.00	¥1,450.00	¥300.00	¥2,005.00
市场部	¥155.00	¥5,600.00	¥400.00	¥6,155.00
财务部	¥1,890.00	¥2,300.00	¥450.00	¥4,640.00
销售部	¥485.00	¥4,600.00	¥560.00	¥5,645.00
销售部	¥1,260.00	¥5,900.00	¥600.00	¥7,760.00
销售部	¥1,540.00	¥400.00	¥320.00	¥2,260.00

升序(S)
降序(O)
按颜色排序(T)
从“姓名”中清除筛选(C)
按颜色筛选(I)
文本筛选(F)
周明
☑(选择所有搜索结果)
☐将当前所选内容添加到筛选器
☑周明
确定 取消

图 4.5 搜索框中输入筛选内容

使用搜索框筛选结果如图 4.6 所示。

	姓名	部门	交通费	住宿费	餐饮费	费用总额
2	周明	销售部	¥1,200.00	¥600.00	¥230.00	¥2,030.00
14	周明	销售部	¥485.00	¥4,600.00	¥560.00	¥5,645.00
16	周明	销售部	¥1,540.00	¥400.00	¥320.00	¥2,260.00

图 4.6 自动筛选选项

使用搜索框筛选时还可以使用通配符，用“*”表示任意多个字符，“?”表示任意单个字符。当需要设置多个条件筛选数据时，可以通过“自定义自动筛选方式”对话框进行设置，常用的方式有筛选文本、筛选数字、筛选日期或时间、筛选最大或最小值、筛选平均值以上或以下的数字等。

【例 4.3】筛选费用表.xlsx 中的数据，显示市场部和销售部两个部门中住宿费大于 1000 且小于 5000 的数据。

在图 4.4 结果的基础上，单击“住宿费”右侧的下三角按钮，在展开的下拉列表中单击“数字筛选”下的“自定义筛选”选项，如图 4.7 所示。

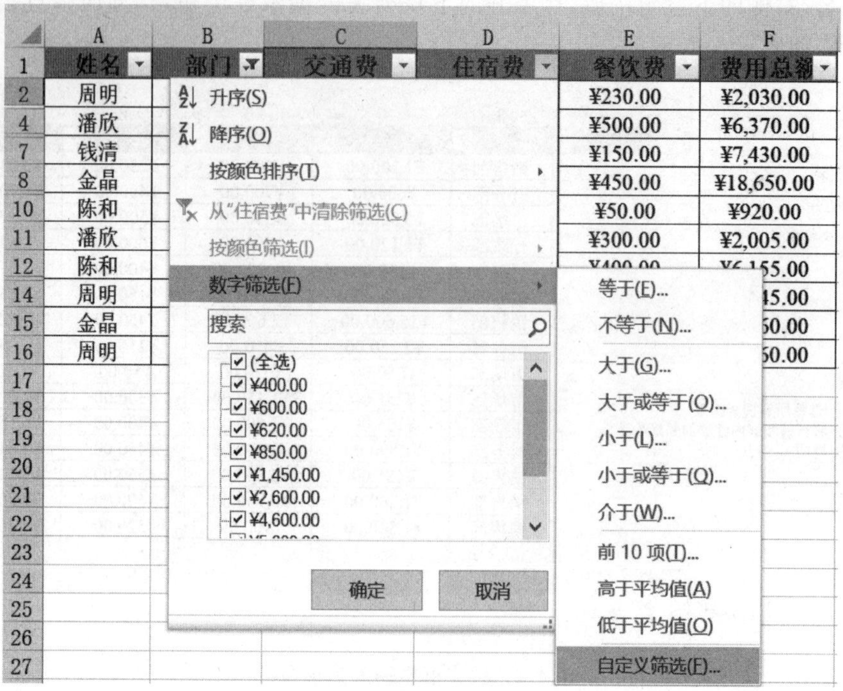

图 4.7 自定义数字筛选

此时弹出“自定义自动筛选方式”对话框，根据题目要求设置筛选条件，如图 4.8 所示。

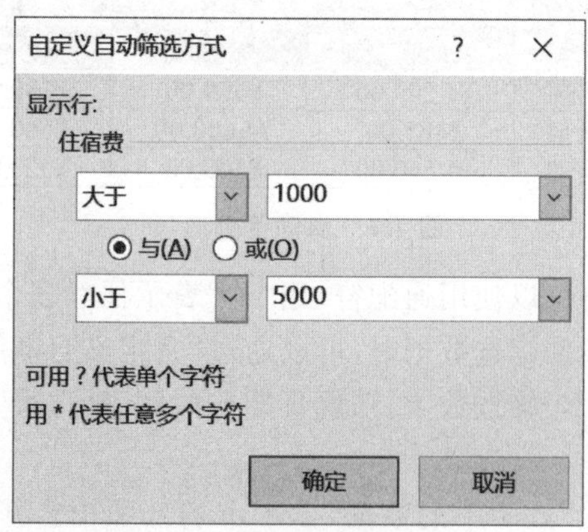

图 4.8 设置自定义筛选条件

自定义筛选结果如图 4.9 所示。

	A	B	C	D	E	F
1	姓名	部门	交通费	住宿费	餐饮费	费用总额
8	金晶	销售部	¥15,600.00	¥2,600.00	¥450.00	¥18,650.00
11	潘欣	市场部	¥255.00	¥1,450.00	¥300.00	¥2,005.00
14	周明	销售部	¥485.00	¥4,600.00	¥560.00	¥5,645.00

图 4.9 自定义筛选结果

如果筛选涉及较多的属性列时，就需要用到高级筛选。

【例 4.4】在费用表 . xlsx 中进行高级筛选，显示销售部费用总额大于 6000 的数据。

首先在表格下方的空白区域输入筛选条件，如图 4.10 所示。

	A	B	C	D	E	F
1	姓名	部门	交通费	住宿费	餐饮费	费用总额
2	周明	销售部	¥1,200.00	¥600.00	¥230.00	¥2,030.00
3	夏民	财务部	¥600.00	¥700.00	¥400.00	¥1,700.00
4	潘欣	市场部	¥5,020.00	¥850.00	¥500.00	¥6,370.00
5	蔡敏	行政部	¥1,120.00	¥900.00	¥600.00	¥2,620.00
6	何新	行政部	¥112.00	¥1,000.00	¥400.00	¥1,512.00
7	钱清	销售部	¥1,280.00	¥6,000.00	¥150.00	¥7,430.00
8	金晶	销售部	¥15,600.00	¥2,600.00	¥450.00	¥18,650.00
9	夏民	财务部	¥2,150.00	¥450.00	¥256.00	¥2,856.00
10	陈和	市场部	¥250.00	¥620.00	¥50.00	¥920.00
11	潘欣	市场部	¥255.00	¥1,450.00	¥300.00	¥2,005.00
12	陈和	市场部	¥155.00	¥5,600.00	¥400.00	¥6,155.00
13	夏民	财务部	¥1,890.00	¥2,300.00	¥450.00	¥4,640.00
14	周明	销售部	¥485.00	¥4,600.00	¥560.00	¥5,645.00
15	金晶	销售部	¥1,260.00	¥5,900.00	¥600.00	¥7,760.00
16	周明	销售部	¥1,540.00	¥400.00	¥320.00	¥2,260.00
17						
18		部门	费用总额			
19		销售部	>6000			

图 4.10 输入筛选条件

然后选中数据中的任意单元格，单击“数据”菜单“排序和筛选”栏中的“高级”按钮，打开“高级筛选”对话框，列表区域会自动显示系统自动检测的数据区域，只需设置条件区域“B18:C19”，如图 4.11 所示，然后单击“确定”按钮。

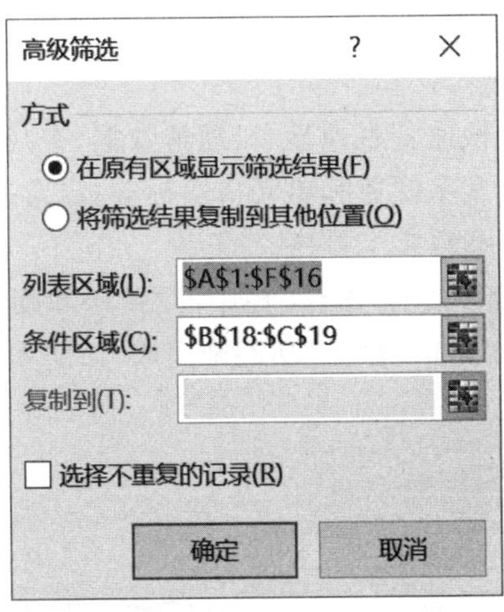

图 4.11 自定义筛选结果

高级筛选结果如图 4.12 所示。高级筛选的结果还可以复制到其他位置，只需将图 4.11 中的筛选方式更改为“将筛选结果复制到其他位置”，并在“复制到”右侧选定空白单元格区域即可，如图 4.13 所示。

	A	B	C	D	E	F
1	姓名	部门	交通费	住宿费	餐饮费	费用总额
7	钱清	销售部	¥1,280.00	¥6,000.00	¥150.00	¥7,430.00
8	金晶	销售部	¥15,600.00	¥2,600.00	¥450.00	¥18,650.00
15	金晶	销售部	¥1,260.00	¥5,900.00	¥600.00	¥7,760.00
17						
18		部门	费用总额			
19		销售部	>6000			

图 4.12　高级筛选结果

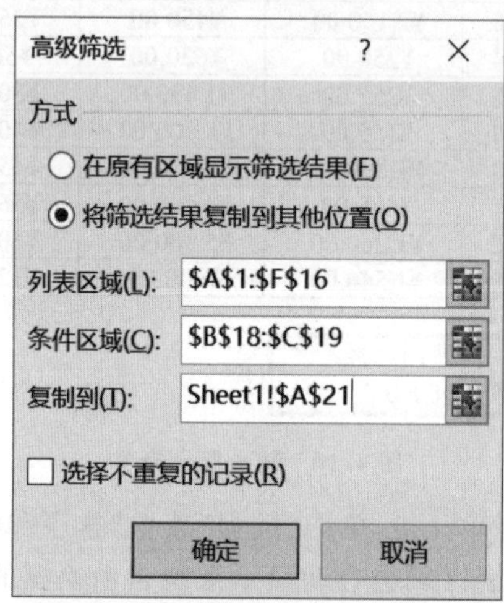

图 4.13　将筛选结果复制到其他位置

4.2　数值排序

对数据进行排序有助于快速直观地显示、理解数据，查找所需的数据，排序的依据通常有单元格值、单元格颜色、文字颜色和单元格图标等，最常用的是对单元格内容进行排序。排序的方式有简单排序和自定义排序。

Excel 中，可以通过“开始”菜单“编辑”栏中的“排序和筛选”功能直接对数据表进行排序，也可以通过“数据”菜单下的“排序”功能来完成，如图 4.14 所示。

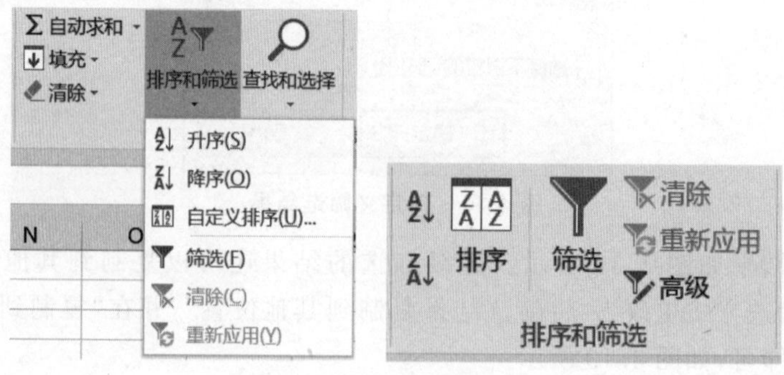

图 4.14　排序功能

4.2.1 简单排序

简单排序是使用 Excel 内置的排序命令对文本、数字、日期或时间等数据按照一定的规则进行排列，排序之前一定要检查数据的格式。

【例 4.5】股票交易数据存储在 stock. xlsx 文件中，如图 4.15 所示，分别按成交量降序和成交额的升序对数据进行排序。

	A	B	C	D	E
1	代码	名称	涨跌幅	成交量（手）	成交额（万）
2	深市A股	德豪润达	0.10204	78297	2114
3	沪市A股	宏图高科	0.10141	484227	18074
4	深市A股	华映科技	0.10169	2356383	56192
5	沪市B股	ST毅达B	0.07692	15119	21
6	深市B股	建车B	0.03681	960	64
7	深市B股	大东海B	0.04051	3457	143
8	沪市A股	福莱特	0.10095	1054	37
9	沪市B股	海创B股	0.03226	6015	19
10	深市A股	陕国投A	0.10154	2687276	94890

图 4.15 股票交易数据

使用 Excel 打开文件后，在工作表中选择任意一个需要排序的数据单元格，直接点击"降序"或"升序"方式即可，排序后的结果如图 4.16 和图 4.17 所示。

	A	B	C	D	E
1	代码	名称	涨跌幅	成交量（手）	成交额（万）
2	深市A股	陕国投A	0.10154	2687276	94890
3	深市A股	华映科技	0.10169	2356383	56192
4	沪市A股	宏图高科	0.10141	484227	18074
5	深市A股	德豪润达	0.10204	78297	2114
6	沪市B股	ST毅达B	0.07692	15119	21
7	沪市B股	海创B股	0.03226	6015	19
8	深市B股	大东海B	0.04051	3457	143
9	沪市A股	福莱特	0.10095	1054	37
10	深市B股	建车B	0.03681	960	64

图 4.16 按成交量降序排列

	A	B	C	D	E
1	代码	名称	涨跌幅	成交量（手）	成交额（万）
2	沪市B股	海创B股	0.03226	6015	19
3	沪市B股	ST毅达B	0.07692	15119	21
4	沪市A股	福莱特	0.10095	1054	37
5	深市B股	建车B	0.03681	960	64
6	深市B股	大东海B	0.04051	3457	143
7	深市A股	德豪润达	0.10204	78297	2114
8	沪市A股	宏图高科	0.10141	484227	18074
9	深市A股	华映科技	0.10169	2356383	56192
10	深市A股	陕国投A	0.10154	2687276	94890

图 4.17 按成交额升序排列

如果选择的是需要排序的单元格区域或整列数据，排序时会弹出"排序提醒"对话框，选择"扩展选定区域"即可，如图 4.18 所示。

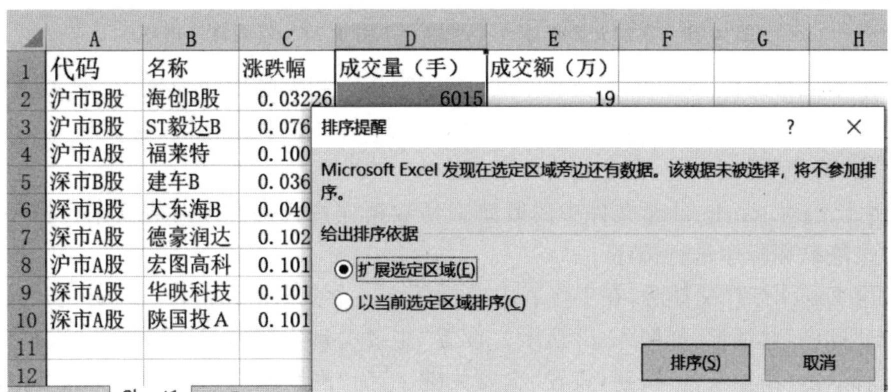

图 4.18 排序提醒

4.2.2 自定义排序

当 Excel 提供的内置排序命令无法满足查询需求时，可以使用自定义排序功能对数据进行单一排序或多条件排序。自定义排序功能如图 4.19 所示，可以通过“添加条件”“删除条件”和“复制条件”指定一个或多个排序属性列；排序依据除了数值，也可以是单元格颜色、字体颜色和单元格图标；排序次序除了升序和降序，还可以自定义序列。此外，在排序选项中还可以设置排序方向、方法，实现对数据按行排序、按字母排序、按笔画排序等。

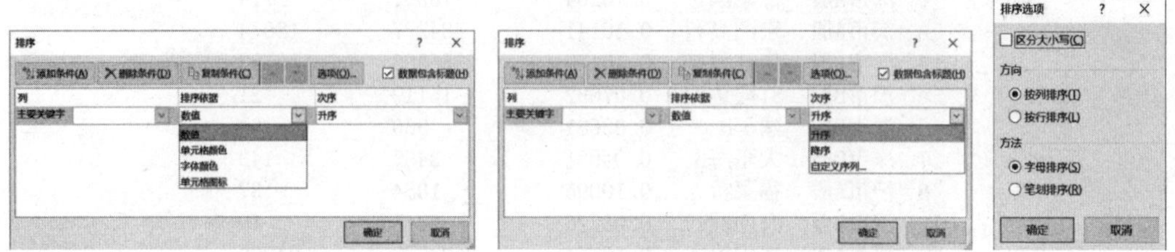

图 4.19 自定义排序功能的排序对话框

【例 4.6】对 stock.xlsx 文件中的股票交易数据按“名称”分别进行字母升序排序和笔画降序排序。

使用 Excel 打开文件后，在工作表中选择任意一个数据单元格，点击“自定义排序”方式，弹出“排序”对话框。设置“主要关键字”为“名称”，“次序”为“升序”，然后单击“选项”按钮，在“方法”栏选择“字母排序”，结果如图 4.20 所示。如果要按笔画降序排序，只需修改“次序”为“降序”，然后单击“选项”按钮，在“方法”栏选择“笔画排序”（Excel 软件中为“笔划排序”），结果如图 4.21 所示。

	A	B	C	D	E
1	代码	名称	涨跌幅	成交量（手）	成交额（万）
2	沪市B股	ST毅达B	0.07692	15119	21
3	深市B股	大东海B	0.04051	3457	143
4	深市A股	德豪润达	0.10204	78297	2114
5	沪市A股	福莱特	0.10095	1054	37
6	沪市B股	海创B股	0.03226	6015	19
7	沪市A股	宏图高科	0.10141	484227	18074
8	深市A股	华映科技	0.10169	2356383	56192
9	深市B股	建车B	0.03681	960	64
10	深市A股	陕国投A	0.10154	2687276	94890

图 4.20 字母升序排序

	A	B	C	D	E
1	代码	名称	涨跌幅	成交量（手）	成交额（万）
2	深市A股	德豪润达	0.10204	78297	2114
3	沪市A股	福莱特	0.10095	1054	37
4	沪市B股	海创B股	0.03226	6015	19
5	深市A股	陕国投A	0.10154	2687276	94890
6	深市B股	建车B	0.03681	960	64
7	沪市A股	宏图高科	0.10141	484227	18074
8	深市A股	华映科技	0.10169	2356383	56192
9	深市B股	大东海B	0.04051	3457	143
10	沪市B股	ST毅达B	0.07692	15119	21

图 4.21 笔画降序排序

如果单元格的值有数字、英文和中文，排序时从小到大的次序为数字、英文、中文，每一类单元格的值又分别进行排序。另外，按笔画排序只对中文有效，数字和英文只按照“升序”或“降序”排列。

【例 4.7】对 stock.xlsx 文件中的股票交易数据先按代码升序对数据进行排序，代码相同时按涨跌幅降序进行排序。

使用 Excel 打开文件后，在工作表中选择任意一个数据单元格，点击“自定义排序”方式，弹出“排序”对话框，如图 4.22 所示。设置“主要关键字”为“代码”，选项“次序”为“升序”，然后单击“添加条件”按钮，设置“次要关键字”为“涨跌幅”，选项“次序”为“降序”，结果如图 4.23 所示。

使用自定义排序功能时，可以自己定义排序的次序。在“排序”对话框中单击“次序”

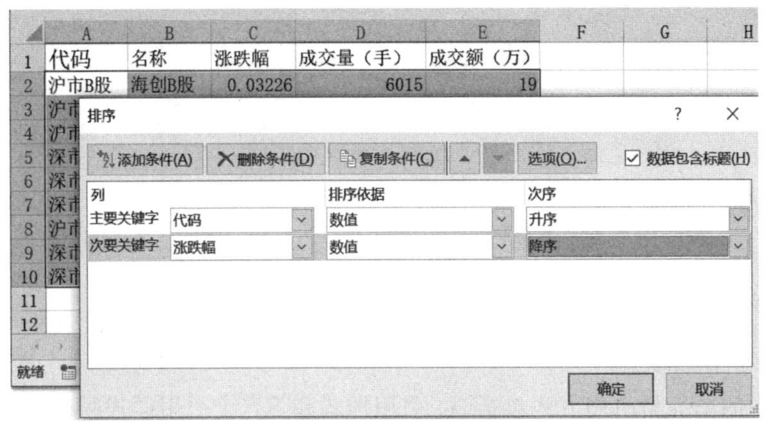

图 4.22 多关键字排序

	A	B	C	D	E
1	代码	名称	涨跌幅	成交量（手）	成交额（万）
2	沪市A股	宏图高科	0.10141	484227	18074
3	沪市A股	福莱特	0.10095	1054	37
4	沪市B股	ST毅达B	0.07692	15119	21
5	沪市B股	海创B股	0.03226	6015	19
6	深市A股	德豪润达	0.10204	78297	2114
7	深市A股	华映科技	0.10169	2356383	56192
8	深市A股	陕国投A	0.10154	2687276	94890
9	深市B股	大东海B	0.04051	3457	143
10	深市B股	建车B	0.03681	960	64

图 4.23 排序结果

对应的下拉按钮，选择“自定义序列”选项。在弹出的“自定义序列”对话框中选择“新序列”选项，在“输入序列”文本框中输入新序列文本，然后点击“添加”按钮即可自定义序列的新类别，如图 4.24 所示，添加了受教育程度的排列次序，数据表和排序后的结果如图 4.25 和图 4.26 所示。

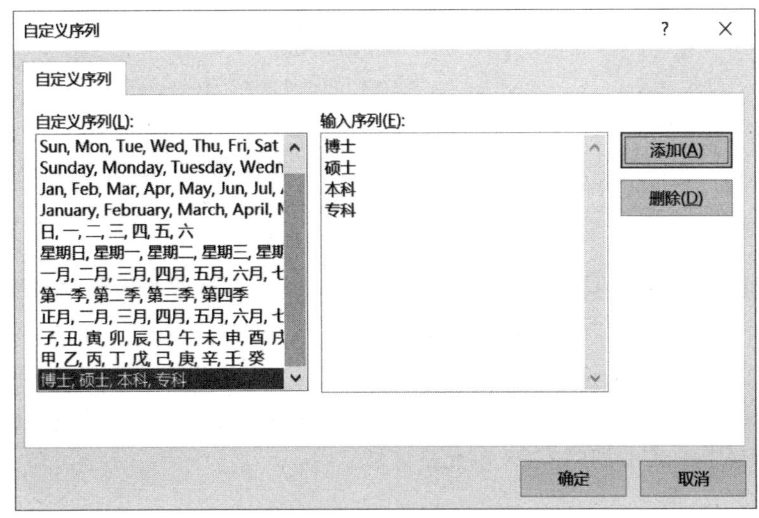

图 4.24 自定义排序序列

	A	B
1	员工编号	受教育程度
2	001	本科
3	002	专科
4	003	博士
5	004	本科
6	005	硕士
7	006	硕士

图 4.25　数据集

	A	B
1	员工编号	受教育程度
2	003	博士
3	005	硕士
4	006	硕士
5	001	本科
6	004	本科
7	002	专科

图 4.26　自定义排序结果

4.3　单元格的引用

4.3.1　引用样式

Excel 中的单元格引用方式包括 A1 引用样式和 R1C1 引用样式两种。

(1)引用样式一：A1

A1 引用样式是 Excel 默认的引用方式，这种类型用字母标志列(从 A 到 XFD，共 16384 列)，用数字标志行号(从 1 到 1048576)。这些字母和数字被称为行和列标题，通过单元格所在的列标和行标就可以准确地定位一个单元格。如果要引用单元格，按顺序输入列字母和行数字。例如，C36 引用了列 C 和行 36 交叉处的单元格。如果要引用单元格区域，按顺序输入区域左上角单元格的引用、冒号(：)和区域右下角单元格的引用，如 A3：C8。

(2)引用样式二：R1C1

在一些引用类函数和公式中，或者需要显示单元格相对引用时，经常会用到 R1C1 样式。如图 4.27 所示，选择“文件”，点击“选项”，在弹出的“Excel 选项”对话框中选中“公式”，在“使用公式”选项区域中选中“R1C1 引用样式”复选框，开启 R1C1 引用样式。

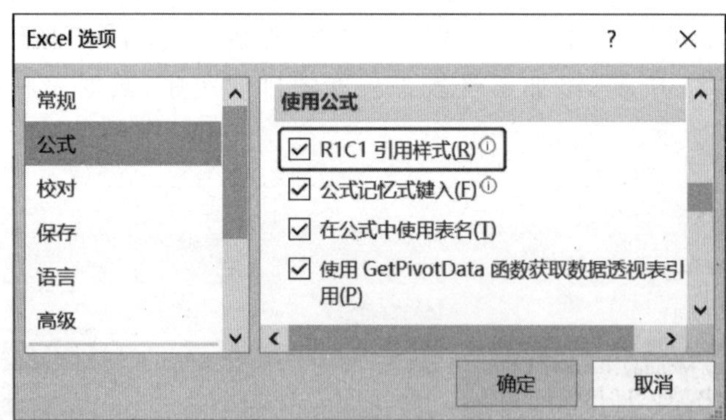

图 4.27　启用 R1C1 引用样式

开启 R1C1 引用样式后，如图 4.28 所示，列标签从字母变为数字显示。Excel 使用“R”(Row)加行数字和“C”(Column)加列数字来指示单元格的位置。例如，R3C2 指的是工作表中的第 3 行第 2 列交叉位置的单元格，也就是 A1 引用样式中的 B3 单元格。如果要引用单元格区域，按顺序输入区域左上角单元格的引用、冒号(：)和区域右下角单元格的引用，如 R3C1：R8C3，即 A3：C8 单元格区域。

	1	2	3	4
1				
2				
3				
4				

图 4.28 启用 R1C1 引用样式时,列标显示为数字

4.3.2 引用类型

在公式中引用单元格具有以下关系:如果 B1 单元格的公式为“=C1”,那么 B1 就是 C1 的引用单元格,C1 就是 B1 的从属单元格。从属单元格与引用单元格之间的位置关系称为单元格引用的相对性,其可以分为相对引用、绝对引用和混合引用 3 种不同的引用类型。

(1)相对引用

相对引用是指引用单元格的相对位置,就是用列标和行号直接表示单元格。当某个单元格的公式被复制到另一个单元格时,其公式中的引用位置在新的单元格中就会发生变化。如图 4.29 和图 4.30 所示,在第一个需要计算费用总额的单元格中输入公式进行计算,然后复制到下面的单元格中,避免重复输入公式,其单元格的引用位置随之发生变化。

F2 =C2+D2+E2

	A	B	C	D	E	F
1	姓名	部门	交通费	住宿费	餐饮费	费用总额
2	周明	销售部	¥1,200.00	¥600.00	¥230.00	¥2,030.00
3	夏民	财务部	¥600.00	¥700.00	¥400.00	
4	潘欣	市场部	¥5,020.00	¥850.00	¥500.00	
5	蔡敏	行政部	¥1,120.00	¥900.00	¥600.00	
6	何新	行政部	¥112.00	¥1,000.00	¥400.00	
7	钱清	销售部	¥1,280.00	¥6,000.00	¥150.00	
8	金晶	销售部	¥15,600.00	¥2,600.00	¥450.00	
9	夏民	财务部	¥2,150.00	¥450.00	¥256.00	
10	陈和	市场部	¥250.00	¥620.00	¥50.00	
11	潘欣	市场部	¥255.00	¥1,450.00	¥300.00	

相对引用
复制公式

图 4.29 相对引用复制公式

F5 =C5+D5+E5

	A	B	C	D	E	F
1	姓名	部门	交通费	住宿费	餐饮费	费用总额
2	周明	销售部	¥1,200.00	¥600.00	¥230.00	¥2,030.00
3	夏民	财务部	¥600.00	¥700.00	¥400.00	¥1,700.00
4	潘欣	市场部	¥5,020.00	¥850.00	¥500.00	¥6,370.00
5	蔡敏	行政部	¥1,120.00	¥900.00	¥600.00	¥2,620.00
6	何新	行政部	¥112.00	¥1,000.00	¥400.00	¥1,512.00
7	钱清	销售部	¥1,280.00	¥6,000.00	¥150.00	¥7,430.00
8	金晶	销售部	¥15,600.00	¥2,600.00	¥450.00	¥18,650.00
9	夏民	财务部	¥2,150.00	¥450.00	¥256.00	¥2,856.00
10	陈和	市场部	¥250.00	¥620.00	¥50.00	¥920.00
11	潘欣	市场部	¥255.00	¥1,450.00	¥300.00	¥2,005.00

图 4.30 单元格的引用位置发生变化

（2）绝对引用

绝对引用是指引用固定的单元格位置，就是在单元格的列标和行号前面加上“＄”符号。当单元格中的公式被复制到新的单元格中时，公式中引用的单元格地址始终保持不变。如图 4.31 和图 4.32 所示，在第一个需要计算自付费用的单元格中输入公式进行计算，然后复制到下面的单元格中，避免重复输入公式，D13 为单元格的绝对引用，其在复制的公式中引用位置未发生变化。

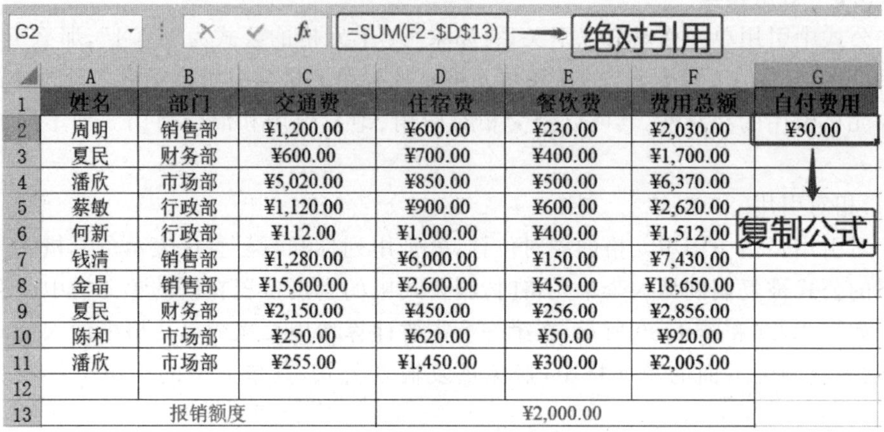

G2 =SUM(F2-$D$13) 绝对引用

	A	B	C	D	E	F	G
1	姓名	部门	交通费	住宿费	餐饮费	费用总额	自付费用
2	周明	销售部	¥1,200.00	¥600.00	¥230.00	¥2,030.00	¥30.00
3	夏民	财务部	¥600.00	¥700.00	¥400.00	¥1,700.00	
4	潘欣	市场部	¥5,020.00	¥850.00	¥500.00	¥6,370.00	
5	蔡敏	行政部	¥1,120.00	¥900.00	¥600.00	¥2,620.00	
6	何新	行政部	¥112.00	¥1,000.00	¥400.00	¥1,512.00	复制公式
7	钱清	销售部	¥1,280.00	¥6,000.00	¥150.00	¥7,430.00	
8	金晶	销售部	¥15,600.00	¥2,600.00	¥450.00	¥18,650.00	
9	夏民	财务部	¥2,150.00	¥450.00	¥256.00	¥2,856.00	
10	陈和	市场部	¥250.00	¥620.00	¥50.00	¥920.00	
11	潘欣	市场部	¥255.00	¥1,450.00	¥300.00	¥2,005.00	
12							
13	报销额度			¥2,000.00			

图 4.31　绝对引用复制公式

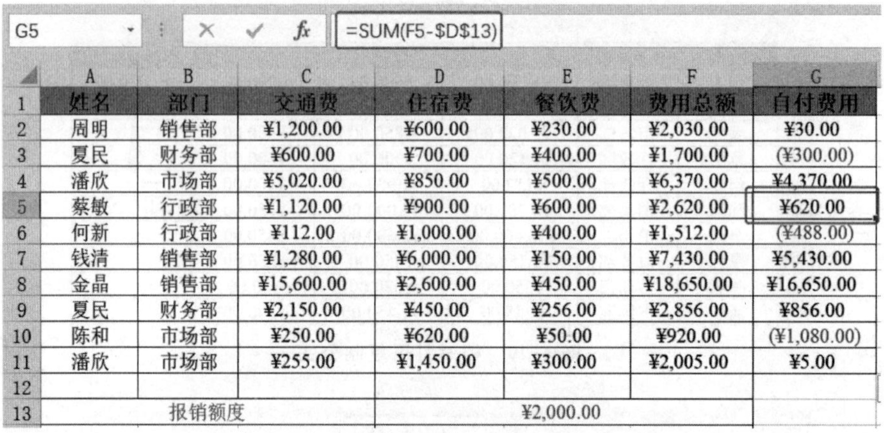

G5 =SUM(F5-$D$13)

	A	B	C	D	E	F	G
1	姓名	部门	交通费	住宿费	餐饮费	费用总额	自付费用
2	周明	销售部	¥1,200.00	¥600.00	¥230.00	¥2,030.00	¥30.00
3	夏民	财务部	¥600.00	¥700.00	¥400.00	¥1,700.00	(¥300.00)
4	潘欣	市场部	¥5,020.00	¥850.00	¥500.00	¥6,370.00	¥4,370.00
5	蔡敏	行政部	¥1,120.00	¥900.00	¥600.00	¥2,620.00	¥620.00
6	何新	行政部	¥112.00	¥1,000.00	¥400.00	¥1,512.00	(¥488.00)
7	钱清	销售部	¥1,280.00	¥6,000.00	¥150.00	¥7,430.00	¥5,430.00
8	金晶	销售部	¥15,600.00	¥2,600.00	¥450.00	¥18,650.00	¥16,650.00
9	夏民	财务部	¥2,150.00	¥450.00	¥256.00	¥2,856.00	¥856.00
10	陈和	市场部	¥250.00	¥620.00	¥50.00	¥920.00	(¥1,080.00)
11	潘欣	市场部	¥255.00	¥1,450.00	¥300.00	¥2,005.00	¥5.00
12							
13	报销额度			¥2,000.00			

图 4.32　单元格的引用位置未发生变化

（3）混合引用

混合引用就是引用中既有相对引用，也有绝对引用。当公式被复制到其他单元格时，单元格相对引用的位置发生变化，绝对引用的位置保持不变。混合引用可分为对行绝对引用、对列相对引用和对行相对引用、对列绝对引用。例如 B＄2 表示对行绝对引用、对列相对引用，＄B2 表示对行相对引用、对列绝对引用。

（4）F4 键切换引用类型

在使用相对引用、绝对引用和混合引用时，绝对引用符号“＄”的输入比较麻烦，可以使用“F4”键来切换单元格的引用方式。连续按“F4”键，引用方式就会按相对引用→绝对引用→行绝对引用、列相对引用→行相对引用、列绝对引用→相对引用……这样的顺序循环。例如，输入默认引用方式“B2”，依次按“F4”键，引用类型切换顺序为：“$B$2”→“B$2”→“$B2”→“B2”。

在利用公式计算时，如果要复制公式，一定要注意单元格的引用位置是否随着公式的移动发生变化，也就是要注意引用方式的变化。合理地使用引用方式，可以在复制公式时事半功倍。

4.4 统计运算函数

汇总统计可以获得均值、标准差等量化数据，反映所有数据的分布情况，从而获得对整体数据的描述。

4.4.1 非空值计数

非空值计数可以用来统计数据中的元素个数。

【例 4.8】product_sales.csv 文件存储了某电商平台的销售数据，如图 4.33 所示，数据中有缺失值，统计数据集每列非空值个数情况。

	A	B	C	D
1	分类	货品	线下销售量	线上销售量
2	书籍	python数据分析	400	
3	家电	电视机	20000	40000
4	水果	苹果	100	300
5	书籍	海量数据爬虫		600
6	水果	香蕉	80	160
7	日用	牙膏	300	600

图 4.33 电商平台销售数据集

在 Excel 中使用 COUNTA()函数统计非空单元格个数。统计“分类”数据中的非空值个数，在存放统计结果的单元格 A8 中输入公式：

= COUNTA(A2:A7)

再使用填充句柄填充 B8、C8 和 D8 单元格即可得到每列的非空值个数，也可以在 COUNTA()函数中使用区域数据 A2:D7 获得整个表中的非空值个数，计算结果如图 4.34 所示。

E8 = COUNTA(A2:D7)

	A	B	C	D	E
1	分类	货品	线下销售量	线上销售量	
2	书籍	python数据分析	400		
3	家电	电视机	20000	40000	
4	水果	苹果	100	300	
5	书籍	海量数据爬虫		600	
6	水果	香蕉	80	160	
7	日用	牙膏	300	600	
8	6	6	5	5	22

图 4.34 非空值计数结果

4.4.2 求和运算

统计求和就是计算所选区域数据中所有数据的总和。

【例 4.9】对图 4.33 给定的销售数据进行销售量求和运算。

Excel 中使用 SUM()函数进行求和计算。计算“线下销售量”的总和，在存放计算结果的单元格中输入公式：

= SUM(C2:C7)

使用填充句柄填充可得到“线上销售量”的总和，也可以在使用区域数据 C2:D7 获得线上与线下销售量的总和，计算结果如图 4.35 所示。

C8 = SUM(C2:C7)

	A	B	C	D
1	分类	货品	线下销售量	线上销售量
2	书籍	python数据分析	400	
3	家电	电视机	20000	40000
4	水果	苹果	100	300
5	书籍	海量数据爬虫		600
6	水果	香蕉	80	160
7	日用	牙膏	300	600
8		线下销售量总和：	20880	

图 4.35 求和运算结果

4.4.3 均值运算

均值运算就是计算所选区域数据中所有数据的平均值。

【例 4.10】对图 4.33 给定的销售数据进行销售量求均值运算。

Excel 中使用 AVERAGE()函数计算平均值。计算“线下销售量”的平均值，在存放计算结果的单元格中输入公式：

= AVERAGE(C2:C7)

使用填充句柄填充可得到“线上销售量”的平均值，也可以在使用区域数据 C2:D7 获得线上与线下销售量的总平均值，计算结果如图 4.36 所示。

C9 = AVERAGE(C2:C7)

	A	B	C	D
1	分类	货品	线下销售量	线上销售量
2	书籍	python数据分析	400	
3	家电	电视机	20000	40000
4	水果	苹果	100	300
5	书籍	海量数据爬虫		600
6	水果	香蕉	80	160
7	日用	牙膏	300	600
8		线下销售量总和：	20880	
9		线下销售量均值：	4176	

图 4.36 均值运算结果

4.4.4 最值运算

最值运算就是计算所选区域数据中所有数据的最大值和最小值。

【例 4.11】对图 4.33 给定的销售数据进行销售量求最值运算。

Excel 中使用 MIN()函数计算最小值，使用 MAX()函数计算最大值。计算“线下销售量”的最小值，在存放计算结果的单元格中分别输入公式：

= MIN(C2:C7)

使用填充句柄填充可得到“线上销售量”的最小值,如图 4.37 所示。

C10	= MIN(C2:C7)			
	A	B	C	D
1	分类	货品	线下销售量	线上销售量
2	书籍	python数据分析	400	
3	家电	电视机	20000	40000
4	水果	苹果	100	300
5	书籍	海量数据爬虫		600
6	水果	香蕉	80	160
7	日用	牙膏	300	600
8		线下销售量总和:	20880	
9		线下销售量均值:	4176	
10		线下销售量最小值:	80	160

图 4.37 求最小值结果

也可以在使用区域数据 C2:D7 获得线上与线下销售量的最小值,计算结果如图 4.38 所示。

E10	= MIN(C2:D7)				
	A	B	C	D	E
1	分类	货品	线下销售量	线上销售量	
2	书籍	python数据分析	400		
3	家电	电视机	20000	40000	
4	水果	苹果	100	300	
5	书籍	海量数据爬虫		600	
6	水果	香蕉	80	160	
7	日用	牙膏	300	600	
8		线下销售量总和:	20880		
9		线下销售量均值:	4176		
10		线下销售量最小值:	80	160	80

图 4.38 求最小值结果

如果要计算最大值,只需将 MIN()函数替换为 MAX()函数即可,计算结果如图 4.39 所示。

E11	= MAX(C2:D7)				
	A	B	C	D	E
1	分类	货品	线下销售量	线上销售量	
2	书籍	python数据分析	400		
3	家电	电视机	20000	40000	
4	水果	苹果	100	300	
5	书籍	海量数据爬虫		600	
6	水果	香蕉	80	160	
7	日用	牙膏	300	600	
8		线下销售量总和:	20880		
9		线下销售量均值:	4176		
10		线下销售量最小值:	80	160	80
11		线下销售量最大值:	20880	40000	40000

图 4.39 求最大值结果

4.4.5 中位数运算

中位数又称中值，是将所有数据按照指定的规则排序后位于中间位置的数，当数据中存在极大值或极小值时，使用中位数比均值更合理，因为中位数不受极值的影响，可以更好地反映数据的中间水平。

【例 4.12】对图 4.33 给定的销售数据进行销售量求中位数运算。

Excel 中使用 MEDIAN()函数计算中位数。计算“线下销售量”的中位数，在存放计算结果的单元格中输入公式：

= MEDIAN(C2:C7)

使用填充句柄填充可得到“线上销售量”的中位数，也可以在使用区域数据 C2:D7 获得线上与线下销售量的中位数，计算结果如图 4.40 所示。

E12 = MEDIAN(C2:D7)

	A	B	C	D	E
1	分类	货品	线下销售量	线上销售量	
2	书籍	python数据分析	400		
3	家电	电视机	20000	40000	
4	水果	苹果	100	300	
5	书籍	海量数据爬虫		600	
6	水果	香蕉	80	160	
7	日用	牙膏	300	600	
8		线下销售量总和：	20880		
9		线下销售量均值：	4176		
10		线下销售量最小值：	80	160	80
11		线下销售量最大值：	20880	40000	40000
12		线下销售量中位数：	300	600	350

图 4.40 求中位数结果

4.4.6 众数运算

众数是所有数据中出现次数最多的数，可以反映数据的一般水平。

【例 4.13】给定数据集如图 4.41 所示，计算其众数。

Excel 中使用 MODE()函数计算众数，在存放计算结果的单元格中输入公式：

= MODE(A2:D7)

结果如图 4.42 所示。

	A	B	C	D
1	data1	data2	data3	data4
2	2	3	4	4
3	5	6	7	6
4	8		9	0
5	1	2	2	3
6	4	2		2
7	5	5	6	

图 4.41 数据集

E2 = MODE(A2:D7)

	A	B	C	D	E
1	data1	data2	data3	data4	众数
2	2	3	4	4	2
3	5	6	7	6	
4	8		9	0	
5	1	2	2	3	
6	4	2		2	
7	5	5	6		

图 4.42 求众数结果

4.4.7 方差运算

方差是每个数值与所有数值的平均数之差的平方的平均数，用来统计数据的离散程度，即数据的偏离程度。

【例 4.14】给定数据集如图 4.41 所示，计算其方差。

计算方差使用 VAR()函数，在存放计算结果的单元格中输入公式：

= VAR(A2:D7)

结果如图 4.43 所示。

F2 = VAR(A2:D7)

	A	B	C	D	E	F
1	data1	data2	data3	data4	众数	方差
2	2	3	4	4	2	5.590476
3	5	6	7	6		
4	8		9	0		
5	1	2	2	3		
6	4	2		2		
7	5	5	6			

图 4.43 计算方差的结果

标准差是方差的算术平方根，用来统计数据的离散程度。计算标准差使用 STDEV()函数，在存放计算结果的单元格中输入公式：

= STDEV(A2:D7)

结果如图 4.44 所示。

G2 = STDEV(A2:D7)

	A	B	C	D	E	F	G
1	data1	data2	data3	data4	众数	方差	标准差
2	2	3	4	4	2	5.590476	2.364419
3	5	6	7	6			
4	8		9	0			
5	1	2	2	3			
6	4	2		2			
7	5	5	6				

图 4.44 计算标准差的结果

4.4.8 分位数运算

【例 4.15】给定数据集如图 4.41 所示，计算其 25%分位数和 75%分位数。

在 Excel 中可以通过 QUARTILE()函数来实现分位数运算。QUARTILE 函数返回数据集的四分位数。四分位数通常用于在销售额和测量数据中对总体进行分组。例如，可以使用函数 QUARTILE 求得总体中前 25%的收入值。

语法：QUARTILE(array，quart)

array：为需要求得四分位数值的数组或数字型单元格区域，如果数组为空，函数 QUARTILE 返回错误值"#NUM!"。

quart：决定返回哪一个四分位值。它的取值一共有五种情况：0 返回最小值；1 返回第一个四分位数(第 25 个百分点值)；2 返回中分位数(第 50 个百分点值)；3 返回第三个四分位数(第 75 个百分点值)；4 返回最大值。如果 quart 不为整数，将被截尾取整。如果 quart<0 或 quart>4，函数 QUARTILE 返回错误值"#NUM!"。当 quart 分别等于 0、2 和 4 时，函数 QUARTILE 返回的值分别与函数 MIN()、MEDIAN()和 MAX()返回的值相同。结果如图 4.45 所示。

I2 =QUARTILE.INC(A2:D7,3)

	A	B	C	D	H	I
1	data1	data2	data3	data4	25%分位数	75%分位数
2	2	3	4	4	2	6
3	5	6	7	6		
4	8		9	0		
5	1	2	2	3		
6	4	2		2		
7	5	5	6			

图 4.45　计算分位数的结果

4.5　查找和引用函数

在一个数据表中，往往各个数据之间都有一定的联系，如果手动地一个个查找计算，工作量会非常大，但是使用查找与匹配函数就可以轻松完成各种工作。常用的查找与引用函数有 VLOOKUP、HLOOKUP、LOOKUP、MATCH 等，下面我们分别来介绍这几个函数。

4.5.1　纵向查找函数 VLOOKUP

VLOOKUP 函数是 Excel 中的一个查找函数，在工作中有广泛的应用，掌握好 VLOOKUP 函数能够极大提高工作的效率。其函数功能是按列查找，最终返回该列所需查询列序所对应的值。其函数语法如下：

VLOOKUP(Lookup_value，Table_array，Col_index_num，Range_lookup)。

该函数的 4 个参数说明如下(参见图 4.46 所示“函数参数”对话框)。

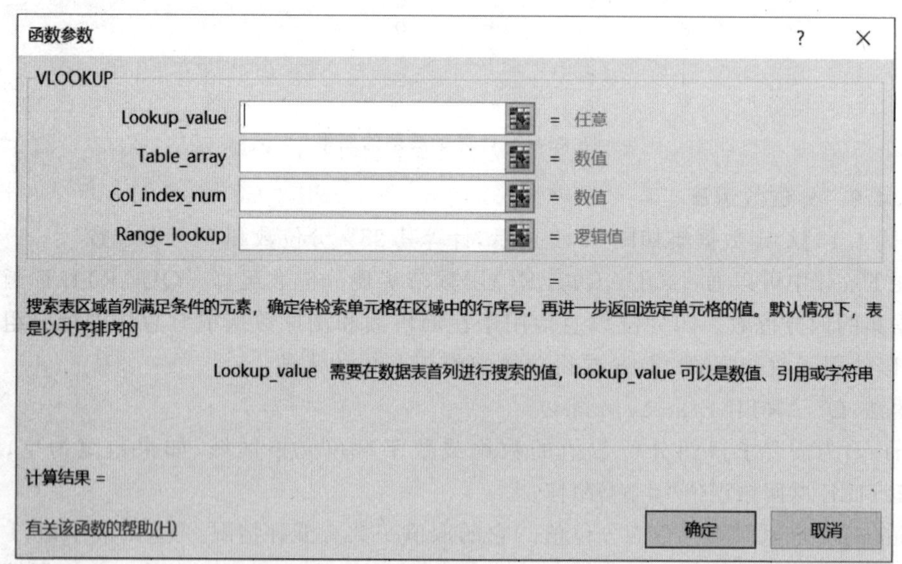

图 4.46　VLOOKUP“函数参数”对话框

(1)Lookup_value(必需)：匹配条件，是指定的查找条件。

(2)Table_array(必需)：查找区域，是一个至少包含一列数据的列标或者单元格区域，并且该区域的第一列必须含有匹配条件，也就是说，谁是匹配值，就把谁选为区域的第一列。

(3)Col_index_num(必需):取数的列号,指定从区域的哪列取数,这个列数是从匹配条件那列开始向右计算的。

(4)Range_lookup(可选):匹配模式,是指做精确查找还是模糊查找。值为 TRUE 或者 1 或者忽略时做模糊定位查找,也就是说,匹配条件不存在时,匹配最接近条件的数据;当值为 FALSE 或者 0 时,做精确定位查找,也就是说,条件值必须存在,要么是完全匹配的名称,要么是包含关键词的名称。

VLOOKUP 函数的查找区域必须是列结构的,也就是字段数据必须按列保存,并且查找方向是从左往右的。

【例 4.16】给定数据集“员工业绩统计表”和“第二季度业绩奖金表”如图 4.47 所示,使用 VLOOKUP 函数将“员工业绩统计表”中的第二季度业绩填充到“第二季度业绩奖金表”中。

	A	B	C	D	E	F	G
1	员工编号	员工姓名	第一季度	第二季度	第三季度	第四季度	全年业绩
2	001	夏志豪	¥231,327.00	¥284,902.00	¥172,949.00	¥145,320.00	¥834,498.00
3	002	吴芸如	¥112,882.00	¥91,170.00	¥105,579.00	¥247,506.00	¥557,137.00
4	003	周白芷	¥197,268.00	¥150,633.00	¥72,616.00	¥84,905.00	¥505,422.00
5	004	王美珠	¥192,036.00	¥224,236.00	¥110,223.00	¥283,878.00	¥810,373.00
6	005	吕智英	¥243,804.00	¥128,716.00	¥73,910.00	¥69,368.00	¥515,798.00
7	006	林文殊	¥261,641.00	¥50,218.00	¥240,332.00	¥128,550.00	¥680,741.00
8	007	何美玲	¥282,575.00	¥252,451.00	¥201,031.00	¥138,220.00	¥874,277.00
9	008	蔡书玮	¥227,846.00	¥122,936.00	¥188,240.00	¥238,476.00	¥777,498.00
10	009	李世杰	¥195,218.00	¥108,906.00	¥231,856.00	¥189,368.00	¥725,348.00
11	010	卢志铭	¥57,891.00	¥146,181.00	¥279,891.00	¥85,382.00	¥569,345.00
12	011	黄晓平	¥63,182.00	¥246,505.00	¥66,392.00	¥158,379.00	¥534,458.00
13	012	王俊明	¥249,246.00	¥159,489.00	¥198,403.00	¥167,385.00	¥774,523.00

	A	B	C	D	E
1	员工编号	员工姓名	季度销售额	奖金比例	业绩奖金
2	001	夏志豪			
3	002	吴芸如			
4	003	周白芷			
5	004	王美珠			
6	005	吕智英			
7	006	林文殊			
8	007	何美玲			
9	008	蔡书玮			
10	009	李世杰			
11	010	卢志铭			
12	011	黄晓平			
13	012	王俊明			

图 4.47 员工业绩统计表(左)和第二季度业绩奖金表(右)

在“员工业绩统计表”中记录了员工各个季度的业绩,而在制作“第二季度业绩奖金表”时,只需要用到第二季度的业绩,因此只要将“员工业绩统计表”中员工第二季度业绩匹配过来即可。如果员工人数过多,且两张表格的顺序不一致,直接复制整列可能会出现错误,一个个查找工作量又太大。因此,我们可以借助 VLOOKUP 函数,直接匹配员工编号对应的第二季度业绩,这样既节省工作量,又能保证准确性。

员工夏志豪第二季度业绩的公式为“=VLOOKUP(A2,员工业绩统计表! A:D,4,0)”。两张表中共同的信息是员工编号,并且员工对应的编号也是唯一的,因此第一个参数“匹配条件”就是“第二季度业绩奖金表”中的员工编号,即 A 列中的数据;查找方法是从“员工业绩统计表”中的 A 列开始向下查找,找到对应的员工编号后,再向右查找 D 列中与之相对应的业绩,因此第二个参数“查找区域”为 A:D;从“员工编号”列向右数到“第二季度”列的结果是 4,因此第三个参数“取数的列号”为 4;因为本案例中按照员工编号进行精确查找,所以第四个参数“匹配模式”为 FALSE 或者 0。

具体操作步骤如下:

(1)打开文件“员工业绩管理表”,切换到“第二季度业绩奖金表”工作表,选中 C2 单元格,切换到“公式”选项卡,在“函数库”组中单击“查找与引用”按钮,在弹出的下拉列表中选择“VLOOKUP”函数。如图 4.48 所示。

(2)选择“VLOOKUP”函数后,弹出“函数参数”对话框,将光标定位到第一个参数 Lookup_value 文本框中,然后在“第二季度业绩奖金表”中选中 A2 单元格。

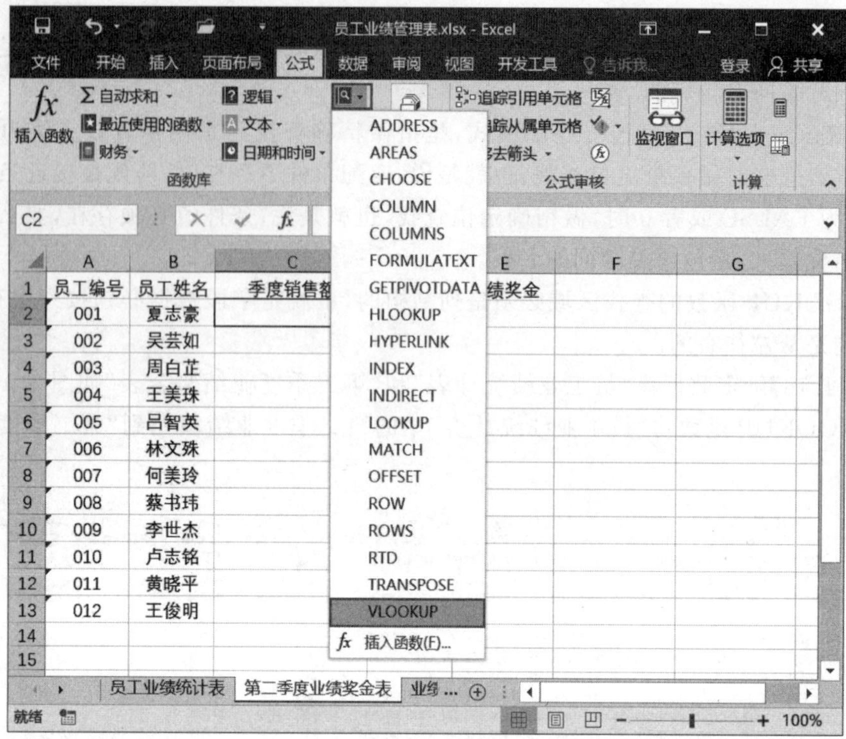

图 4.48　打开 VLOOKUP 函数对话框

（3）将光标定位到第二个参数 Table_array 文本框中，切换到“员工业绩统计表”工作表中，选中 A 列到 D 列的数据。

（4）在第三个和第四个参数文本框中分别输入“4”和“0”。

（5）单击确认按钮，返回工作表，可以看到 C2 单元格中的查找结果，然后将 C2 单元格中的公式不带格式的填充到下方单元格的区域中。

其 VLOOKUP“函数参数”对话框中填写内容如图 4.49 所示。

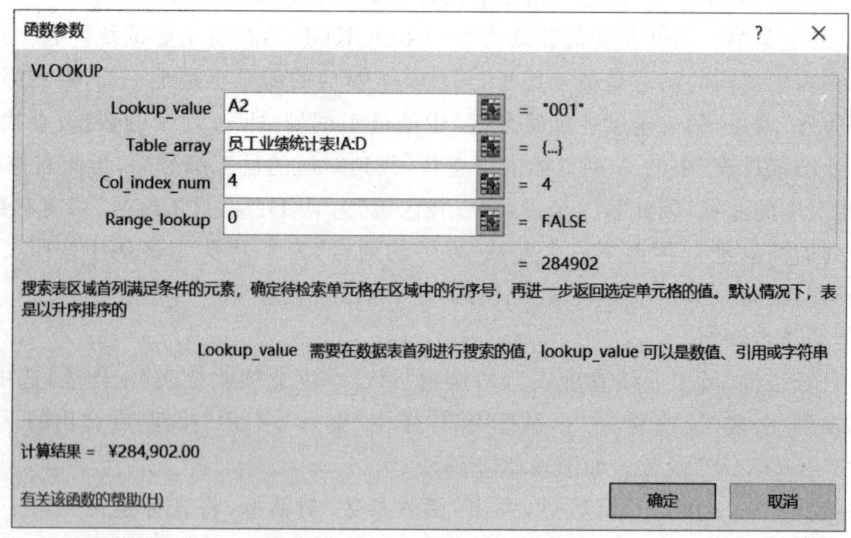

图 4.49　VLOOKUP 函数参数

填充结果如图 4.50 所示。

C2 =VLOOKUP(A2,员工业绩统计表!A:D,4,0)

员工编号	员工姓名	季度销售额	奖金比例	业绩奖金
001	夏志豪	¥284,902.00		
002	吴芸如	¥91,170.00		
003	周白芷	¥150,633.00		
004	王美珠	¥224,236.00		
005	吕智英	¥128,716.00		
006	林文殊	¥50,218.00		
007	何美玲	¥252,451.00		
008	蔡书玮	¥122,936.00		
009	李世杰	¥108,906.00		
010	卢志铭	¥146,181.00		
011	黄晓平	¥246,505.00		
012	王俊明	¥159,489.00		

员工业绩统计表 | 第二季度业绩奖金表

就绪 平均值: ¥163,861.92 计数: 12 求和: ¥1,966,343.00 100%

图 4.50 VLOOKUP 函数纵向查找结果

4.5.2 横向查找函数 HLOOKUP

VLOOKUP 函数只能用在列结构表格中,实现从左往右查找数据。对于行结构表格,要实现从上往下查找数据,即匹配条件在上面的一行,查询结果在下面的某行,就可以使用横向查找函数 HLOOKUP。其函数语法如下:

HLOOKUP(Lookup_value,Table_array,Row_index_num,Range_lookup)。

HLOOKUP 函数与 VLOOKUP 函数只是第三个参数略有不同,HLOOKUP 函数第三个参数代表取数的列号,指定从区域的哪行取数,这个行数是从匹配条件那行开始向下计算的。其他三个参数意义几乎相同,这里就不再赘述。

【例 4.17】给定数据集“业绩奖金标准表”和“第二季度业绩奖金表”如图 4.51 所示,使用 HLOOKUP 函数将员工对应的奖金比例从“业绩奖金标准表”中填充到“第二季度业绩奖金表”中。

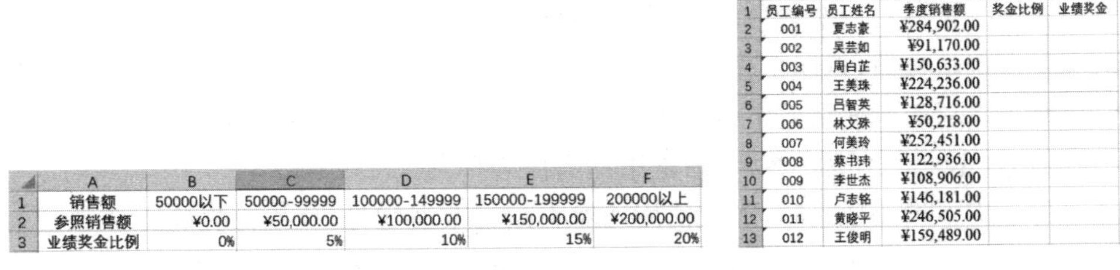

销售额	50000以下	50000-99999	100000-149999	150000-199999	200000以上
参照销售额	¥0.00	¥50,000.00	¥100,000.00	¥150,000.00	¥200,000.00
业绩奖金比例	0%	5%	10%	15%	20%

员工编号	员工姓名	季度销售额	奖金比例	业绩奖金
001	夏志豪	¥284,902.00		
002	吴芸如	¥91,170.00		
003	周白芷	¥150,633.00		
004	王美珠	¥224,236.00		
005	吕智英	¥128,716.00		
006	林文殊	¥50,218.00		
007	何美玲	¥252,451.00		
008	蔡书玮	¥122,936.00		
009	李世杰	¥108,906.00		
010	卢志铭	¥146,181.00		
011	黄晓平	¥246,505.00		
012	王俊明	¥159,489.00		

图 4.51 业绩奖金标准表(左)和第二季度业绩奖金表(右)

员工夏志豪第二季度奖金比例的公式为“=HLOOKUP(C2,业绩奖金标准表! 2:3,2,1)”。两张表中共同的信息是销售额,因此第一个参数“匹配条件”就是“第二季度业绩奖金表”中的“季度销售额”,即 C2;查找方法是从“业绩奖金标准表”的第二行开始向右查找,找到对应的销售额后,再向下查找第三行中与之对应的“业绩奖金比例”,因此第二个参数“查找区域”为 2:3；从“参照销售额”行向下数到“业绩奖金比例”行是 2，所以第三个参数“取数的行号”为 2；因为在本案例中是按照销售额进行模糊查找的，所以第四个参数“匹配模式”为 TRUE 或者 1 或者省略。

具体操作步骤如下：

(1)打开文件“员工业绩管理表”，切换到“第二季度业绩奖金表”工作表，选中 D2 单元格，切换到“公式”选项卡，在“函数库”组中单击“查找与引用”按钮，在弹出的下拉列表中选择“HLOOKUP”函数。如图 4.52 所示。

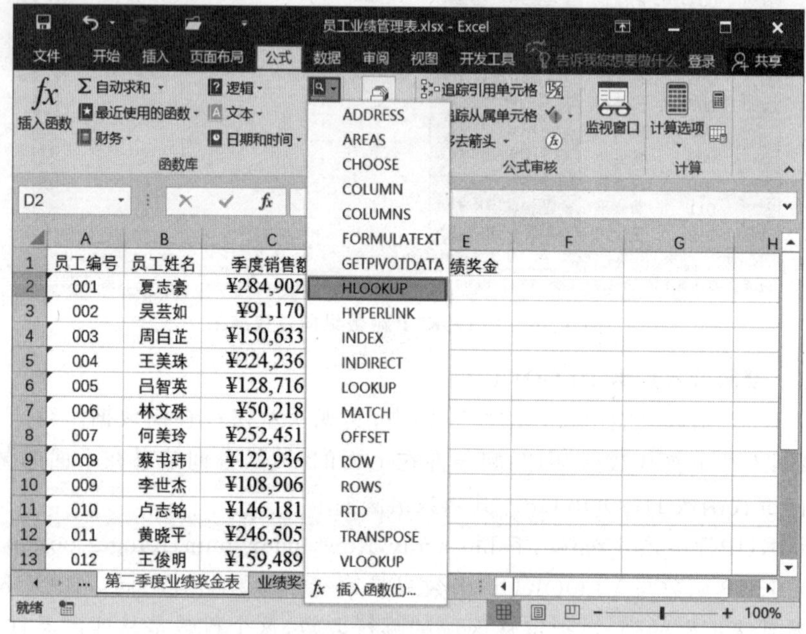

图 4.52 打开 HLOOKUP 函数对话框

(2)选择“HLOOKUP”函数后，弹出“函数参数”对话框，将光标定位到第一个参数 Lookup_value 文本框中，然后在“第二季度业绩奖金表”中选中 C2 单元格。

(3)将光标定位到第二个参数 Table_array 文本框中，切换到“业绩奖金标准表”工作表中，选中第 2 行到第 3 行的数据。

(4)在第三个和第四个参数文本框中分别输入“2”和“1”。

(5)单击确认按钮，返回工作表，可以看到 D2 单元格中的查找结果，此时查找结果为小数，按照需求更改单元格数字格式为百分比。

其 HLOOKUP“函数参数”对话框中填写内容如图 4.53 所示。

(6)由于向下填充公式时，参数使用相对引用会改变行号，所以需要将不能改变行号的参数设置为绝对引用。双击单元格 D2，进入编辑状态，选中公式中的第二个参数，按“F4”键，修改参数引用方式为绝对引用，也就是将参数“业绩奖金标准表！2:3”改为“业绩奖金标准表！$2:$3”。按“Enter”键完成修改。

(7)然后将单元格 D2 中的公式不带格式的填充到下方单元格区域中。

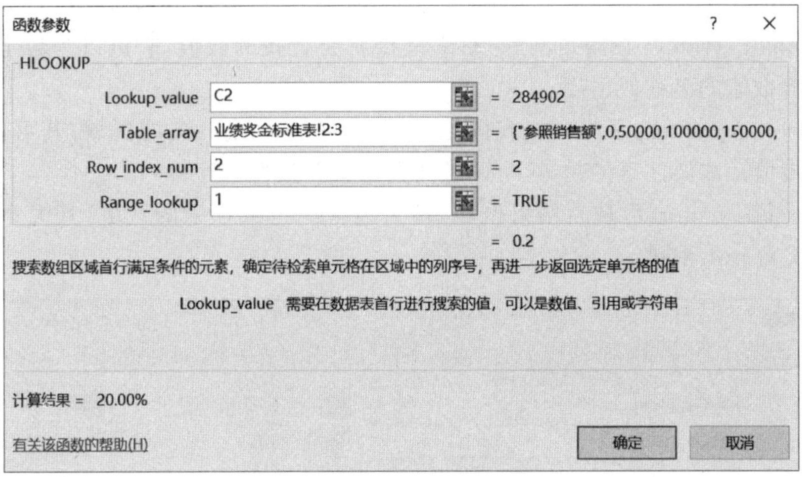

图 4.53 HLOOKUP 函数参数

填充结果如图 4.54 所示。

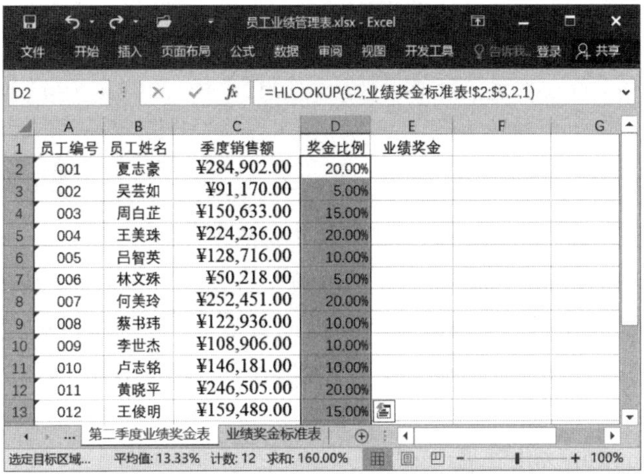

图 4.54 HLOOKUP 函数横向查找结果

4.5.3 查找函数 LOOKUP

大部分人一说 Excel 查找函数马上就会想到 VLOOKUP 函数，很多人都不会关注 LOOKUP 函数。但是 LOOKUP 函数自有它的用途，在某些场合，利用 LOOKUP 函数能够快速而巧妙地解决 VLOOKUP 函数无法解决的问题。

LOOKUP 函数主要用于在查找范围内查询指定的查找值，并返回另一个范围中对应位置的值。该函数支持忽略空值、逻辑值和错误值来进行数据查询，几乎可以完成 VLOOKUP 函数和 HLOOKUP 函数的所有查询任务。LOOKUP 函数有 2 种语法形式：向量和数组。

向量语法是在由单行或单列构成的第二个参数中查找第一个参数，并返回第三个参数中对应位置的值。如果第三个参数省略，则返回第二个参数向量中对应位置的值。其函数语法如下：

LOOKUP(Lookup_value，Lookup_vector，Result_vector)。

该函数的3个参数说明如下(参见图4.55所示“函数参数”对话框)。

(1)Lookup_value(必需):匹配条件,是指所要查找的数值,它可以为数字、文本、逻辑值或包含数值的名称或引用。

(2)Lookup_vector(必需):查找区域,指只包含一行或一列的区域,其可以是文本、数字或逻辑值。需要注意的是,这个区域的数据必须按照升序排列。

(3)Result_vector(可选):结果区域,指只包含一行或一列的区域,其大小必须与参数 Lookup_vector 相同。

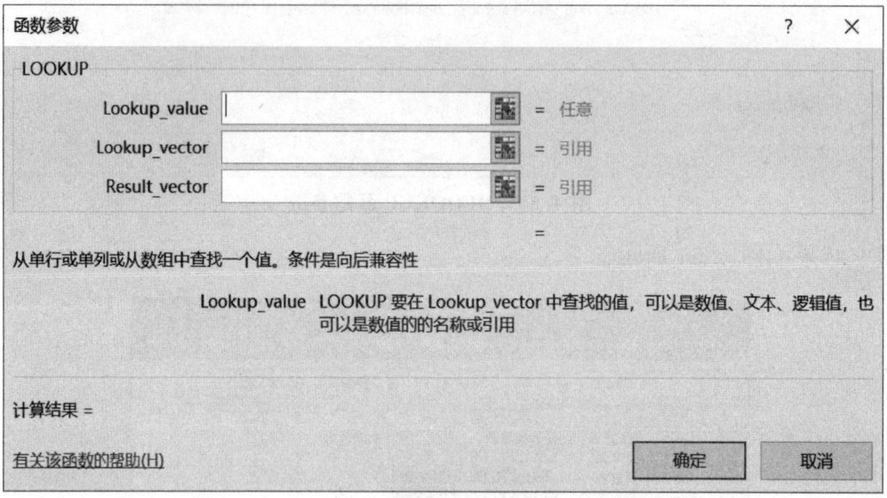

函数参数 ? ×

LOOKUP

Lookup_value = 任意

Lookup_vector = 引用

Result_vector = 引用

=

从单行或单列或从数组中查找一个值。条件是向后兼容性

Lookup_value LOOKUP 要在 Lookup_vector 中查找的值，可以是数值、文本、逻辑值，也可以是数值的的名称或引用

计算结果 =

有关该函数的帮助(H) 确定 取消

图4.55 LOOKUP 向量形式“函数参数”对话框

数组语法中,LOOKUP 函数的第二个参数是数组形式,在这个数组的第一行或者第一列查找指定的值,并返回数组参数最后一行或者最后一列中同一位置中的值。当要匹配的值位于数组的第一行或者第一列中时,可以使用 LOOKUP 函数的数组形式。其函数语法如下:

LOOKUP(Lookup_value,Array)。

该函数的2个参数说明如下(参见图4.56所示“函数参数”对话框)。

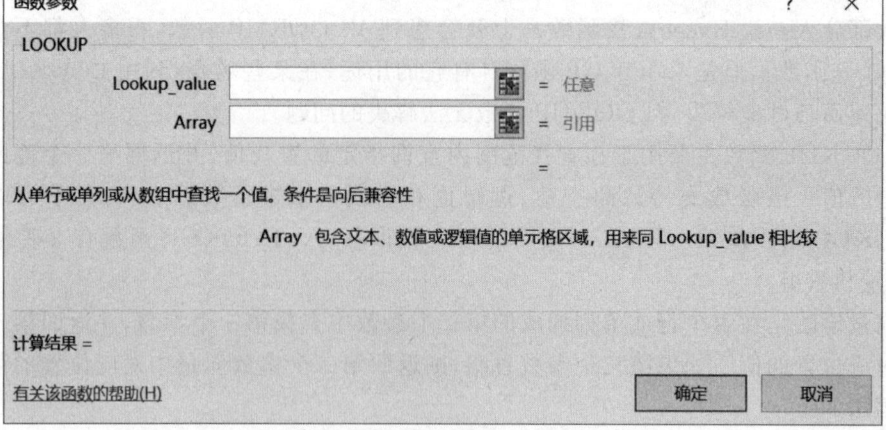

函数参数 ? ×

LOOKUP

Lookup_value = 任意

Array = 引用

=

从单行或单列或从数组中查找一个值。条件是向后兼容性

Array 包含文本、数值或逻辑值的单元格区域，用来同 Lookup_value 相比较

计算结果 =

有关该函数的帮助(H) 确定 取消

图4.56 LOOKUP 数组形式“函数参数”对话框

(1)Lookup_value(必需):匹配条件,是指包含数字、文本、逻辑值的单元格区域或数组。

(2)Array(必需):查找区域,指包含要与 Lookup_value 进行比较的文本、数字或逻辑值的单元格区域。

注意:Lookup_vector 和 Array 的数据必须按升序排列,否则函数 LOOKUP 不能返回正确的结果。文本不区分大小写。如果函数 LOOKUP 找不到 Lookup_value,则查找 Array 和 Lookup_vector 中小于 Lookup_value 的最大数值。如果 Lookup_value 小于 Array 和 Lookup_vector 中的最小值,函数 LOOKUP 返回错误值#N/A。另外还要注意:函数 LOOKUP 在查找字符方面是不支持通配符的,但可以使用 FIND 函数的形式来代替。

【例 4.18】给定数据集"第二季度业绩评价表"和"业绩评价等级表"如图 4.57 所示,使用 LOOKUP 函数完善"第二季度业绩评价表"数据内容。

	A	B	C	D
1	员工编号	员工姓名	季度销售额	评价等级
2	001	夏志豪	¥284,902.00	
3	002	吴芸如	¥91,170.00	
4	003	周白芷	¥150,633.00	
5	004	王美珠	¥224,236.00	
6	005	吕智英	¥128,716.00	
7	006	林文殊	¥50,218.00	
8	007	何美玲	¥252,451.00	
9	008	蔡书玮	¥122,936.00	
10	009	李世杰	¥108,906.00	
11	010	卢志铭	¥146,181.00	
12	011	黄晓平	¥246,505.00	
13	012	王俊明	¥159,489.00	

	A	B	C	D
1	销售金额		评分	等级
2	下限	上限		
3	0	49999	1	差
4	50000	99999	2	中
5	100000	149999	3	良
6	150000	199999	4	优
7	200000		5	优+

图 4.57 第二季度业绩评价表(左)和业绩评价等级表(右)

在"第二季度业绩评价表"中已经记录了员工第二季度的业绩,因此只要根据季度销售额将"业绩评价等级表"中对应的等级填充即可。员工夏志豪第二季度业绩评价等级的向量形式公式为"=LOOKUP(C2,业绩评价等级表!A3:A7,业绩评价等级表!D3:D7)"。两张表中共同的信息是销售额,因此第一个参数"匹配条件"就是"第二季度业绩评价表"表中的"季度销售额",即 C2;查找方法是从"业绩评价等级表"的第一列开始向下查找,找到对应的销售额后,因此第二个参数"查找区域"为 A3:A7;要返回的结果为 D 列对应位置的数据,所以第三个参数"返回区域"为 D3:D7。

具体操作步骤如下:

(1)打开文件"员工业绩管理表",切换到"第二季度业绩评价表"工作表,选中 D2 单元格,切换到"公式"选项卡,在"函数库"组中单击"查找与引用"按钮,在弹出的下拉列表中选择"LOOKUP"函数。如图 4.58 所示。

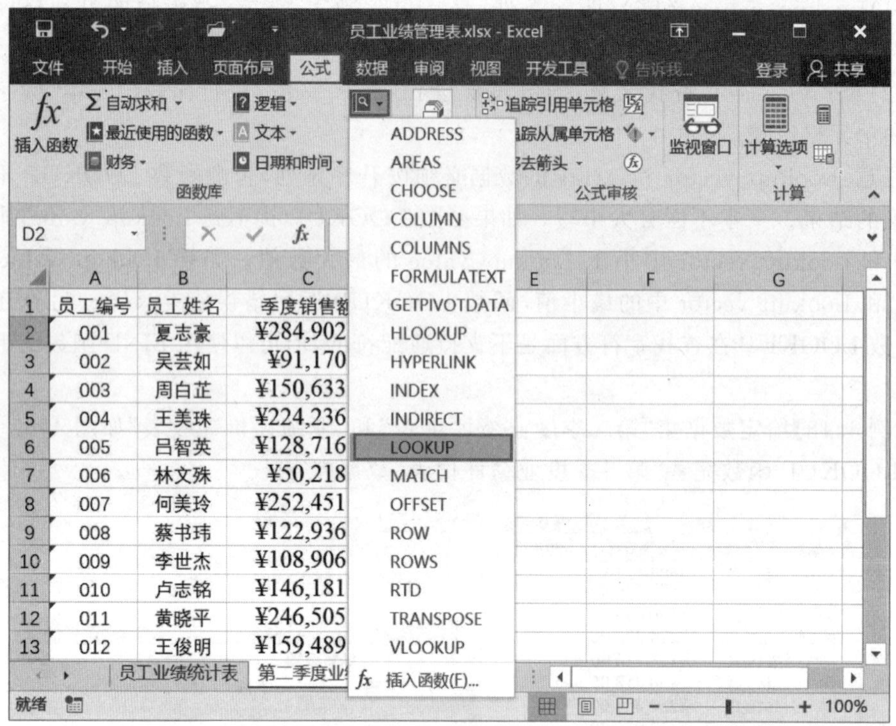

图 4.58　打开 LOOKUP 函数对话框

(2)选择“LOOKUP”函数后，弹出“选定参数”对话框，如图 4.59 所示，我们选择向量形式，也就是第一个选项，然后单击“确定”按钮。

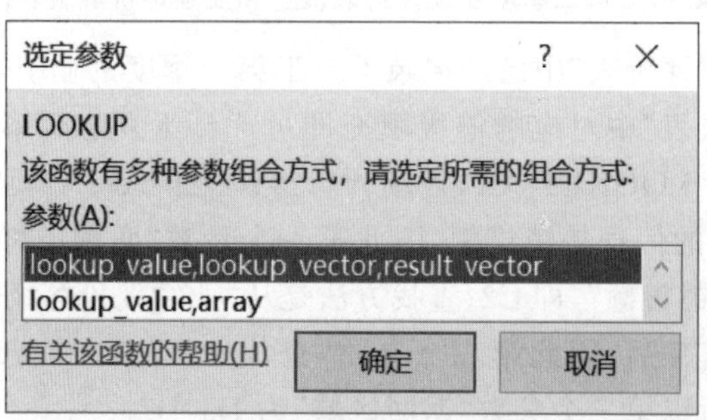

图 4.59　LOOKUP 函数“选定参数”对话框

(3)选定参数后，弹出“函数参数”对话框，将光标定位到第一个参数 Lookup_value 文本框中，然后在“第二季度业绩评价表”中选中 C2 单元格。

(4)将光标定位到第二个参数 Lookup_vector 文本框中，切换到“业绩评价等级表”工作表中，选中 A3:A7 的数据。

(5)将光标定位到第三个参数 Result_vector 文本框中，切换到“业绩评价等级表”工作表中，选中 D3:D7 的数据。

(6)单击确认按钮，返回工作表，可以看到 D2 单元格中的查找结果。

其 LOOKUP“函数参数”对话框中填写内容如图 4.60 所示。

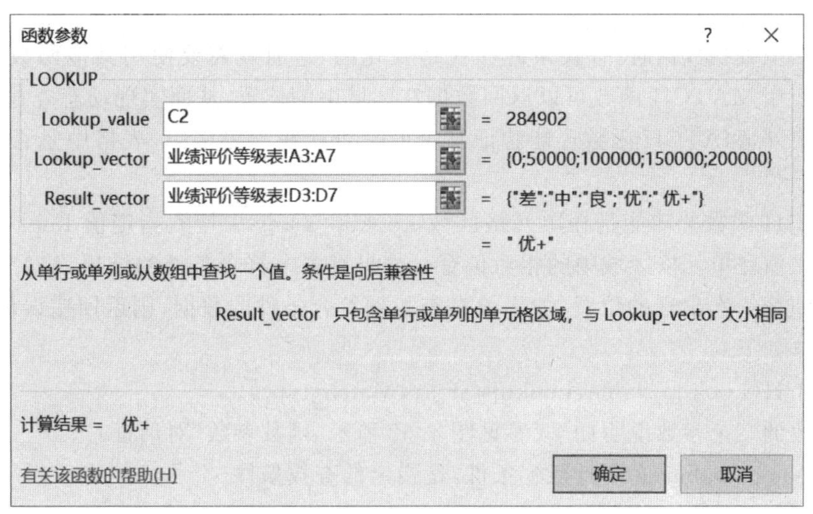

图 4.60 LOOKUP 函数参数

(7)由于向下填充公式时，参数使用相对引用会改变行号，所以需要将不能改变行号的参数设置为绝对引用。双击单元格 D2，进入编辑状态，将参数“业绩评价等级表！A3:A7”和“业绩评价等级表！D3:D7”分别改为“业绩评价等级表！$A$3:$A$7”和“业绩评价等级表！$D$3:$D$7”。按“Enter”键完成修改。

(8)然后将单元格 D2 中的公式不带格式的填充到下方单元格区域中。

填充结果如图 4.61 所示。

员工业绩管理表.xlsx - Excel

D2 =LOOKUP(C2,业绩评价等级表!$A$3:$A$7,业绩评价等级表!

	A	B	C	D
1	员工编号	员工姓名	季度销售额	评价等级
2	001	夏志豪	¥284,902.00	优+
3	002	吴芸如	¥91,170.00	中
4	003	周白芷	¥150,633.00	优
5	004	王美珠	¥224,236.00	优+
6	005	吕智英	¥128,716.00	良
7	006	林文殊	¥50,218.00	中
8	007	何美玲	¥252,451.00	优+
9	008	蔡书玮	¥122,936.00	良
10	009	李世杰	¥108,906.00	良
11	010	卢志铭	¥146,181.00	良
12	011	黄晓平	¥246,505.00	优+
13	012	王俊明	¥159,489.00	优

第二季度业绩评价表 业绩评价等级表 业约 ... 就绪 计数: 12 100%

图 4.61 LOOKUP 函数查找结果

此操作也可使用 LOOKUP 函数的数组形式进行，其公式为“=LOOKUP(C2,业绩评价等级表！A3:D7)”。因要查找的值在 A 列，需要返回的值在 D 列，所以第二个参数区域要保证 D 列在区域的最后一列，即 A3:D7。其操作步骤与向量形式大概一致，只是在“选定参数”对话框中选择第二个选项即可，所以在此不再赘述。

4.5.4 确定数据位置函数 MATCH

在表格中查找数据时，查找条件往往是变化的，这时就需要使用其他函数来控制查找条件。使用 MATCH 函数可以返回数据在区域中的位置，从而实现动态查找数据的作用。除此之外，MATCH 函数还能验证某个值是否存在于表格中，表格中是否有重复的数据。

MATCH 函数的功能是在单元格区域 Lookup_array 中搜索指定值 Lookup_value，然后返回该值在单元格区域中的相对位置。如果有多个符合条件的结果，MATCH 函数仅返回该项第一次出现的位置；如果没有查找到符合条件的数据，则返回错误值＃N/A。其函数语法如下：

MATCH(Lookup_value,Lookup_array,Match_type)。

该函数的 3 个参数说明如下(参见图 4.62 所示"函数参数"对话框)。

(1)Lookup_value(必需)：匹配条件，是指定的查找条件。

(2)Lookup_array(必需)：查找区域，为要查找的单元格区域或数组，这个单元格区域或数组只可以是一行或一列，如果是多行多列会返回错误值＃N/A。

(3)Match_type(可选)：匹配模式，其取值可为 1、0 或－1，默认值为 1。当取值为 1 时表示模糊匹配升序查找，查找小于或等于 Lookup_value 的最大值，Lookup_array 中的值必须按升序排列；当取值为 0 时表示精确匹配查找，查找等于 Lookup_value 的第一个值，Lookup_array 中的值可以按任何顺序排列；当取值为－1 时表示模糊匹配降序查找，查找大于或等于 Lookup_value 的最小值，Lookup_array 中的值必须按降序排列。

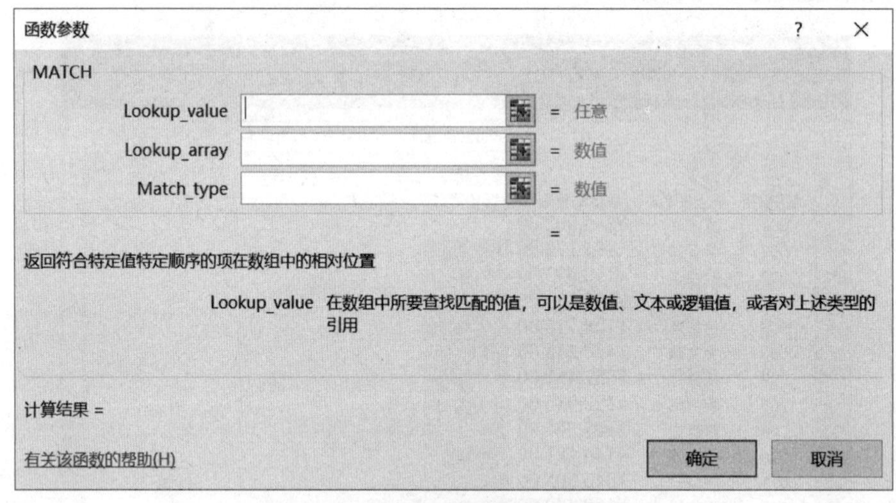

图 4.62 MATCH"函数参数"对话框

【例 4.19】给定数据集"员工业绩统计表"如图 4.63 所示，使用 MATCH 函数计算员工全年业绩不少于 600000 的人数填入 F16 单元格。

	A	B	C	D	E	F	G
1	员工编号	员工姓名	第一季度	第二季度	第三季度	第四季度	全年业绩
2	001	夏志豪	¥231,327.00	¥284,902.00	¥172,949.00	¥145,320.00	¥834,498.00
3	002	吴芸如	¥112,882.00	¥91,170.00	¥105,579.00	¥247,506.00	¥557,137.00
4	003	周白芷	¥197,268.00	¥150,633.00	¥72,616.00	¥84,905.00	¥505,422.00
5	004	王美珠	¥192,036.00	¥224,236.00	¥110,223.00	¥283,878.00	¥810,373.00
6	005	吕智英	¥243,804.00	¥128,716.00	¥73,910.00	¥69,368.00	¥515,798.00
7	006	林文殊	¥261,641.00	¥50,218.00	¥240,332.00	¥128,550.00	¥680,741.00
8	007	何美玲	¥282,575.00	¥252,451.00	¥201,031.00	¥138,220.00	¥874,277.00
9	008	蔡书玮	¥227,846.00	¥122,936.00	¥188,240.00	¥238,476.00	¥777,498.00
10	009	李世杰	¥195,218.00	¥108,906.00	¥231,856.00	¥189,368.00	¥725,348.00
11	010	卢志铭	¥57,891.00	¥146,181.00	¥279,891.00	¥85,382.00	¥569,345.00
12	011	黄晓平	¥63,182.00	¥246,505.00	¥66,392.00	¥158,379.00	¥534,458.00
13	012	王俊明	¥249,246.00	¥159,489.00	¥198,403.00	¥167,385.00	¥774,523.00
14							
15							
16		全年业绩不少于60万的人数					

图 4.63 员工业绩统计表

全年业绩不少于 600000 的员工人数的公式为"=MATCH(600000,G2:G13,-1)"。要查找全年业绩大于等于 600000 的员工人数,需要将数据表按照全年业绩降序排列,查找区域为 G2:G13,匹配模式为模糊匹配降序查找,查找大于或等于 600000 的最小值的位置,即可得到全年业绩不少于 600000 的人数。

具体操作步骤如下:

(1)打开文件"员工业绩管理表",切换到工作表"员工业绩统计表",将数据按"全年业绩"降序排列。

(2)选中 F16 单元格,切换到"公式"选项卡,在"函数库"组中单击"查找与引用"按钮,在弹出的下拉列表中选择"MATCH"函数。如图 4.64 所示。

图 4.64 打开 MATCH 函数对话框

(3)选择“MATCH”函数后，弹出“函数参数”对话框，将光标定位到第一个参数Lookup_value文本框中，输入查找条件600000。

(4)将光标定位到第二个参数Lookup_array文本框中，选中查找区域G2:G13。

(5)在第三个参数Match_type文本框中输入匹配模式－1。

其MATCH“函数参数”对话框中填写内容如图4.65所示。

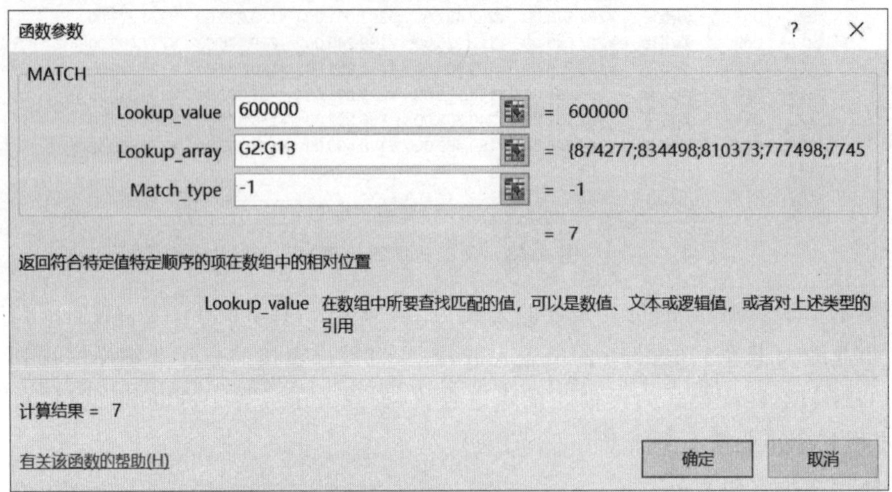

图4.65 MATCH函数参数

(6)单击确认按钮，返回工作表，可以看到F16单元格中的查找结果。如图4.66所示。

员工业绩管理表.xlsx - Excel

F16 =MATCH(600000,G2:G13,-1)

	A	B	C	D	E	F	G
1	员工编号	员工姓名	第一季度	第二季度	第三季度	第四季度	全年业绩
2	007	何美玲	¥282,575.00	¥252,451.00	¥201,031.00	¥138,220.00	¥874,277.00
3	001	夏志豪	¥231,327.00	¥284,902.00	¥172,949.00	¥145,320.00	¥834,498.00
4	004	王美珠	¥192,036.00	¥224,236.00	¥110,223.00	¥283,878.00	¥810,373.00
5	008	蔡书玮	¥227,846.00	¥122,936.00	¥188,240.00	¥238,476.00	¥777,498.00
6	012	王俊明	¥249,246.00	¥159,489.00	¥198,403.00	¥167,385.00	¥774,523.00
7	009	李世杰	¥195,218.00	¥108,906.00	¥231,856.00	¥189,368.00	¥725,348.00
8	006	林文珠	¥261,641.00	¥50,218.00	¥240,332.00	¥128,550.00	¥680,741.00
9	010	卢志铭	¥57,891.00	¥146,181.00	¥279,891.00	¥85,382.00	¥569,345.00
10	002	吴芸如	¥112,882.00	¥91,170.00	¥105,579.00	¥247,506.00	¥557,137.00
11	011	黄晓平	¥63,182.00	¥246,505.00	¥66,392.00	¥158,379.00	¥534,458.00
12	005	吕智英	¥243,804.00	¥128,716.00	¥73,910.00	¥69,368.00	¥515,798.00
13	003	周白芷	¥197,268.00	¥150,633.00	¥72,616.00	¥84,905.00	¥505,422.00
14							
15							
16		全年业绩不少于60万的人数				7	

员工业绩统计表 | 第二季度业绩评价表 | 业...

图4.66 MATCH函数查找结果

由于 MATCH 函数返回的结果是一个位置，其实际意义并不是很大，所以一般情况下它更多的是嵌入到其他函数中应用。例如与 VLOOKUP 函数联合应用，可以自动输入 VLOOKUP 函数的第三个参数。

4.6 财务函数

财务函数在社会经济生活中有着广泛的用途，小到计算个人理财收益、信用卡还款，大到评估企业价值、比较不同方案的优劣以确定重大投资决策，都有财务函数的应用。本节主要介绍计算贷款还款额、投资的未来值或净现值的相关函数。

4.6.1 付款额函数 PMT

PMT 函数即年金函数，为 Payment 的缩写。其是基于固定利率及等额分期付款方式，返回贷款的每期付款额。其函数语法如下：

PMT(Rate,Nper,Pv,Fv,Type)。

该函数的 5 个参数说明如下(参见图 4.67 所示"函数参数"对话框)。

(1)Rate(必需)：各期利率，就是每期的利率。

(2)Nper(必需)：总期数，即该项贷款的付款总期数。

(3)Pv(必需)：现值，是一系列未来付款的当前值的累积和。

(4)Fv(可选)：终值，是指未来值，或在最后一次付款后希望得到的现金金额，如果忽略该参数，则视其为 0。

(5)Type(可选)：付款方式，用以指定各期的付款时间是在期初还是期末。0 或者省略表示期末(后付：每期的最后一天付)，1 代表期初(先付：每期的第一天付)。

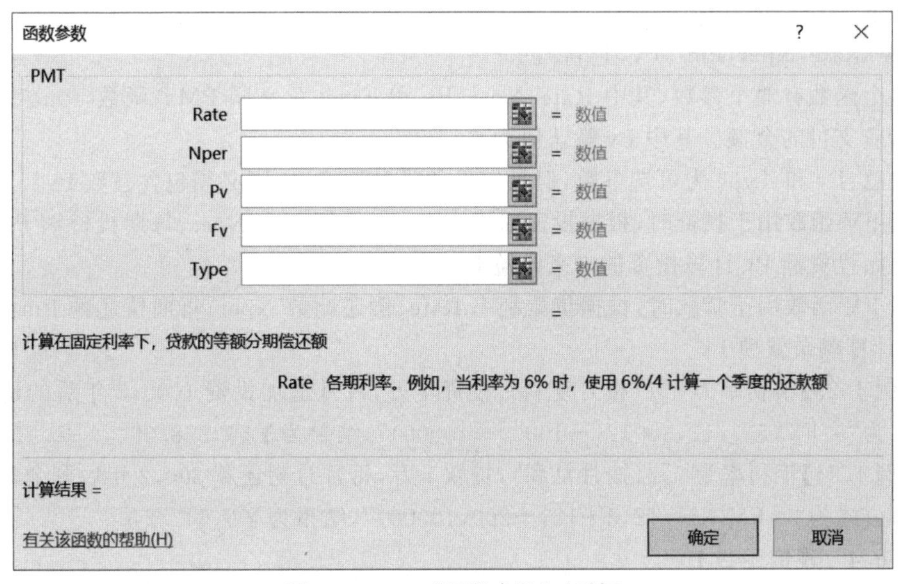

图 4.67 PMT"函数参数"对话框

【例 4.20】假如贷款年利率为 10%(按月复利)，贷款 5 万，预计 5 年还清，计算每月月末的还款额公式为"=PMT(10%/12,5 * 12,50000)"，其结果为￥-1,062.35。

【例 4.21】假如投资年回报率为 10%(按月复利)，现在账户余额为 1 万，预计 30 年后的价值为 100 万，计算每月月末的投资额公式为"=PMT(10%/12,30 * 12,-10000,

1000000）"，其结果为¥－354.63。

4.6.2 还款本金函数 PPMT 和利息函数 IPMT

PMT 函数常被用在等额本息还贷业务中，用来计算每期应偿还的贷款金额。而 PPMT 函数和 IPMT 函数则是基于固定利率及等额分期付款方式，返回贷款在某一给定期间内的偿还明细，即本金和利息。PPMT 函数和 IPMT 函数语法如下：

PPMT(Rate,Per,Nper,Pv,Fv,Type)。

IPMT(Rate,Per,Nper,Pv,Fv,Type)。

这两个函数都有 6 个参数，其中的 5 个与 PMT 函数的参数完全相同，只是多了一个参数 Per，这个参数代表的是当前期数即第几期。

【例 4.22】假如贷款年利率为 6.5%（按月复利），贷款 12000，预计 1 年还清。

(1)计算第 3 个月还款额中本金和利息的公式分别为"＝PPMT(6.5%/12,3,12,12000,0)"和"＝IPMT(6.5%/12,3,12,12000,0)"，其结果分别为¥－981.10 和¥－54.46。

(2)计算最后一个月还款额中本金和利息的公式分别为"＝PPMT(6.5%/12,12,12,12000,0)"和"＝IPMT(6.5%/12,12,12,12000,0)"，其结果分别为¥－1,029.98 和¥－5.58。

4.6.3 未来值函数 FV

在日常工作和生活中，人们经常会遇到要计算某项投资的未来值情况，可以使用 Excel 的 FV 函数来计算投资的未来值，从而分析并选择有效益的投资。在已经确定利率、总期数、每期付款额、现值和付款方式的情况下，可以使用 FV 函数计算未来值。其函数语法如下：

FV(Rate,Nper,Pmt,Pv,Type)。

这个函数有 5 个参数，其中 Rate、Nper、Pv 和 Type 意义同 PMT 函数，Pmt 参数为各期所应支付的金额。其中 Pv 默认值为 0。

注意：Pv 和 Type 为可选参数，但是如果省略参数 Pmt，则必须包含参数 Pv。

当 FV 函数用于投资时，根据投资回报率 Rate、投资期数 Nper、每期投资额 Pmt、现值即原始投资额 Pv 计算投资的未来收益 Fv。

当 FV 函数用于贷款时，根据贷款利率 Rate、偿还期数 Nper、每期偿还额 Pmt、贷款额 Pv 计算剩余款项 Fv。

【例 4.23】年利率为 5%（按月复利），投资 1 万，每月追加投资 1000，3 年后的价值计算公式为"＝FV(5%/12,3*12,－1000,－10000)"，结果为¥50,368.06。

【例 4.24】年利率为 8%（按月复利），贷款 1 万，每月月初还款 200，2 年后剩余款项金额计算公式为"＝FV(8%/12,2*12,－200,10000)"，结果为¥6,542.24。

4.6.4 现值函数 PV

现值是将一系列未来支出或收入换算成现在的价值总额。如果现值大于投资额，则这项投资是有收益的，否则该项投资没有价值。

PV 函数是基于固定利率及等额分期付款方式计算年金的现值。其函数语法如下：

PV(Rate,Nper,Pmt,Fv,Type)。

其中 Rate 为各期利率；Nper 为付款总期数；Pmt 为每期所应支付的金额；Fv 为未来

值，默认为 0；Type 为付款方式。

当 PV 函数用于投资时，根据投资回报率 Rate、投资期数 Nper、每期投资额 Pmt、未来收益额 Fv 计算投资的现值即原始投资额 Pv。

当 PV 函数用于贷款时，根据贷款利率 Rate、偿还期数 Nper、每期偿还额 Pmt 计算可贷款的额度即贷款的现值 Pv。

【例 4.25】假定年投资回报率为 10%（按月复利），每月投资 100，预计 30 年后的价值为 100 万，计算投资的现值公式为"＝PV（10%/12，30 * 12，－100，1000000）"，结果为￥－39，014.75。

4.6.5 利率函数 RATE

RATE 函数计算年金形式现金流的利率或者贴现利率。如果是按月计算利率，得到结果乘以 12 就得到相应条件下的年利率。其函数语法如下：

RATE(Nper，Pmt，Pv，Fv，Type，Guess)。

其中最后一个参数 Guess 为预期利率，可选，如果省略 Guess，则默认为 10%。RATE 函数通过迭代版时进行计算，如果在 20 次迭代之后，RATE 的连续结果不能收敛于 0.0000001 之内，则返回错误值 # NUM!。此时可尝试不同的 Guess 值，如果 Guess 值在 0 和 1 之间，RATE 通常会收敛。

【例 4.26】假定投资 12 万元，20 年后账户余额为 150 万，计算平均每年的收益率公式为"＝RATE(20，0，－120000，1500000)"，结果为 13.46%。

【例 4.27】假定贷款 10 万元，每季度还款 12000，3 年还清，计算每季度借款利率的公式为"＝RATE（4 * 3，－12000，100000）"，结果为 6.11%，其年利率为 6.11%×4＝24.44%。

4.6.6 期数函数 NPER

NPER 函数用于计算基于固定利率及等额分期付款方式，返回某项投资的总期数。其函数语法如下：

NPER(Rate，Pmt，Pv，Fv，Type)。

其中，参数 Rate 为各期利率；Pmt 为各期所应支付的金额；Pv 为现值；Fv 为未来值，可选，默认为 0；Type 为付款方式，可选，默认为 0。

期数函数 NPER 返回结果可能包含小数，需要根据实际情况将结果向上舍入或者向下舍去得到合理的实际值。

【例 4.28】假定有 10 万元存款，每月再存入 5000 元，其年利率为 6%，按月计息，计算需要存多少期能达到 100 万元总额的公式为"＝NPER（6%/12，－5000，－100000，1000000）"，结果为 119.87。由于期数都必须为整数，因此最终结果应为 120 期，也就是 120 个月即整 10 年。

4.6.7 财务函数综合应用举例

【例 4.29】给定数据集"助学贷款还款明细表"如图 4.68 所示。其中贷款时间为 4 年，年利率为 4.75%，这 4 年期间每个月贷款额为 1000 元。毕业后计划 5 年内还清贷款。利用 FV、PMT、PPMT、IPMT 和 NPER 函数计算毕业时的贷款总额、毕业后每月的还款额和每年的还款额，以及还款 5 年期间每年末偿还的本金、利息和本息合计金额。另外，再假设毕业后每月还款 2000 元，计算还清贷款的时间(以月为单位)。

	A	B	C	D
1	助学贷款			
2	贷款金额（月）	1000		
3	贷款时间（年）	4		
4	还款时间（年）	5		
5	年利率	4.75%		
6	毕业时的贷款总额			
7	毕业后每月还款额			
8	毕业后每年还款额			
9				
10	年份	偿还本金	偿还利息	本息合计
11	1			
12	2			
13	3			
14	4			
15	5			
16	合计			
17				
18	毕业后每月还款额	2000		
19	偿还时间（月）			

图 4.68　助学贷款还款明细表

具体步骤如下：

(1)计算毕业时的贷款总额，使用未来值函数 FV。在 B6 单元格中输入公式“=－FV(B5/12,B3*12,B2)”。

(2)计算毕业后每月还款额，使用付款额函数 PMT。在 B7 单元格中输入公式“=PMT(B5/12,B4*12,B6)”。

(3)计算毕业后每年还款额，使用付款额函数 PMT。在 B8 单元格中输入公式“=PMT(B5,B4,B6)”。

(4)计算每年末偿还的本金，使用还款本金函数 PPMT。在 B11 单元格中输入公式“=PPMT($B$5,A11,$B$4,$B$6)”，然后向下填充至 B15 单元格。

(5)计算每年末偿还的利息，使用还款利息函数 IPMT。在 C11 单元格中输入公式“=IPMT($B$5,A11,$B$4,$B$6)”，然后向下填充至 C15 单元格。

(6)计算每年末偿还的本息合计金额，使用求和函数 SUM。在 D11 单元格中输入公式“=SUM(B11:C11)”，然后向下填充至 D15 单元格。

(7)计算还款 5 年期间偿还本金、偿还利息和本息合计总金额，使用求和函数 SUM。在 B16 单元格中输入公式“=SUM(B11:B15)”，然后向右填充至 D16 单元格。

(8)计算每月还款 2000 元，还清贷款的时间，使用期数函数 NPER。在 B19 单元格中输入公式“=NPER(B5/12,－B18,B6)”。

计算完毕后，结果如图 4.69 所示。

	A	B	C	D
4	还款时间（年）	5		
5	年利率	4.75%		
6	毕业时的贷款总额	¥52,748.50		
7	毕业后每月还款额	¥-989.40		
8	毕业后每年还款额	¥-12,099.50		
9				
10	年份	偿还本金	偿还利息	本息合计
11	1	¥-9,593.94	¥-2,505.55	¥-12,099.50
12	2	¥-10,049.66	¥-2,049.84	¥-12,099.50
13	3	¥-10,527.02	¥-1,572.48	¥-12,099.50
14	4	¥-11,027.05	¥-1,072.45	¥-12,099.50
15	5	¥-11,550.83	¥-548.66	¥-12,099.50
16	合计	¥-52,748.50	¥-7,748.99	¥-60,497.49
17				
18	毕业后每月还款额	2000		
19	偿还时间（月）	27.9100606		

图 4.69　助学贷款还款明细计算结果

本章要点解析

本章重点讲解数据的选择、运算与排序，单元格引用，以及一些常用的函数运算。常用的数据选择方法包括数据筛选和多表合并；常用的数据运算包括算术运算、比较运算；常用的数据统计分析运算包括最大值、最小值、均值、中位数、众数、分位数等；数据排序包括简单排序和自定义排序。

本章练习

一、选择题

1. 在 Excel 中，要引用列 C 中的全部单元格，可以采用(　)引用方式。

A. C　　B. 3:3　　C. C:C　　D. C3:C3

2. Excel 公式“=SUM(A3:D7, A2, E1)”中所引用的单元格总数为(　)。

A. 4　　B. 11　　C. 22　　D. 24

3. 在 Excel 中，已知 A1 单元格中的公式为“=AVERAGE(B1:F5)”，将 B 列删除之后，A1 单元格中的公式将调整为(　)。

A. = AVERAGE(#REF!)　　B. = AVERAGE(C1:F5)

C. = AVERAGE(B1:E5)　　D. = AVERAGE(B1:F5)

4. 在 Excel 中，已知 A1 单元格中的公式为“=SUM(B1:B6)”，将其复制到 D2 后，公式将变成(　)。

A. = SUM (B2:B6)　　B. = SUM (B2:B7)

C. = SUM (D2:D7)　　D. = SUM (E2:E7)

5. 在 Excel 中，已知 A1 单元格中的公式为“=B2 * $C4”，将其复制到 C8 单元格后，公式将变成(　)。

A. = B2 * $C4　　　　B. = D8 * $C10

C. = D8 * $C4　　　　D. = D8 * $E10

6. 在 Excel 中，假定贷款总额为 20 万，年利率为 5.8%，贷款期限为 10 年，则月偿还额的计算公式为（　）。

A. = PMT(5.8%/12,10,200000)　　　　B. = PMT(5.8%,10 * 12,200000)

C. = PMT(5.8%/12,10 * 12,200000)　　D. = PMT(5.8%,10,200000)

7. 在 Excel 中，假定年利率为 6.8%（按月复利），贷款 6 万元，预计 5 年还清，计算最后一个月还款中的利息的公式为（　）。

A. = IPMT(6.8%,60,5,60000)　　　　B. = IPMT (6.8%/12,1,5 * 12,60000)

C. = IPMT (6.8%/12,1,5,60000)　　D. = IPMT (6.8%/12,60,5 * 12,60000)

二、填空题

1. 在 Excel 中，通过快捷键______可在结果值和公式本身之间切换。

2. 在 Excle 中，一维列数组使用数组常量表示时，对应的花括号{}中以______分隔的数据。

3. 在 Excle 中，若数据区域 A1:A3 中包含值 55、30 和 15，则 MATCH(15,A1:A3,0)的结果为______，MATCH(45,A1:A3,−1)的结果为______。

4. 在 Excle 中，假定年利率为 5.4%（按年复利），投资 2 万元，1 年后价值的计算公式为______。

5. 在 Excle 中，假定年利率为 5.6%（按月复利），贷款 8 万元，预计 5 年内还清，计算第 1 个月还款额中的本金的公式为______。

三、操作题

1. Google 公司提供了 1990 年人口普查中加利福尼亚州的所有街区组收集的有关变量的信息。在这个样本中，一个街区组平均包括 1425.5 个人生活在一个地理紧凑的区域。自然，所包括的地理区域与人口密度成反比。该数据计算了以纬度和经度测量的每个块组的质心之间的距离。并且排除了所有报告自变量和因变量的零条目的块组。最终数据集包含对 9 个特征（经度 longtitude、纬度 latitude、住房房龄、房屋房间数、房屋卧室数、居住地人口数、房屋居住人数、收入、房屋价值）的 20,640 个观测值。数据集为存储在 d 盘的 california_housing_train 文件。请从数据集中筛选 population>1000 且 median_house_value>60000 的数据。

2. 给定某电商平台销售数据 product_sales. csv，请分别计算数据集每行、每列非空值的个数。

3. 给定如下数据集，按列进行降序排序。

one	two	three
4	14	−2
2	10	−10
6	4	−6

4. 有如下销售表数据集：

Id	ProductId	UserId	Helpfulness Numerator	Helpfulness Denominator	Score
1	B001E4KFG0	A3SGXH7AUHU8GW	1	1	5
2	B00813GRG4	A1D87F6ZCVE5NK	0	0	1
3	B000LQOCH0	ABXLMWJIXXAIN	1	1	4
4	B000UA0QIQ	A395BORC6FGVXV	3	3	2
5	B006K2ZZ7K	A1UQRSCLF8GW1T	0	0	5
6	B006K2ZZ7K	ADT0SRK1MGOEU	0	0	4
7	B006K2ZZ7K	A1SP2KVKFXXRU1	0	0	5
8	B006K2ZZ7K	A3JRGQVEQN31IQ	0	0	5
9	B000E7L2R4	A1MZYO9TZK0BBI	1	1	5
10	B00171APVA	A21BT40VZCCYT4	0	0	5

内容为亚马逊网站1999年10月到2012年10月精选食品销售评论数据，该数据集共60万条，每条数据包含了用户ID、产品ID、用户评价为有用数目、用户评价为无用数目、评分等。请查找评分最低的用户，并根据产品ID进行按条件筛选。

5. 有如下销售表数据集：

订单序号	订单日期	销售部门	销售人员	订单金额
10001	2022/1/12	销售三部	林文殊	3678
10002	2022/2/23	销售二部	何美玲	98734
10003	2022/2/25	销售四部	蔡淑薇	8726
10004	20022/3/5	销售三部	李世杰	27389
10005	2022/4/16	销售一部	卢志名	2342
10006	2022/5/17	销售二部	黄晓平	5464
10007	2022/5/23	销售四部	王俊明	65757

给定一个订单号10005查找对应的销售人员和订单金额。

6. 有如下社保表数据集：

姓名	养老金基数	单位缴纳金额占比19%	个人承担8%
张三	5000		
李四	8000		
王五	10000		

有如下工资表数据：

姓名	应发工资	个税	个人承担养老金额	实发工资
张三	5000	0		
李四	8000	70.8		
王五	10000	210		

(1)利用公式填充单位缴纳金额和个人承担金额；

(2)利用 VLOOKUP 函数查找社保表中个人承担金额填充到工资表中；

(3)使用公式填充员工实发工资。

7. 有如下数据集：

地区	类型	销售	地区	类型	销售
南部	饮料	3571	南部	肉类	450
西部	奶制品	3338	南部	肉类	7673
东部	饮料	5122	东部	农产品	664
北部	奶制品	6239	北部	农产品	1500
南部	农产品	8677	南部	肉类	6596

(1)利用数组公式进行多条件求和；

(2)统计数据集中第二列商品的类型有几种。

8. 有如下税率等级数据集：

等级	1	2	3	4	5	6	7
工资下限	1501	2001	3501	6501	21501	41501	61501
工资上限	2000	3500	6500	21500	41500	61500	81500
应采用税率	5%	10%	15%	20%	25%	30%	35%
速算扣除数	0	25	125	375	1375	3375	6375

给定一个员工的本月工资为5600，使用 HLOOKUP 函数查询应采用税率和速算扣除数。

9. 有如下学生成绩表数据集：

学号	姓名	语文	数学	英语	平均分	排名
1001	夏志豪	64	75	60		
1002	林文殊	75	71	81		
1003	卢志铭	79	85	68		
1004	李世杰	82	92	79		
1005	何美玲	68	85	72		
1006	蔡书玮	83	41	68		
1007	吕智英	81	81	75		
1008	王美珠	91	92	87		
1009	吴芸如	67	81	68		
1010	周白芷	69	77	65		

(1)用 AVERAGE 函数计算每位学生的平均分；

(2)用 RANK 函数对学生成绩排名；

(3)使用 VLOOKUP 函数查询学生吕智英的成绩。

第 5 章
分类汇总与数据透视表

本章学习目标

☑ 掌握对数据进行分类汇总、掌握创建数据透视表、掌握设置数据透视表的布局；

☑ 掌握使用数据透视表进行汇总计算、掌握数据透视表的切片器的插入与使用。

本章思维导图

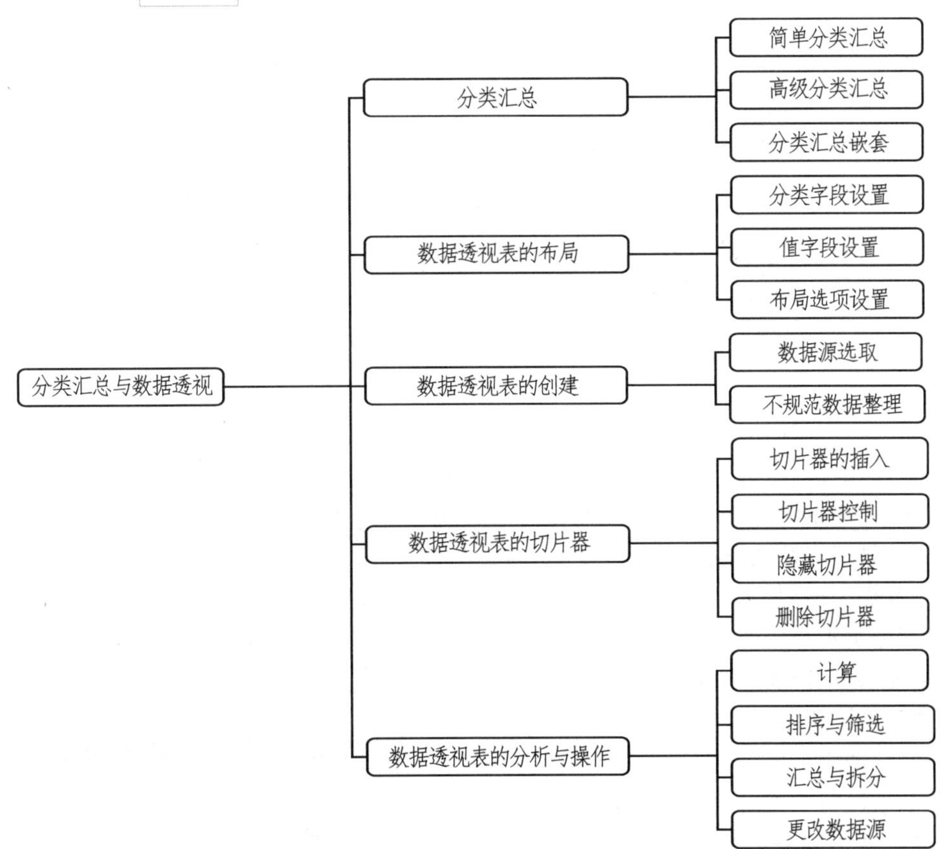

在数据分析时，有的时候需要对数据进行一些变化，以便更好地从不同角度观察和认识数据，此时，就需要进行数据的分类汇总与统计。数据透视表给我们提供了一个很好的工具。

5.1 分类汇总

分类汇总是指将数据表格中的数据按某种方式分组，然后再进行汇总统计。汇总的方式通常有求和，计数，求平均值、最大值、最小值等，被称为聚合函数。

Excel 的“数据”菜单“分级显示”栏中提供了“分类汇总”功能，可以按指定的字段和汇总方式对数据表进行汇总。

注意：使用分类汇总功能对数据进行分组前需要对数据按分组字段进行排序，升序或降序均可。

5.1.1 简单分类汇总

简单分类汇总是指对数据源中的一个字段进行的分类汇总。

【例 5.1】对如图 5.1“股票交易数据”按“代码”字段进行分组，然后对成交额和成交量进行求和。

	A	B	C	D	E
1	代码	名称	涨跌幅	成交量（手）	成交额（万）
2	深市A股	陕国投A	0.10154	2687276	94890
3	深市B股	建车B	0.03681	960	64
4	深市A股	华映科技	0.10169	2356383	56192
5	沪市A股	宏图高科	0.10141	484227	18074
6	沪市B股	海创B股	0.03226	6015	19
7	沪市A股	福莱特	0.10095	1054	37
8	深市A股	德豪润达	0.10204	78297	2114
9	深市B股	大东海B	0.04051	3457	143
10	沪市B股	ST毅达B	0.07692	15119	21

图 5.1 股票交易数据

具体操作步骤如下：

(1)使用 Excel 打开文件后，在工作表中选择“代码”列中的任意一个数据单元格，点击“数据”菜单“排序和筛选”栏中的“升序”或“降序”命令排序数据。然后，点击“数据”菜单“分级显示”栏中的“分类汇总”，在弹出的“分类汇总”对话框中根据要求进行设置，如图 5.2 所示。汇总后的结果如图 5.3 所示。

(2)从图中可以看出，工作表中的数据以“代码”为基准进行了汇总计算，同时，在分类汇总表的左侧自动出现分级显示按钮。其中数字表示分类的级别，按钮“1”只显示所有数据的总计，“2”显示各数据项汇总与总计，“3”显示全部数据及汇总情况，也可以通过“＋”和“－”按钮来展开细节和折叠细节。

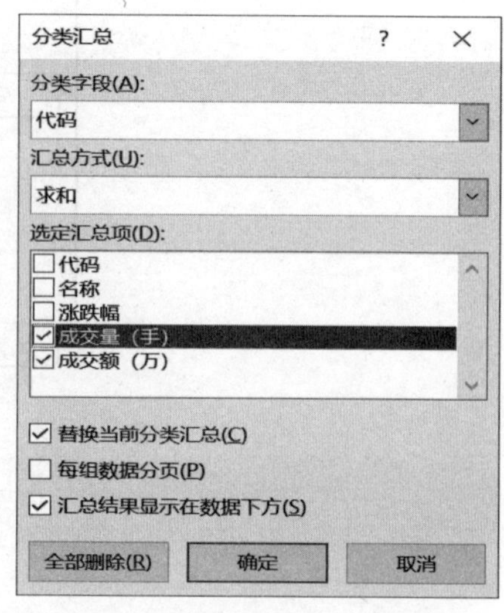

图 5.2 设置求和分类汇总

	A	B	C	D	E
1	代码	名称	涨跌幅	成交量（手）	成交额（万）
2	沪市A股	宏图高科	0.10141	484227	18074
3	沪市A股	福莱特	0.10095	1054	37
4	**沪市A股 汇总**			485281	18111
5	沪市B股	海创B股	0.03226	6015	19
6	沪市B股	ST毅达B	0.07692	15119	21
7	**沪市B股 汇总**			21134	40
8	深市A股	陕国投A	0.10154	2687276	94890
9	深市A股	华映科技	0.10169	2356383	56192
10	深市A股	德豪润达	0.10204	78297	2114
11	**深市A股 汇总**			5121956	153196
12	深市B股	建车B	0.03681	960	64
13	深市B股	大东海B	0.04051	3457	143
14	**深市B股 汇总**			4417	207
15	**总计**			5632788	171554

图 5.3 简单分类汇总结果

5.1.2 高级分类汇总

对数据表按某一列分别进行两种或者两种以上汇总方式就是高级分类汇总。例如前面提到的对“股票交易数据”按“代码”对“成交额”和“成交量”进行了求和汇总，如果我们还需要统计各股票“成交额”和“成交量”的平均值，就需要使用高级分类汇总了。

【例 5.2】对如图 5.3“股票交易数据”按“代码”字段对成交额和成交量进行求和汇总的基础上，进行平均值汇总。

具体操作如下：

点击“数据”菜单“分级显示”栏中的“分类汇总”，在弹出的“分类汇总”对话框中“汇总方式”下拉列表中选择“平均值”选项，“分类字段”和“选定汇总项”保持默认即可，并将“替换当前分类汇总”复选框取消选中，如图 5.4 所示。汇总后的结果如图 5.5 所示。

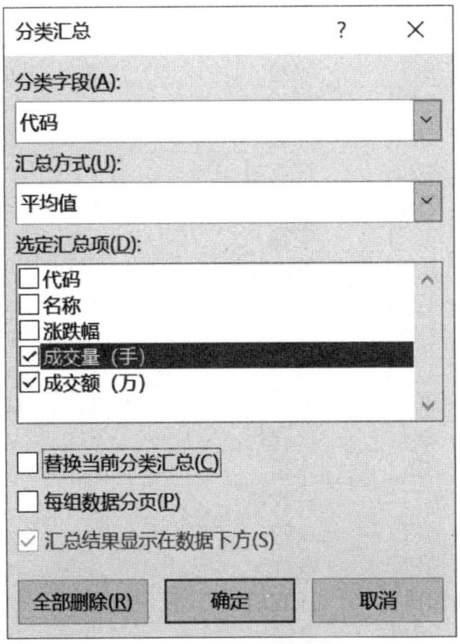

分类汇总 ? ×
分类字段(A):
代码
汇总方式(U):
平均值
选定汇总项(D):
☐代码
☐名称
☐涨跌幅
☑成交量（手）
☑成交额（万）
☐替换当前分类汇总(C)
☐每组数据分页(P)
☑汇总结果显示在数据下方(S)
全部删除(R) 确定 取消

图 5.4 设置平均值分类汇总

	A	B	C	D	E
1	代码	名称	涨跌幅	成交量（手）	成交额（万）
2	沪市A股	宏图高科	0.10141	484227	18074
3	沪市A股	福莱特	0.10095	1054	37
4	**沪市A股 平均值**			242640.5	9055.5
5	**沪市A股 汇总**			485281	18111
6	沪市B股	海创B股	0.03226	6015	19
7	沪市B股	ST毅达B	0.07692	15119	21
8	**沪市B股 平均值**			10567	20
9	**沪市B股 汇总**			21134	40
10	深市A股	陕国投A	0.10154	2687276	94890
11	深市A股	华映科技	0.10169	2356383	56192
12	深市A股	德豪润达	0.10204	78297	2114
13	**深市A股 平均值**			1707318.667	51065.3333
14	**深市A股 汇总**			5121956	153196
15	深市B股	建车B	0.03681	960	64
16	深市B股	大东海B	0.04051	3457	143
17	**深市B股 平均值**			2208.5	103.5
18	**深市B股 汇总**			4417	207
19	**总计平均值**			625865.3333	19061.5556
20	**总计**			5632788	171554

图 5.5　高级分类汇总结果

5.1.3　嵌套分类汇总

在上面的高级汇总中虽然汇总了两次，但是两次汇总的关键字是相同的，在日常工作中，我们有时候需要在一组数据中对多个字段进行分类汇总。这种对数据进行不同字段的分类汇总，字段数必须是两个或两个以上的分类汇总方式即为嵌套分类汇总。

【例 5.3】对如图 5.6“电器销售数据”按“月份”和“物品”字段对“金额”进行求和汇总。

	A	B	C	D	E	F
1	**月份**	**日期**	**物品**	**数量**	**单价**	**金额**
2	1月	1日	电视	8	1000	8000
3	1月	5日	冰箱	9	2000	18000
4	1月	10日	电视	1	1000	1000
5	1月	14日	冰箱	3	2000	6000
6	1月	16日	洗衣机	2	1500	3000
7	1月	20日	洗衣机	4	1500	6000
8	1月	22日	电视	5	1000	5000
9	2月	3日	洗衣机	2	1500	3000
10	2月	12日	电视	6	1000	6000
11	2月	14日	冰箱	10	2000	20000
12	2月	17日	冰箱	8	2000	16000
13	2月	20日	电视	1	1000	1000
14	2月	25日	洗衣机	5	1500	7500
15	3月	3日	冰箱	6	2000	12000
16	3月	5日	洗衣机	5	1500	7500
17	3月	6日	冰箱	2	2000	4000
18	3月	8日	电视	3	1000	3000
19	3月	9日	洗衣机	7	1500	10500
20	3月	18日	电视	4	1000	4000

图 5.6　电器销售数据

具体操作步骤如下：

（1）选中数据表中任意一个非空单元格，切换到“数据”选项卡，在“排序和筛选”组中单击“排序”按钮。打开“排序”对话框，依次将“月份”和“物品”按升序排列，如图 5.7 所示。单击“确定”按钮，返回工作表。

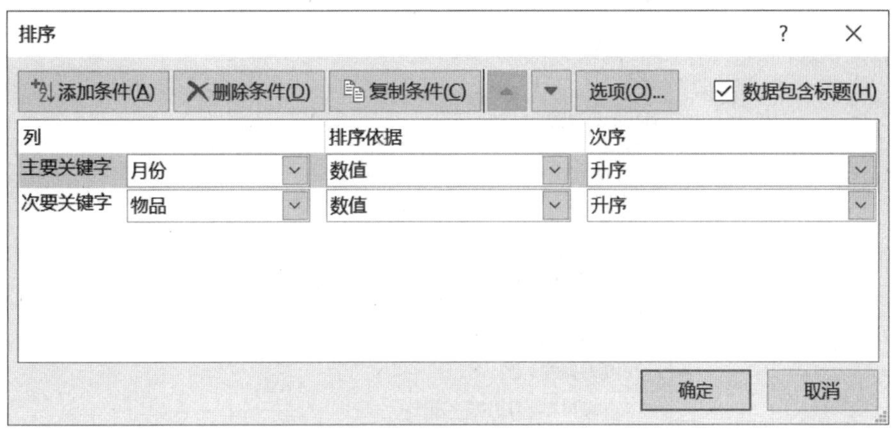

图 5.7　数据排序设置对话框

（2）打开“分类汇总”对话框，在“分类字段”下拉列表中选择“月份”选项，在“汇总方式”下拉列表中选择“求和”选项，在“选定汇总项”列表框中勾选“金额”字段，如图 5.8 所示。单击“确定”按钮，返回工作表，得到按月份对金额进行简单分类汇总的结果。

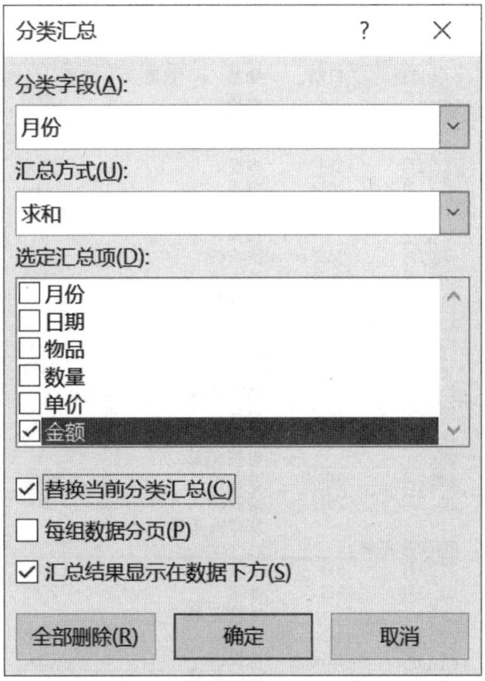

图 5.8　设置按月份求和分类汇总

（3）再次打开“分类汇总”对话框，在“分类字段”下拉列表中选择“物品”选项，“汇总方式”和“选定汇总项”保持默认，取消“替换当前分类汇总”复选框，如图 5.9 所示，单击

“确定”按钮。

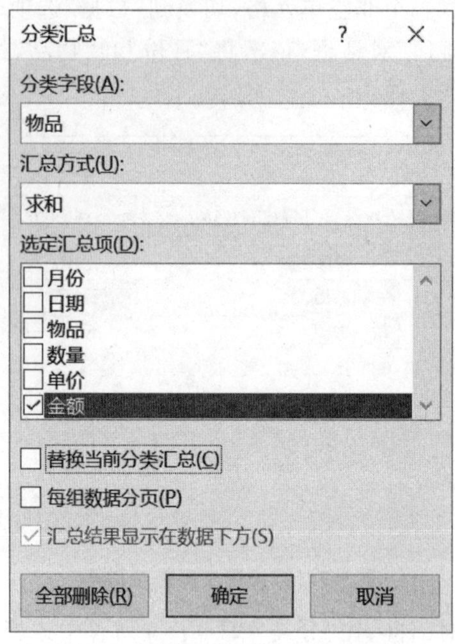

图 5.9　设置按物品求和分类汇总

(4)关闭“分类汇总”对话框，返回工作表中。即可得到对数据的嵌套分类汇总的结果。如图 5.10 所示。

	A	B	C	D	E	F
1	**月份**	**日期**	**物品**	**数量**	**单价**	**金额**
2	1月	5日	冰箱	9	2000	18000
3	1月	14日	冰箱	3	2000	6000
4			**冰箱 汇总**			24000
5	1月	1日	电视	8	1000	8000
6	1月	10日	电视	1	1000	1000
7	1月	22日	电视	5	1000	5000
8			**电视 汇总**			14000
9	1月	16日	洗衣机	2	1500	3000
10	1月	20日	洗衣机	4	1500	6000
11			**洗衣机 汇总**			9000
12	**1月 汇总**					47000
13	2月	14日	冰箱	10	2000	20000
14	2月	17日	冰箱	8	2000	16000
15			**冰箱 汇总**			36000
16	2月	12日	电视	6	1000	6000
17	2月	20日	电视	1	1000	1000
18			**电视 汇总**			7000
19	2月	3日	洗衣机	2	1500	3000
20	2月	25日	洗衣机	5	1500	7500
21			**洗衣机 汇总**			10500
22	**2月 汇总**					53500
23	3月	3日	冰箱	6	2000	12000
24	3月	6日	冰箱	2	2000	4000
25			**冰箱 汇总**			16000
26	3月	8日	电视	3	1000	3000
27	3月	18日	电视	4	1000	4000
28			**电视 汇总**			7000
29	3月	5日	洗衣机	5	1500	7500
30	3月	9日	洗衣机	7	1500	10500
31			**洗衣机 汇总**			18000
32	**3月 汇总**					41000
33	**总计**					141500

图 5.10　嵌套分类汇总结果

(5)单击图 5.10 中左上角的数值级别按钮“3”,即可得到不带明细的嵌套分类汇总结果。如图 5.11 所示。

	A	B	C	D	E	F
1	月份	日期	物品	数量	单价	金额
4			冰箱 汇总			24000
8			电视 汇总			14000
11			洗衣机 汇总			9000
12	1月 汇总					47000
15			冰箱 汇总			36000
18			电视 汇总			7000
21			洗衣机 汇总			10500
22	2月 汇总					53500
25			冰箱 汇总			16000
28			电视 汇总			7000
31			洗衣机 汇总			18000
32	3月 汇总					41000
33	总计					141500

图 5.11 不带明细的嵌套分类汇总结果

5.2 创建数据透视表

数据透视表是一种对数据快速汇总和建立交叉列表的交互式报表,综合了数据筛选、排序、分类汇总等数据组织、分析和浏览功能,使用数据透视表可实现数据的高级分析和处理。

5.2.1 数据透视表的数据源及规范

作为数据透视表的数据源存储原始数据信息,我们可以从以下 4 种类型的数据源中创建数据透视表。

(1)Excel 数据列表清单或者区域。

(2)外部数据源,包括文本文件、数据库、Web 站点、Microsoft OLAP 多维数据集等。

(3)多个独立的 Excel 数据列表。

(4)其他的数据透视表。

虽然以上 4 类数据类型都可以作为数据透视表的数据源,但是作为数据源,其结构要有一定的标准,数据也必须要符合一定的规范,才是一份科学规范的数据源。

1. 表格结构必须规范

制作数据透视表的数据源,必须是一个标准的数据库结构表格,也就是一列是一个字段,每列保存同一类型数据;第一行是标题,也就是字段名称;每一行是一条记录,保存每个业务的数据;每个单元格保存该条记录的数据。因此,从结构上来说数据表必须满足以下的要求:

① 每列是一个字段,保存同一类型数据,必须有列标题,并且列字段名称不能重复;

② 如果某列保存两种不同类型的数据,必须分成两列保存;

③ 不能有合并单元格的大标题;

④ 不能有空行、空列;

⑤ 不能有小计行、总计行;

⑥ 不需要有不必要的计算列;

⑦对于二维表格，最好整理成一维表单；

⑧如果是多个工作表数据，一定要保证每个工作表的列结构一致。

2. 表格数据必须规范

除了结构规范，其数据也要同样符合规范，不能影响计算，不能出现不规范的做法。例如不能出现以下的各种情况：

① 日期必须是数值型的日期，不能是文本型日期，或者不规范的日期，如“2022 年 6 月 5 日”不能写成“220605”或者“2022.6.5”；

② 对于编码类的数字，必须处理成文本型数字；

③ 对于要汇总计算的数字，如果是文本型的，必须要转换成纯数字；

④不能有不必要的空单元格，如果这些单元格实际上应该是数字 0 的，那么就应该把这些空单元格输入 0，如果空单元格应该是上一行或者下一行的数据，应该填充这些数据；

⑤文本字符串中不能有不必要的空格，除非这些空格是必须的；

⑥从系统导出的数据，可以含有不显示的特殊字符、换行符等，都必须清除；

⑦从系统导入的数据，如果不是标准的数据库结构，必须进行加工整理。

5.2.2 不规范数据表的整理技巧

在制作数据透视表之前，要先检查一下基础数据是否符合规范，如果不符合规范在制作数据透视表时就会出现各种各样的问题。因此数据整理是其基本操作，我们常常要处理不同来源的表格，其中的格式、表达方式常常差异很大。如何能够高效率地处理这些 Excel 文件中不规则的数据、内容，只要掌握几个实用的技能技巧就可以应付自如，下面就实际工作中常见的不规范问题及其解决方法进行介绍总结。

【例 5.4】有如图 5.12 所示“员工销售表”，其中有多处数据不规范的地方，对此表进行整理，使其符合规范。

	A	B	C	D	E	F	G
1	编号	姓名	性别	部门	产品名称	销售额	销售日期
2	10001	夏志豪	男		钢排 800*1800	2345	20220104
3							
4	10002	吴芸如	女	销售一部	钢吸 800*4000	7892	20220307
5	10003	周白芷			钢伸 700*710	6242	2022/8/6
6	10004	王美珠			钢排 700*1800	8317	2022.10.23
7	10005	吕智英			钢伸 450*2570	34678	2022/12/29
8							
9				销售二部			
10	10006	林文殊	男		钢伸 150*4000	24748	2022年8月18日
11	10007	何美玲	女		钢伸 800*500	8373	2022年6月16日
12	10008	蔡书玮	男		自浮管 700*1180	5633	2022#05#15
13							
14							
15	10009	李世杰		销售三部	钢排 750*1800	9813	2022#07#25
16	10010	卢志铭			胶吸 900*2250	8763	2022.11.11
17							
18	10006	林文殊	男	销售二部	钢伸 150*4000	24748	2022年8月18日

图 5.12　员工销售表(整理前)

(1)拆分被合并的单元格

选中数据表,点击"开始"菜单"对齐方式"栏中的"合并后居中"下拉列表中的"取消单元格合并"按钮,如图 5.13 所示。

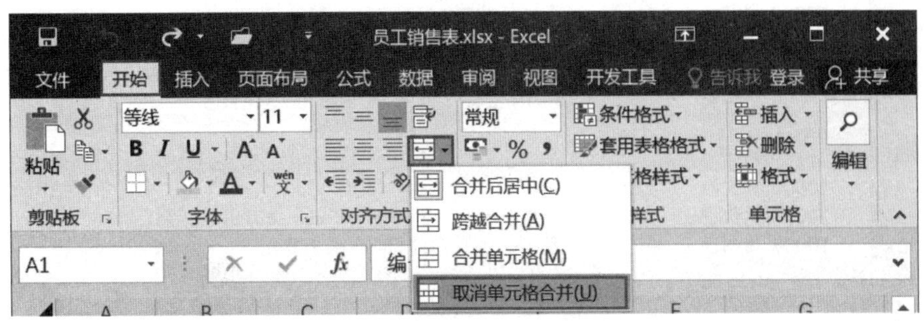

图 5.13 取消合并单元格

(2)为空单元格填充数据

具体操作步骤如下:

①打开数据表,按"Ctrl+G"组合键或者 F5 快捷键,打开"定位"对话框,单击左下角的"定位条件"按钮,弹出"定位条件"对话框,选中"空值"单选按钮,点击"确定"按钮,如图 5.14 所示。

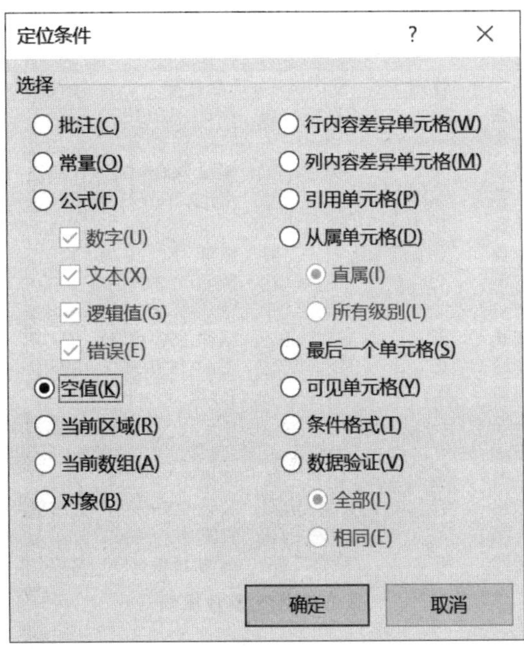

图 5.14 "定位条件"对话框

②关闭对话框,返回数据表,选中空单元格,如图 5.15 所示。

	A	B	C	D	E	F	G
1	编号	姓名	性别	部门	产品名称	销售额	销售日期
2	10001	夏志豪	男	销售一部	钢排 800*1800	2345	20220104
3							
4	10002	吴芸如	女		钢吸 800*4000	7892	20220307
5	10003	周白芷			钢伸 700*710	6242	2022/8/6
6	10004	王美珠			钢排 700*1800	8317	2022.10.23
7	10005	吕智英		销售二部	钢伸 450*2570	34678	2022/12/29
8							
9							
10	10006	林文殊	男		钢伸 150*4000	24748	2022年8月18日
11	10007	何美玲	女		钢伸 800*500	8373	2022年6月16
12	10008	蔡书玮	男		自浮管 700*1180	5633	2022#05#15
13							
14							
15	10009	李世杰		销售三部	钢排 750*1800	9813	2022#07#25
16	10010	卢志铭			胶吸 900*2250	8763	2022.11.11
17							
18	10006	林文殊	男	销售二部	钢伸 150*4000	24748	2022年8月18日

图 5.15　选中所有空单元格

③注意当前的活动单元格为 A3，在该单元格中输入公式“＝A2”。因为要把上面的数据往下填充，所以要引用当前单元格的上一行单元格，然后按“Ctrl＋Enter”组合键，就得到了一个数据完整的工作表，如图 5.16 所示。

	A	B	C	D	E	F	G
1	编号	姓名	性别	部门	产品名称	销售额	销售日期
2	10001	夏志豪	男	销售一部	钢排 800*1800	2345	20220104
3	10001	夏志豪	男	销售一部	钢排 800*1800	2345	20220104
4	10002	吴芸如	女	销售一部	钢吸 800*4000	7892	20220307
5	10003	周白芷	女	销售一部	钢伸 700*710	6242	2022/8/6
6	10004	王美珠	女	销售一部	钢排 700*1800	8317	2022.10.23
7	10005	吕智英	女	销售二部	钢伸 450*2570	34678	2022/12/29
8	10005	吕智英	女	销售二部	钢伸 450*2570	34678	2022/12/29
9	10005	吕智英	女	销售二部	钢伸 450*2570	34678	2022/12/29
10	10006	林文殊	男	销售二部	钢伸 150*4000	24748	2022年8月18日
11	10007	何美玲	女	销售二部	钢伸 800*500	8373	2022年6月16
12	10008	蔡书玮	男	销售二部	自浮管 700*1180	5633	2022#05#15
13	10008	蔡书玮	男	销售二部	自浮管 700*1180	5633	2022#05#15
14	10008	蔡书玮	男	销售二部	自浮管 700*1180	5633	2022#05#15
15	10009	李世杰	男	销售三部	钢排 750*1800	9813	2022#07#25
16	10010	卢志铭	男	销售三部	胶吸 900*2250	8763	2022.11.11
17	10010	卢志铭	男	销售三部	胶吸 900*2250	8763	2022.11.11
18	10006	林文殊	男	销售二部	钢伸 150*4000	24748	2022年8月18日

图 5.16　完整数据表

(3)删除重复数据

在填充数据时，可能存在空行，导致空行填充的数据跟上一行完全一致，所示我们要把重复的数据删除，仅保留一行唯一的数据。具体操作步骤如下：

①单击数据区域任一单元格，单击“数据”选项卡中“数据工具”栏中的“删除重复项”按钮。如图 5.17 所示。

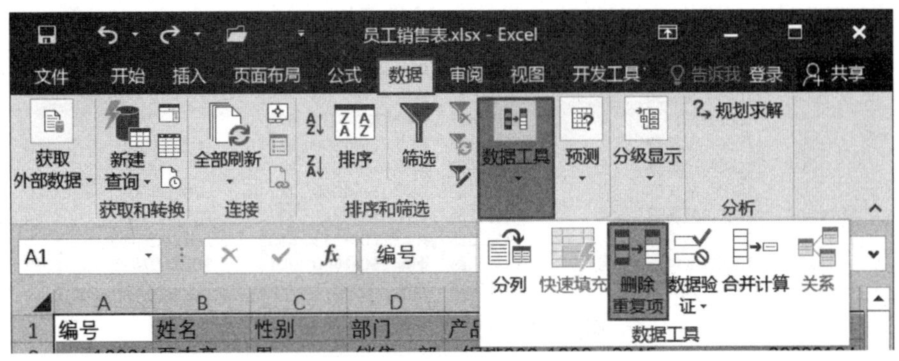

图 5.17 “删除重复项”按钮

②弹出“删除重复项”对话框，勾选“数据包含标题”复选框，并保证选择所有的列，如图 5.18 所示，单击“确定”按钮。

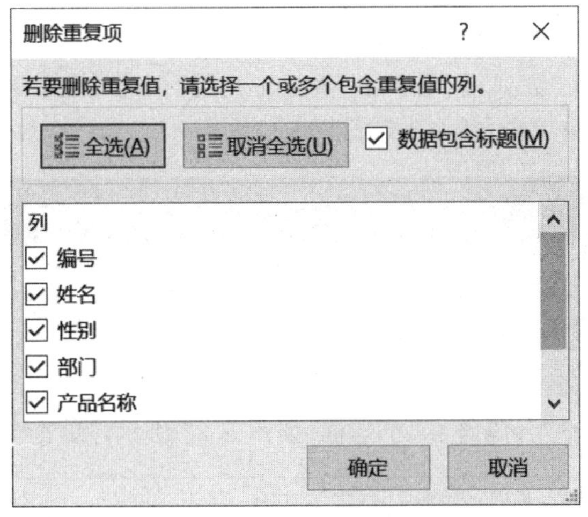

图 5.18 “删除重复项”对话框

③关闭“删除重复项”对话框，弹出一个提示对话框，如图 5.19 所示，单击“确定”按钮。

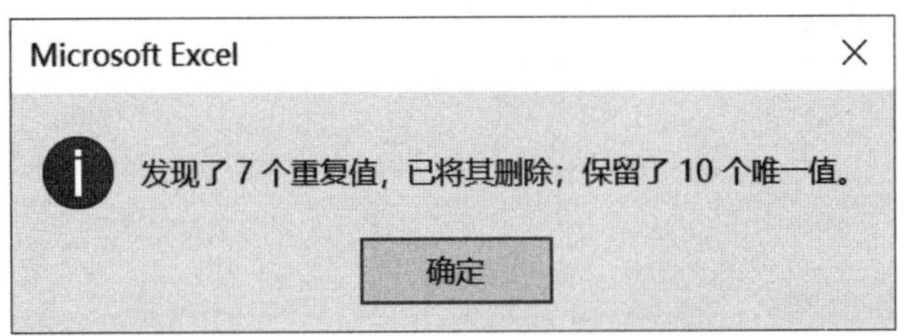

图 5.19 “删除重复项”信息提示框

④关闭提示对话框，就得到了一个没有重复数据的数据表，如图 5.20 所示。

	A	B	C	D	E	F	G
1	编号	姓名	性别	部门	产品名称	销售额	销售日期
2	10001	夏志豪	男	销售一部	钢排 800*1800	2345	20220104
3	10002	吴芸如	女	销售一部	钢吸 800*4000	7892	20220307
4	10003	周白芷	女	销售一部	钢伸 700*710	6242	2022/8/6
5	10004	王美珠	女	销售一部	钢排 700*1800	8317	2022.10.23
6	10005	吕智英	女	销售二部	钢伸 450*2570	34678	2022/12/29
7	10006	林文殊	男	销售二部	钢伸 150*4000	24748	2022年8月18日
8	10007	何美玲	女	销售二部	钢伸 800*500	8373	2022年6月16
9	10008	蔡书玮	男	销售二部	自浮管 700*1180	5633	2022#05#15
10	10009	李世杰	男	销售三部	钢排 750*1800	9813	2022#07#25
11	10010	卢志铭	男	销售三部	胶吸 900*2250	8763	2022.11.11

图 5.20　没有重复数据的表格

(4)将数据分列

数据表中产品名称中包含了产品规格，我们在整理数据时就需要将其进行分列，把产品规格分离出来。因为数据中有空格作为分隔符，所以可以使用分列工具快速分列。具体操作步骤如下：

①在 E 列后边插入一列“产品规格”。

②选中 E 列，单击“数据”选项卡中“数据工具”栏中的“分列”按钮，如图 5.21 所示。打开“文本分列向导-第 1 步，共 3 步”对话框。

图 5.21　打开分列向导对话框

③在对话框中选中“分隔符号”单选框，如图 5.22 所示。单击“下一步”按钮。

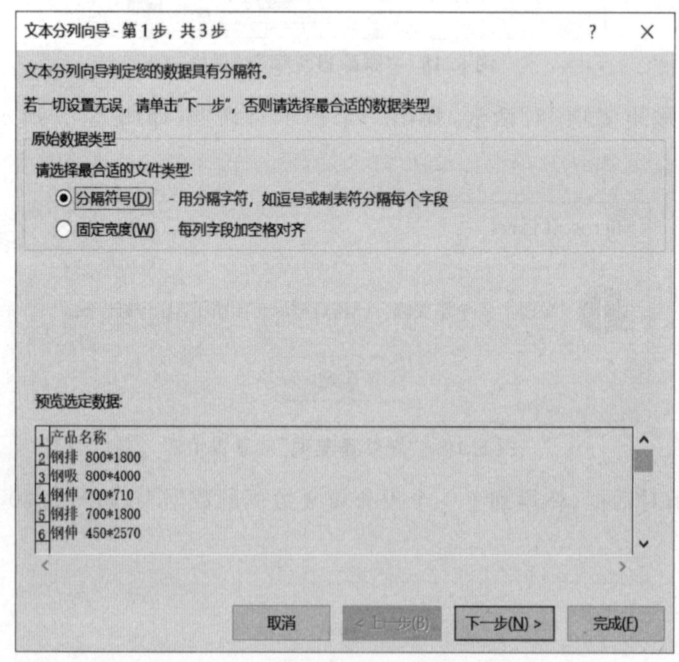

图 5.22　选中“分隔符号”单选按钮

④进入“文本分列向导-第 2 步,共 3 步”对话框,勾选“空格”复选框,如图 5.23 所示。单击“下一步”按钮。

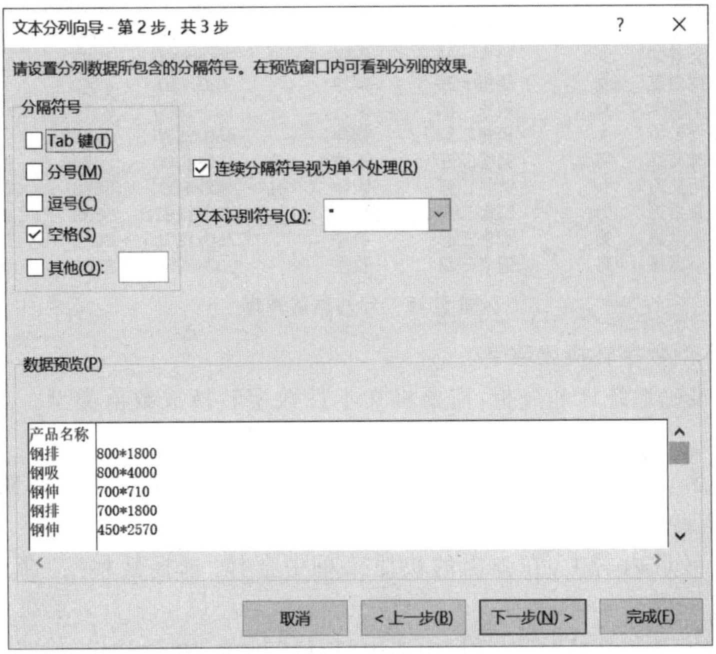

图 5.23 勾选“空格”复选框

⑤进入“文本分列向导-第 3 步,共 3 步”对话框,根据数据需求选择列数据格式,这里我们选择“常规”单选框即可,如图 5.24 所示。单击“完成”按钮。

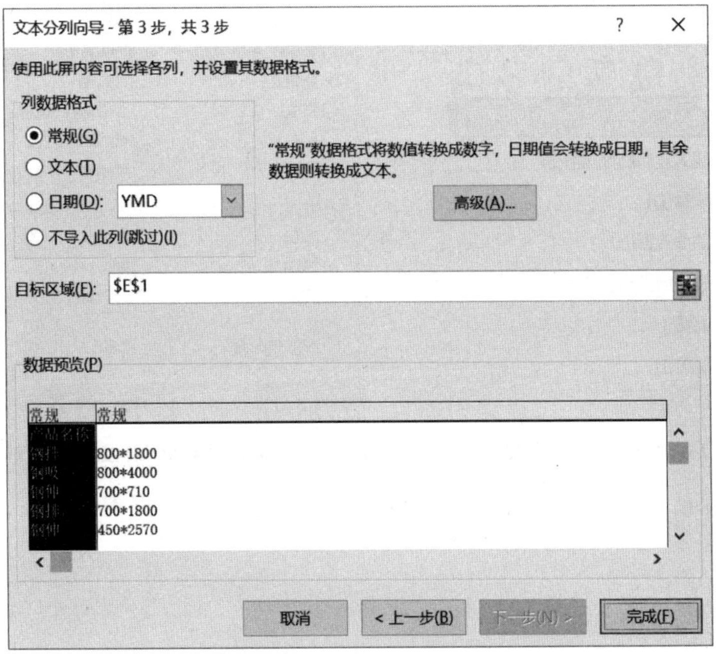

图 5.24 选择列数据格式

⑥对话框关闭，得到分列后的数据，最后修改行标题“产品规格”，如图 5.25 所示。

	A	B	C	D	E	F	G	H
1	编号	姓名	性别	部门	产品名称	产品规格	销售额	销售日期
2	10001	夏志豪	男	销售一部	钢排	800*1800	2345	20220104
3	10002	吴芸如	女	销售一部	钢吸	800*4000	7892	20220307
4	10003	周白芷	女	销售一部	钢伸	700*710	6242	2022/8/6
5	10004	王美珠	女	销售一部	钢排	700*1800	8317	2022.10.23
6	10005	吕智英	女	销售二部	钢伸	450*2570	34678	2022/12/29
7	10006	林文殊	男	销售二部	钢伸	150*4000	24748	2022年8月18日
8	10007	何美玲	女	销售二部	钢伸	800*500	8373	2022年6月16
9	10008	蔡书玮	男	销售二部	自浮管	700*1180	5633	2022#05#15
10	10009	李世杰	男	销售三部	钢排	750*1800	9813	2022#07#25
11	10010	卢志铭	男	销售三部	胶吸	900*2250	8763	2022.11.11

图 5.25　分列后的数据

(5)将文本型数字转换成数字

为了进行准确地统计和分析，需要将文本性数字转换成数值类型。具体操作步骤如下：

①选中任意一个空白单元格，按“Ctrl＋C”组合键，选中数据表销售额 G 列单元格区域。

②在选中区域内右击，在弹出的快捷菜单中选择“选择性粘贴”命令，如图 5.26 所示。

③在弹出的“选择性粘贴”对话框中选中“数值”和“加”单选按钮，如图 5.27 所示，单击“确定”按钮。

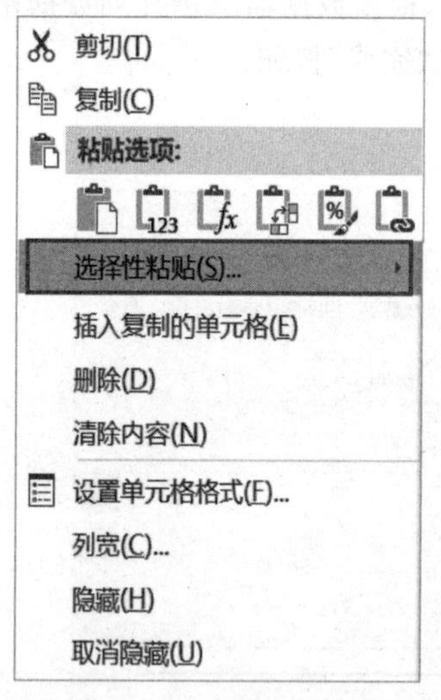

图 5.26　复制空值后选择性粘贴

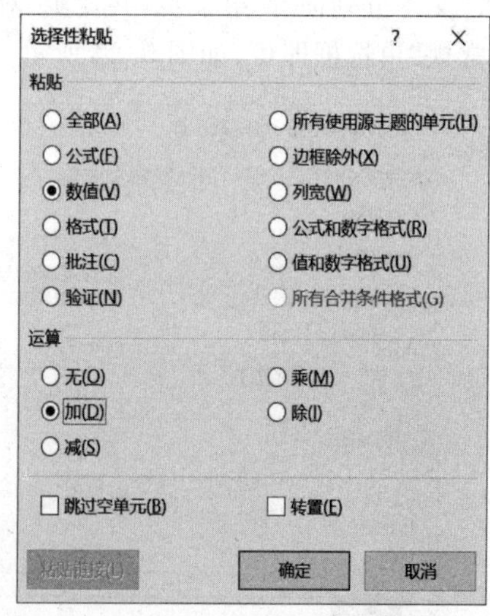

图 5.27　“选择性粘贴”转换成数字对话框

④“选择性粘贴”对话框关闭，得到销售额转换成数值的数据表，如图 5.28 所示。

	A	B	C	D	E	F	G	H
1	编号	姓名	性别	部门	产品名称	产品规格	销售额	销售日期
2	10001	夏志豪	男	销售一部	钢排	800*1800	2345	20220104
3	10002	吴芸如	女	销售一部	钢吸	800*4000	7892	20220307
4	10003	周白芷	女	销售一部	钢伸	700*710	6242	2022/8/6
5	10004	王美珠	女	销售一部	钢排	700*1800	8317	2022.10.23
6	10005	吕智英	女	销售二部	钢伸	450*2570	34678	2022/12/29
7	10006	林文殊	男	销售二部	钢伸	150*4000	24748	2022年8月18日
8	10007	何美玲	女	销售二部	钢伸	800*500	8373	2022年6月16
9	10008	蔡书玮	男	销售二部	自浮管	700*1180	5633	2022#05#15
10	10009	李世杰	男	销售三部	钢排	750*1800	9813	2022#07#25
11	10010	卢志铭	男	销售三部	胶吸	900*2250	8763	2022.11.11

图 5.28 文本数字转换成纯数字结果

(6)修改不规则日期

将不规则的日期修改为真正的日期,常用的方法是使用“分列工具”。具体操作步骤如下:

①选中“销售日期”H 列。

②单击“数据”选项卡中“数据工具”栏中的“分列”按钮,打开“文本分列向导一第 1 步,共 3 步”对话框。

③在对话框中选中“分隔符号”单选框,单击“下一步”按钮。

④进入“文本分列向导一第 2 步,共 3 步”对话框,勾选“Tab 键”复选框,单击“下一步”按钮。

⑤进入“文本分列向导一第 3 步,共 3 步”对话框,选择“日期”单选框,单击“完成”按钮。

⑥对话框关闭,在“开始”选项卡中单击“数字”下拉框,选择“短日期”得到修改不规则日期的数据表,如图 5.29 所示。

	A	B	C	D	E	F	G	H
1	编号	姓名	性别	部门	产品名称	产品规格	销售额	销售日期
2	10001	夏志豪	男	销售一部	钢排	800*1800	2345	2022/1/4
3	10002	吴芸如	女	销售一部	钢吸	800*4000	7892	2022/3/7
4	10003	周白芷	女	销售一部	钢伸	700*710	6242	2022/8/6
5	10004	王美珠	女	销售一部	钢排	700*1800	8317	2022/10/23
6	10005	吕智英	女	销售二部	钢伸	450*2570	34678	2022/12/29
7	10006	林文殊	男	销售二部	钢伸	150*4000	24748	2022/8/18
8	10007	何美玲	女	销售二部	钢伸	800*500	8373	2022/6/16
9	10008	蔡书玮	男	销售二部	自浮管	700*1180	5633	2022/5/15
10	10009	李世杰	男	销售三部	钢排	750*1800	9813	2022/7/25
11	10010	卢志铭	男	销售三部	胶吸	900*2250	8763	2022/11/11

图 5.29 修改不规则日期后的数据表

【例 5.5】有如图 5.30 所示“商品库存表”,将其从二维表格转换成一维数据表。

	A	B	C	D
1	商品名称	2.5kg	5kg	10kg
2	中华长粒香米	35	23	32
3	五常大米	76	66	53
4	富硒大米	69	58	84
5	有机胚芽米	24	27	46
6	金沙河通用小麦粉	23	49	58
7	香雪麦纯富强粉	56	62	82
8	福临门家宴小麦粉	72	51	69
9	高筋小麦粉	47	94	46
10	低筋小麦粉	90	38	27
11	面包粉	49	29	89
12	自发馒头粉	38	35	21

图 5.30 商品库存表(二维)

二维数据表本质上是一种汇总表，如果作为数据源，则需要将二维表格转换成一维数据表。具体操作步骤如下：

①选中数据源中任意单元格，依次按下“Alt+D+P”，如果没反应可尝试将最后的字母 P 按两次。

②在弹出的“数据透视表和数据透视图向导—步骤 1(共 3 步)”对话框中，待分析数据的数据源类型选择“多重合并计算数据区域”，所需创建的报表类型选择“数据透视表”，单击“下一步”按钮。如图 5.31 所示。

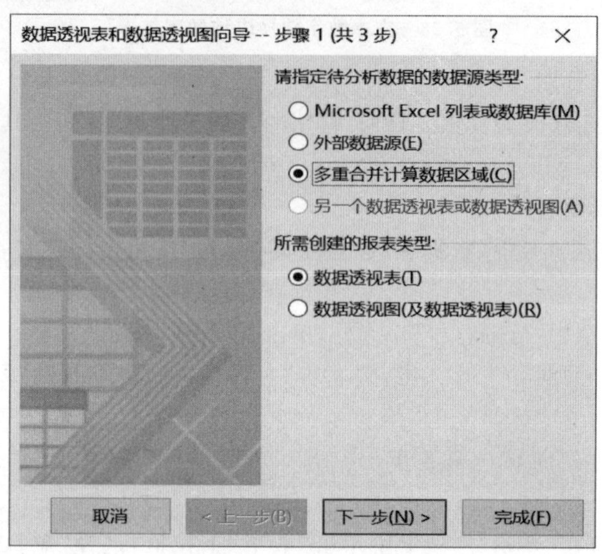

图 5.31　数据透视表和数据透视图向导—步骤 1

③在弹出的“数据透视表和数据透视图向导—步骤 2a(共 3 步)”对话框中选择“创建单页字段”，单击“下一步”按钮。如图 5.32 所示。

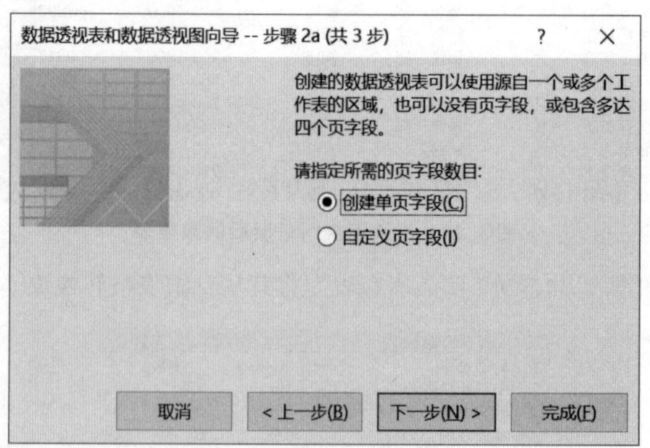

图 5.32　数据透视表和数据透视图向导—步骤 2a

④在弹出的“数据透视表和数据透视图向导—第 2b 步，共 3 步”对话框中，将光标定位在“选定区域”编辑框中，用鼠标框选要转换的数据区域!$A$1:$D$12，单击“添加”按钮，再单击“下一步”按钮。如图 5.33 所示。

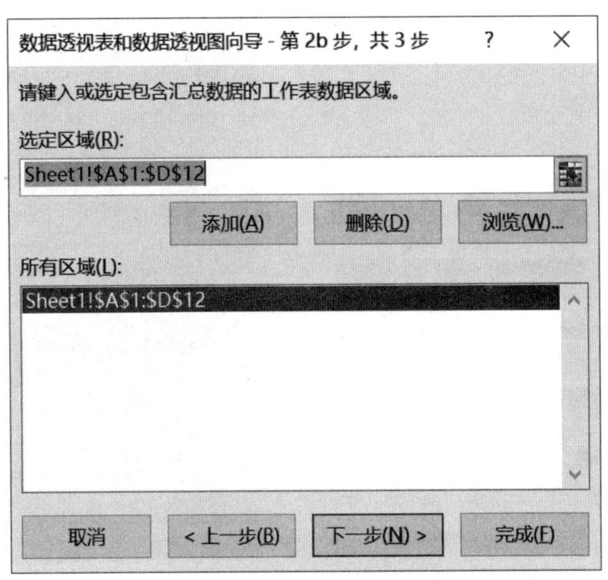

图 5.33 数据透视表和数据透视图向导—第 2b 步

⑤在弹出的“数据透视表和数据透视图向导－步骤 3(共 3 步)”对话框中，数据透视表显示位置选择“新工作表”，单击“完成”按钮。如图 5.34 所示。

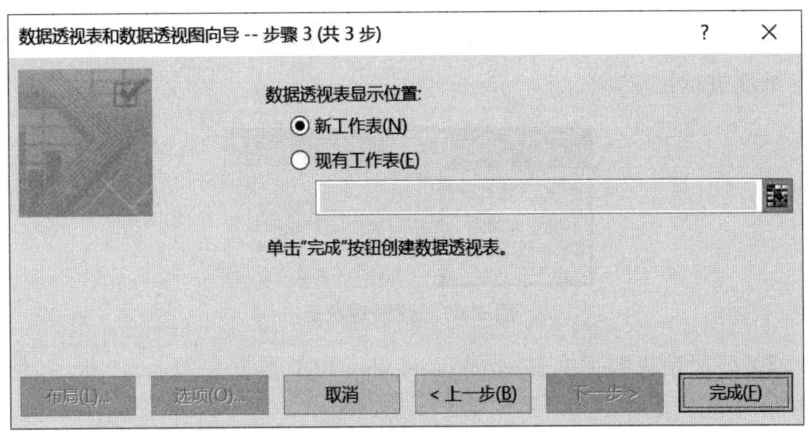

图 5.34 数据透视表和数据透视图向导—步骤 3

⑥此时，在新工作表中生成了数据透视表，如图 5.35 所示。鼠标双击数据透视表右下角的总计单元格 E16，即可在新工作表中生成转换好的一维表。如图 5.36 所示。

	A	B	C	D	E
1	页1	(全部)			
2					
3	求和项:值	列标签			
4	行标签	10kg	2.5kg	5kg	总计
5	低筋小麦粉	27	90	38	155
6	福临门家宴小麦粉	69	72	51	192
7	富硒大米	84	69	58	211
8	高筋小麦粉	46	47	94	187
9	金沙河通用小麦粉	58	23	49	130
10	面包粉	89	49	29	167
11	五常大米	53	76	66	195
12	香雪麦纯富强粉	82	56	62	200
13	有机胚芽米	46	24	27	97
14	中华长粒香米	32	35	23	90
15	自发馒头粉	21	38	35	94
16	总计	607	579	532	1718

图 5.35　得到的数据透视表

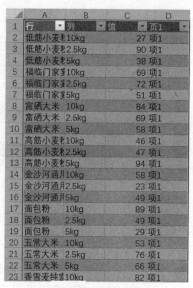

	A	B	C	D
1	行	列	值	页1
2	低筋小麦	10kg	27	项1
3	低筋小麦	2.5kg	90	项1
4	低筋小麦	5kg	38	项1
5	福临门家	10kg	69	项1
6	福临门家	2.5kg	72	项1
7	福临门家	5kg	51	项1
8	富硒大米	10kg	84	项1
9	富硒大米	2.5kg	69	项1
10	富硒大米	5kg	58	项1
11	高筋小麦	10kg	46	项1
12	高筋小麦	2.5kg	47	项1
13	高筋小麦	5kg	94	项1
14	金沙河通	10kg	58	项1
15	金沙河通	2.5kg	23	项1
16	金沙河通	5kg	49	项1
17	面包粉	10kg	89	项1
18	面包粉	2.5kg	49	项1
19	面包粉	5kg	29	项1
20	五常大米	10kg	53	项1
21	五常大米	2.5kg	76	项1
22	五常大米	5kg	66	项1
23	香雪麦纯	10kg	82	项1

图 5.36　得到的一维数据表

⑦对生成的一维数据表进行相应的调整、美化，如修改标题字段名称使其与源数据保持一致，删掉最右侧的“页 1”列。

5.2.3　创建初始数据表

Excel 中，在“插入”菜单“表格”栏中提供了“数据透视表”功能，如图 5.37 所示，对数据表按特定维度进行汇总。

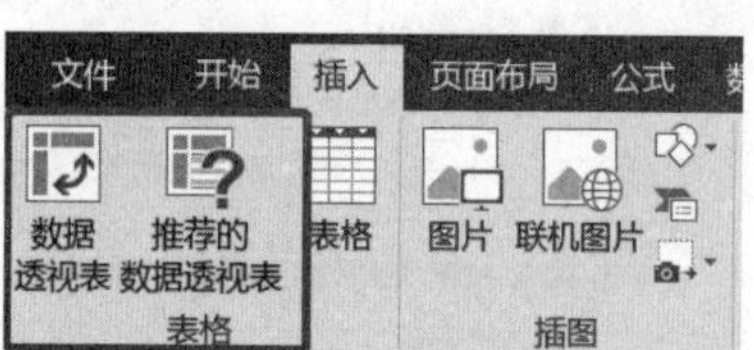

图 5.37　数据透视表

【例 5.6】某公司销售数据文件 workdata.xlsx 中的数据如图 5.38 所示，创建销售求和及利润求和的数据透视表。

	A	B	C	D	E
1	日期	地区	销售	利润	销售数量
2	2010	华东	2342	200	200
3	2011	华北	2840	240	100
4	2012	华东	3349	260	150
5	2013	华中	5	1	1
6	2014	华南	5845	450	500
7	2015	华南	2034	190	150
8	2016	华中	3021	275	250
9	2017	华中	2540	235	300
10	2018	华东	3098	280	350
11	2019	华北	4410	390	400
12	2020	华北	5025	400	450

图 5.38　销售数据集

具体操作步骤如下：

(1)选中“插入”菜单“表格”栏中的“数据透视表”，在弹出的“创建数据透视表”对话框中选择数据区域和放置数据透视表的位置，如图 5.39 所示，单击“确定”按钮。

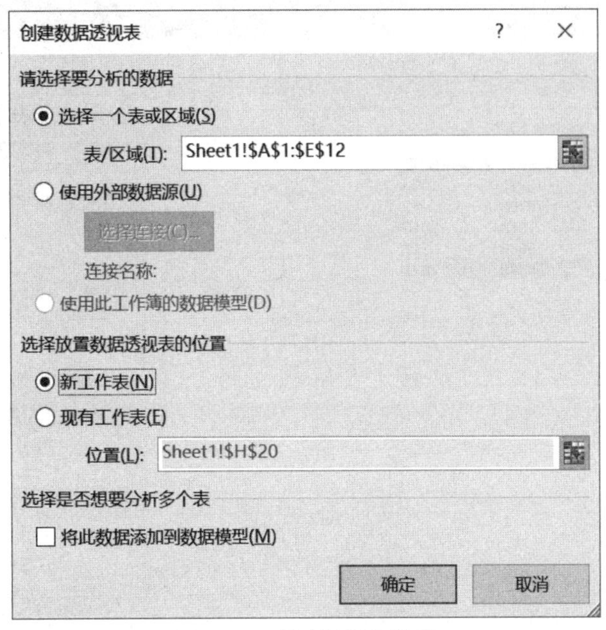

图 5.39 创建数据透视表

(2)在 Excel 的新工作表中会打开“数据透视表字段”窗口，其中列出了数据中的所有字段以及字段的显示区域，如图 5.40 所示。

图 5.40 设计数据透视表窗口

(3)将字段拖入相应区域即可创建数据透视表，此处将“地区”字段拖入行区域，分别将“销售”和“利润”拖入值区域，结果如图 5.41 所示。

5.41 数据透视表的显示结果

5.3 数据透视表的布局

创建数据透视表并添加要分析的字段后，还需要增强报表布局和格式以使数据更易于阅读，以便获取详细信息。若要更改数据透视表的布局，可以更改数据透视表窗体以及字段、列、行、分类汇总、空单元格和空行的显示方式。

5.3.1 数据透视表字段窗格

在创建数据透视表后，系统会自动弹出一个“数据透视表字段”窗格，它是布局数据透视表必不可少的工具。

在“数据透视表字段”窗格中清晰地反映了数据透视表的结构，利用它我们可以轻而易举地向数据透视表内添加、删除和移动字段，甚至不必借助“数据透视表工具”和数据透视表本身便能对数据透视表中的字段进行排序和筛选。在“数据透视表字段”窗格中也能清晰地反映出数据透视表的结构，如图 5.42 所示。

在默认情况下，该窗格包含5个小窗格，分别是字段列表、页字段、列字段、行字段和值字段。

(1)字段列表展示了数据表中所有的字段，也就是数据区域的列标题。

(2)页字段用于对整个数据透视表进行筛选。

(3)列字段是数据透视表用于在列方向布局字段的项目，也就是数据透视表的列标题。

(4)行字段是数据透视表用于在行方向布局字段的项目，也就是数据透视表的行标题。

(5)值字段用于汇总计算指定的字段。一般情况下，如果是数值型字段，默认汇总方式是求和；如果是文本型字段，默认汇总方式是计数。值字段的计算方式可以根据实际情况进行修改。

在进行数据透视表布局前，我们需要了解“数据透视表字段”窗格中的5个小窗格与数据透视表各部分数据对应关系，如图5.43所示。

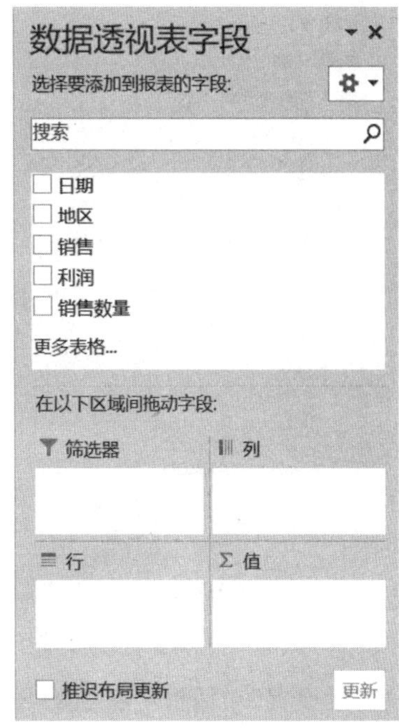

图5.42 “数据透视表字段”窗格

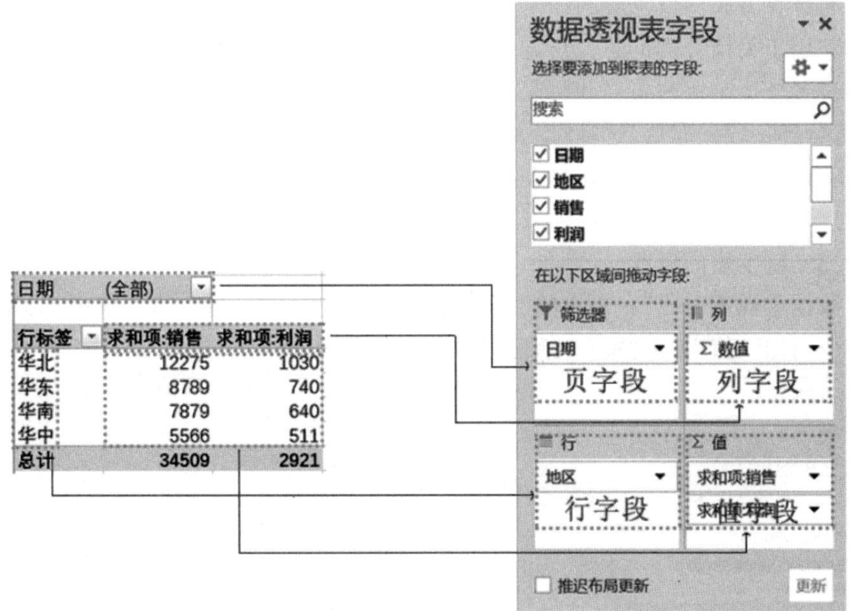

图5.43 “数据透视表字段”窗格与数据透视表数据对应关系

5.3.2 分类字段的设置

在“数据透视表字段”窗格中的“筛选器”“列”或者“行”区域中单击字段，在弹出的菜单中选择“字段设置”命令，打开“字段设置”对话框，如图5.44所示。

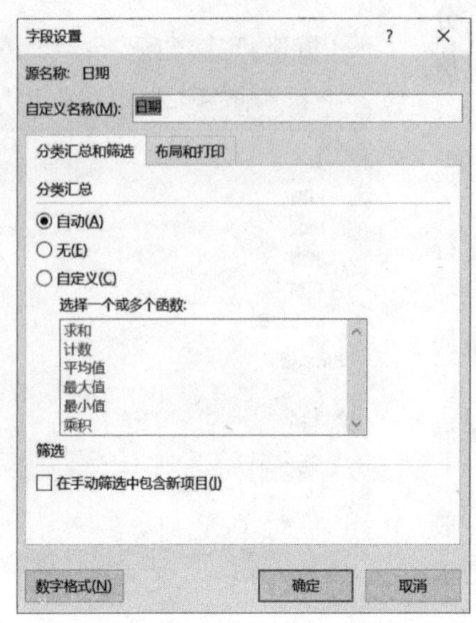

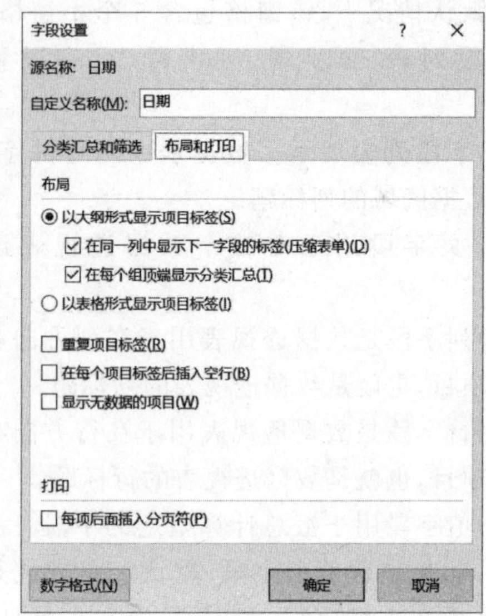

图 5.44 “字段设置”对话框

“字段设置”对话框中各项的含义如下：

(1)设置分类字段的分类汇总

“分类汇总”用于设置是否分类汇总，选项包括自动、无和自定义。“自动”即自动计算，汇总的计算方式同值字段的计算方式，“自动”选项是数据透视表的分类汇总的默认设置；“无”用于关闭分类汇总；“自定义”用于选择汇总的计算方式。

(2)设置分类字段的布局和打印

设置分类字段的布局，选择“以大纲形式显示项目标签”或者“以表格形式显示项目标签”；还有“重复项目标签”“在每个项目标签后插入空行”和“显示无数据的项目”选项；打印的时候可以设置“每项后面插入分页符”。

5.3.3 值字段的设置

在“数据透视表字段”窗格中的“值”区域中单击字段，在弹出的菜单中选择“值字段设置”命令，打开“值字段设置”对话框，如图 5.45 所示。

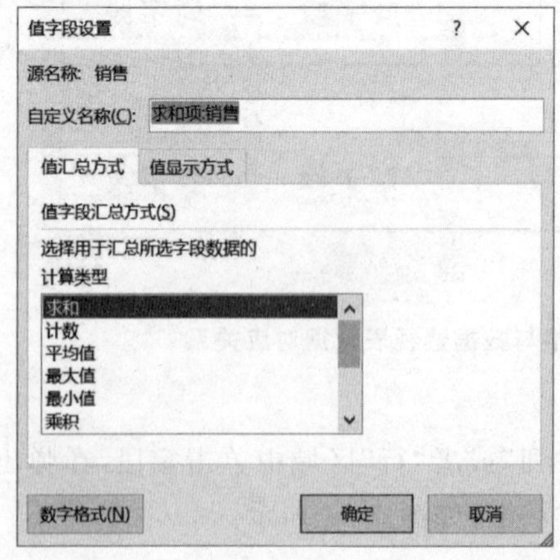

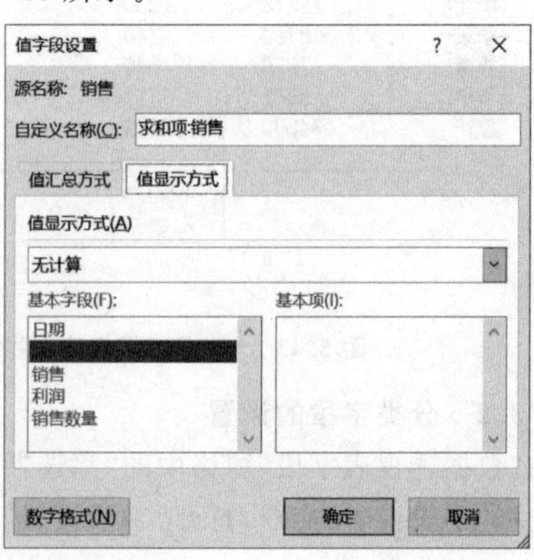

图 5.45 “值字段设置”对话框

“值字段设置”对话框中各项的含义如下：

(1)设置值字段的名称

值字段的名称默认格式为“汇总方式:字段名”,我们可以在“自定义名称”的文本框中输入新的有意义的名称。

(2)设置值字段的汇总方式

在“值字段设置”对话框的“值汇总方式”选项卡中,可以通过“选择用于汇总所选字段数据的计算类型”来设置值字段的汇总计算类型。值字段的汇总计算类型有以下选项:求和、计数、平均值、最大值、最小值、成绩、数值计算、标准偏差、总体标准偏差、方差和总体方差。

(3)设置值字段的显示方式

在“值字段设置”对话框的“值显示方式”选项卡中,可以通过“值显示方式”下来列表来设置值字段的显示方式。值字段的显示方式有以下选项:无计算、总计的百分比、列汇总的百分比、行汇总的百分比、百分比、父行汇总的百分比、父列汇总的百分比、父级汇总的百分比、差异、差异百分比、按某一字段汇总、按某一字段汇总的百分比、升序排列、降序排列和指数。

【例 5.7】对例 5.6 中获得的如图 5.41 所示数据透视表进行值字段设置。

具体操作步骤如下：

(1)点击“值”区域中的字段并从菜单中选择“值字段设置”,在“值字段设置”对话框中修改名称为“销售总额”,也可以修改值的汇总方式和显示方式,如图 5.46 所示。

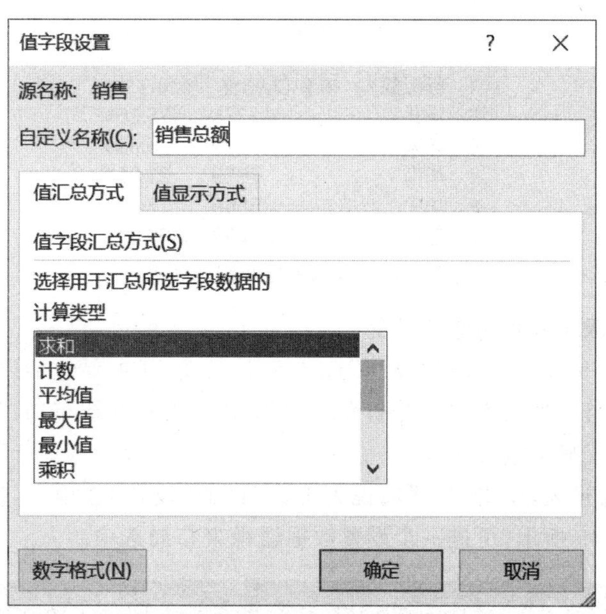

图 5.46 “销售”值字段设置

(2)若要使用数据透视表针对上述数据分析计算每个地区的利润占比,就需要修改值的显示方式。自定义名称为“利润占比”,修改值显示方式为“总计的百分比”,单击“确定”按钮,如图 5.47 所示。

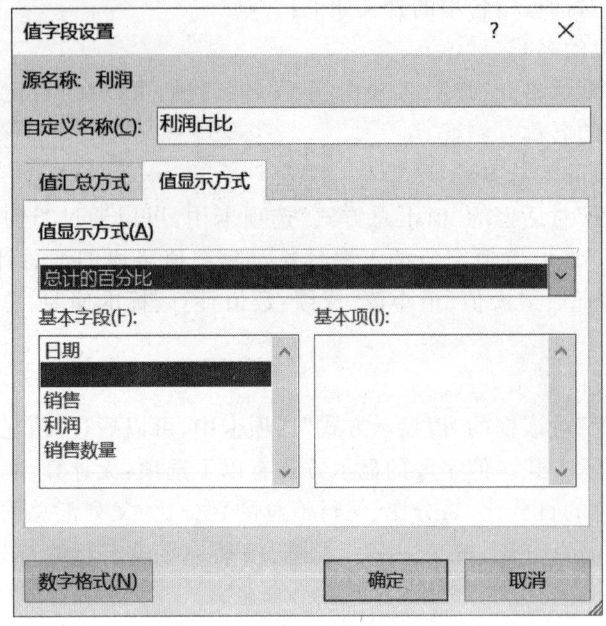

图 5.47　修改值字段显示方式

(3)关闭“值字段设置”对话框，得到数据透视表，如图 5.48 所示。

	A	B	C
1			
2	日期	(全部)	
3			
4	行标签	求和项:销售	利润占比
5	华北	12275	35.26%
6	华东	8789	25.33%
7	华南	7879	21.91%
8	华中	5566	17.49%
9	总计	34509	100.00%

图 5.48　利润占比数据透视表

5.3.4　数据透视表布局选项设置

数据透视表的布局基本都在“设计”选项卡下完成，其主要包括以下几个方面：是否显示分类汇总和总计；根据不同的分析角度对数据透视表重新布局；为了显示明确的字段标题，以表格形式显示报表布局。

定位到数据透视表，单击“数据透视表工具”栏的“设计”选项卡，选择“布局”组中的有关命令，如图 5.49 所示，可进一步设置数据透视表布局选项。

图 5.49　修改值字段显示方式

各布局选项的含义如下：

(1)分类汇总：设置是否显示分类汇总及其位置。可选择不显示分类汇总、在组的底部显示所有分类汇总、在组的顶部显示所有分类汇总、汇总中包含筛选项。

(2)总计：设置显示或隐藏行或列的总计。可选择对行和列禁用、对行和列启用、仅对行启用、仅对列启用。

(3)报表布局：设置数据透视表的显示方式。可选择以压缩形式显示、以大纲形式显示、以表格形式显示；重复所有项目标签或者不重复项目标签。

(4)空行：设置是否在每个分组后插入空行。可选择在每个项目后插入空行、删除每个项目后的空行。

5.4 数据透视表的分析与操作

数据透视表可以快速地对大量数据进行汇总，当汇总后的数据无法满足用户需求时，还需要对数据透视表进行计算、排序、筛选、组合等操作，以达到分析数据的目的。

5.4.1 数据透视表的计算

在数据透视表创建以后，是不允许手动修改或者移动数据透视表值区域中的任何数据的，也不能插入单元格和添加公式进行计算。在数据透视表中对数据进行计算，需要使用“添加计算字段”和“添加计算项”进行。

(1)添加计算字段

计算字段是通过对表中现有的字段执行计算后得到的新字段，即字段与字段之间的计算。

【例 5.8】有如图 5.50 所示数据透视表，添加计算字段，统计员工销售完成情况。

	A	B	C
3	行标签	求和项:计划	求和项:销量
4	⊟销售一部	4853	5571
5	蔡农仲	238	347
6	蔡书玮	373	327
7	高洪泉	583	498
8	黄晓平	945	328
9	霍负浪	408	872
10	李世杰	589	372
11	王俊明	239	834
12	夏志豪	257	734
13	虞信品	823	839
14	赵道霄	398	420
15	⊟销售二部	6207	6683
16	冯州龙	432	234
17	郭山彤	327	835
18	何美玲	987	990
19	黄蓝风	398	400
20	黎丙赣	723	792
21	林文殊	376	432
22	卢志铭	764	748
23	马仁毅	878	793
24	巫家昱	392	392
25	吴芸如	198	344

图 5.50 销售数据透视表

由于原始数据表中没有完成情况这列数据，需要在数据透视表中计算出来，因此可以插入自定义的计算字段来解决这个问题。

具体操作步骤如下：

①选中数据透视表中的任意单元格，选择“数据透视表工具”栏中的“分析”工具，在菜单中单击“字段、项目和集”，弹出下拉菜单，选择“计算字段”，如图 5.51 所示。

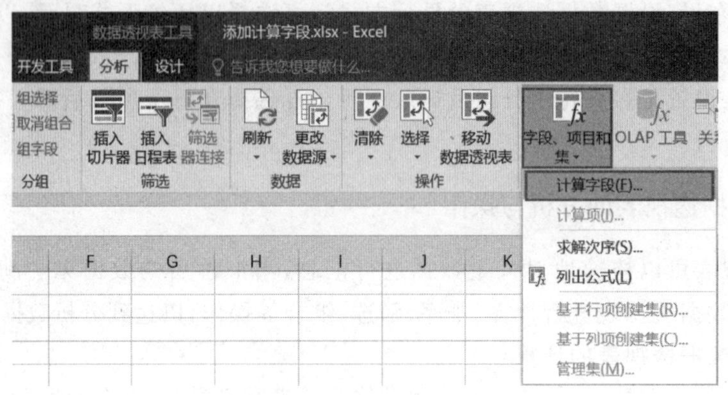

图 5.51　添加计算字段

②弹出“插入计算字段”对话框，在对话框中的“名称”输入框中输入名称“完成情况”在“公式”输入框中通过双击“字段”名称，完成“＝销量/计划”的输入，单击“确定”按钮，如图 5.52 所示。

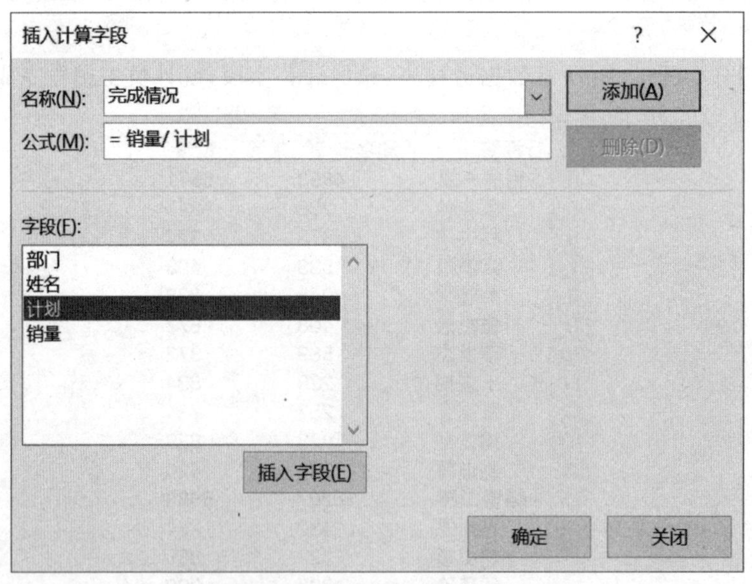

图 5.52　“插入计算字段”对话框

③完成“完成情况”统计，将“完成情况”列格式设置为百分比格式，结果如图 5.53 所示。

	A	B	C	D
3	行标签	求和项:计划	求和项:销量	求和项:完成情况
4	⊟销售一部	**4853**	**5571**	**114.79%**
5	蔡农仲	238	347	145.80%
6	蔡书玮	373	327	87.67%
7	高洪泉	583	498	85.42%
8	黄晓平	945	328	34.71%
9	霍负浪	408	872	213.73%
10	李世杰	589	372	63.16%
11	王俊明	239	834	348.95%
12	夏志豪	257	734	285.60%
13	虞信品	823	839	101.94%
14	赵道胥	398	420	105.53%
15	⊟销售二部	**6207**	**6683**	**107.67%**
16	冯州龙	432	234	54.17%
17	郭山彤	327	835	255.35%
18	何美玲	987	990	100.30%
19	黄蓝风	398	400	100.50%
20	黎丙赣	723	792	109.54%
21	林文殊	376	432	114.89%
22	卢志铭	764	748	97.91%
23	马仁毅	878	793	90.32%
24	巫家昱	392	392	100.00%
25	吴芸如	198	344	173.74%

图 5.53 “添加计算字段”结果

④鼠标选中“行标签”列下除“总计”单元格以外的任意数据单元格，点击鼠标右键，选择“展开/折叠”中的“折叠整个字段”，如图 5.54 所示，即可实现员工销售情况详细数据的折叠。

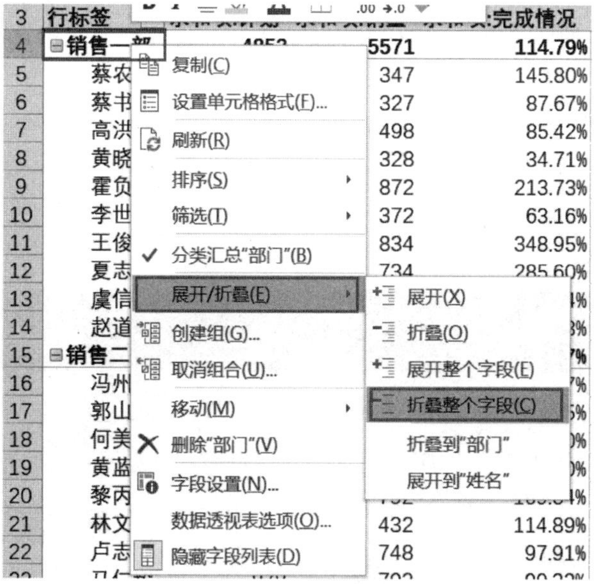

图 5.54 “展开/折叠”菜单

⑤折叠详细数据数据后如下图，如图 5.55 所示。如果想查看某销售部详细数据，可以点击该销售部前的“+”来查看。

	A	B	C	D
3	行标签	求和项:计划	求和项:销量	求和项:完成情况
4	⊞销售一部	4853	5571	114.79%
5	⊞销售二部	6207	6683	107.67%
6	⊞销售三部	5392	5872	108.90%
7	总计	16452	18126	110.18%

图 5.55　折叠后的数据透视表

(2)添加计算项

计算项则是在已有的字段中插入新的项，是通过对该字段现有的其他项执行计算后得到的，即同一字段下不同项之间的计算。

【例 5.9】有如图 5.56 所示数据透视表，添加计算项，计算两年的同比增长率。

	A	B	C	D
1	求和项:销售额	列标签		
2	行标签	2020年	2021年	总计
3	10月	1220365	1225630	2445995
4	11月	1262229	1186230	2448459
5	12月	1320161	1245620	2565781
6	1月	1268502	1287408	2555910
7	2月	1248603	1329993	2578596
8	3月	1304823	1394018	2698841
9	4月	1202631	1337310	2539941
10	5月	1220563	1597865	2818428
11	6月	1235061	1798769	3033830
12	7月	1234560	1204563	2439123
13	8月	1176200	1458623	2634823
14	9月	1240630	1296321	2536951
15	总计	14934328	16362350	31296678

图 5.56　销售数据透视表

要计算同比增长率是需要用 2020 年和 2021 年的数据计算的，而“2020 年”和“2021 年”是字段“年份”下的两个项目，它们并不是字段，因此就要为数据透视表添加计算项来完成了

具体操作步骤如下：

①选中数据透视表中的列表签“2020 年”或者“2021 年”单元格，选择“数据透视表工具”栏中的“分析”工具，在菜单中单击“字段、项目和集”，弹出下拉菜单，选择“计算项”，如图 5.57 所示。

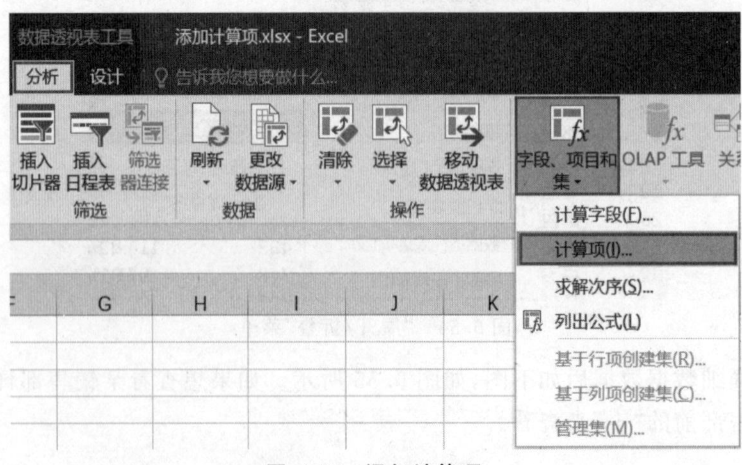

图 5.57　添加计算项

②弹出“在‘年份’中插入计算字段”对话框，在对话框中的“名称”输入框中输入名称“同比增长”，再在“公式”输入框中通过双击“项”名称，完成“＝2021 年/2020 年-1”的输入，单击“确定”按钮，如图 5.58 所示。

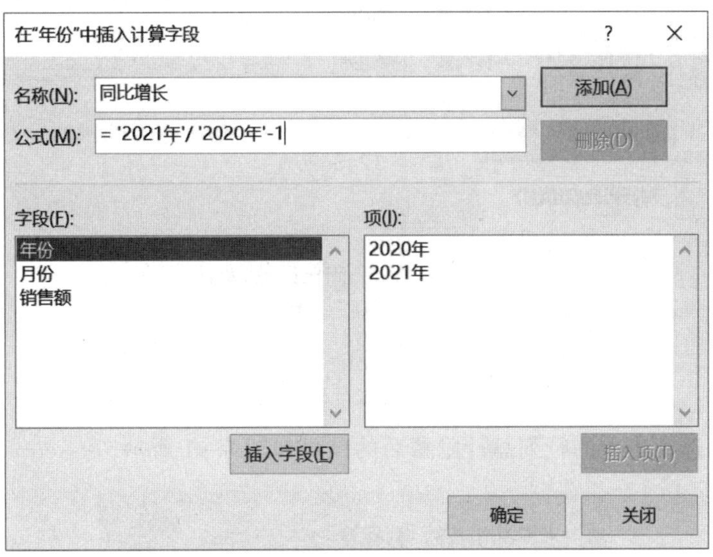

图 5.58 “在‘年份’中插入计算字段”对话框

③完成“同比增长”计算项的添加，由于“同比增长”是一个百分比项目，所以设置 D 列数字格式为百分比，结果如图 5.59 所示。

	A	B	C	D	E
1	求和项:销售额	列标签			
2	行标签	2020年	2021年	同比增长	总计
3	10月	1220365	1225630	0.43%	2445995.004
4	11月	1262229	1186230	-6.02%	2448458.94
5	12月	1320161	1245620	-5.65%	2565780.944
6	1月	1268502	1287408	1.49%	2555910.015
7	2月	1248603	1329993	6.52%	2578596.065
8	3月	1304823	1394018	6.84%	2698841.068
9	4月	1202631	1337310	11.20%	2539941.112
10	5月	1220563	1597865	30.91%	2818428.309
11	6月	1235061	1798769	45.64%	3033830.456
12	7月	1234560	1204563	-2.43%	2439122.976
13	8月	1176200	1458623	24.01%	2634823.24
14	9月	1240630	1296321	4.49%	2536951.045
15	总计	14934328	16362350	117.43%	31296679.17

图 5.59 添加计算项后的数据透视表

注意：在数据透视表中添加计算项后，行总计是对“2020 年”“2021 年”和“同比增长”3 列内同进行合计，并没有实际意义，还容易让读者产生混乱，所以可以将其隐藏。另外计算项“同比增长”中包含有乘除运算，也会导致列总计的数据出现错误，因此我们也将其隐藏。

④切换到“数据透视表工具”栏的“设计”选项卡，在“布局”组中单击“总计”按钮，在弹出的下拉列表中选择“对行和列禁用”选项，如图 5.60 所示。

5.60　隐藏行列总计项

⑤将数据透视表中的行列总计隐藏后的结果如图 5.61 所示。

	A	B	C	D
1	求和项:销售额	列标签		
2	行标签	2020年	2021年	同比增长
3	10月	1220365	1225630	0.43%
4	11月	1262229	1186230	-6.02%
5	12月	1320161	1245620	-5.65%
6	1月	1268502	1287408	1.49%
7	2月	1248603	1329993	6.52%
8	3月	1304823	1394018	6.84%
9	4月	1202631	1337310	11.20%
10	5月	1220563	1597865	30.91%
11	6月	1235061	1798769	45.64%
12	7月	1234560	1204563	-2.43%
13	8月	1176200	1458623	24.01%
14	9月	1240630	1296321	4.49%

5.61　隐藏行列总计后数据透视表

5.4.2　数据透视表的排序与筛选

数据的排序和筛选是数据分析中必不可少的功能，数据透视表同样也可以对其进行排序和筛选，数据透视表和普通数据列表的排序规则相同、筛选原理相似，在普通数据列表上可以实现的效果，在大部分的数据透视表中同样可以实现。

(1)数据透视表的排序

【例 5.10】调整如图 5.61 所示数据透视表中月份的顺序，按照自然月份排序。

具体操作步骤如下：

①选中“10 月”“11 月”和“12 月”单元格区域或者直接选中这三行数据，将鼠标指针悬停在其边框上，当出现 4 个方向箭头形的鼠标指针时，如图 5.62 所示。

1	求和项:销售额	列标签		
2	行标签	2020年	2021年	同比增长
3	10月	1220365	1225630	0.43%
4	11月	1262229	1186230	-6.02%
5	12月	1320161	1245620	-5.65%
6	1月	1268502	1287408	1.49%
7	2月	1248603	1329993	6.52%
8	3月	1304823	1394018	6.84%
9	4月	1202631	1337310	11.20%
10	5月	1220563	1597865	30.91%
11	6月	1235061	1798769	45.64%
12	7月	1234560	1204563	-2.43%
13	8月	1176200	1458623	24.01%
14	9月	1240630	1296321	4.49%

5.62 拖拽前鼠标悬停

②按下鼠标左键不放,并将其拖拽到“9 月”的下边框上,如图 5.63 所示。

1	求和项:销售额	列标签		
2	行标签	2020年	2021年	同比增长
3	10月	1220365	1225630	0.43%
4	11月	1262229	1186230	-6.02%
5	12月	1320161	1245620	-5.65%
6	1月	1268502	1287408	1.49%
7	2月	1248603	1329993	6.52%
8	3月	1304823	1394018	6.84%
9	4月	1202631	1337310	11.20%
10	5月	1220563	1597865	30.91%
11	6月	1235061	1798769	45.64%
12	7月	1234560	1204563	-2.43%
13	8月	1176200	1458623	24.01%
14	9月	1240630	1296321	4.49%
15				
16	A12:D14			

5.63 释放鼠标前的状态

③松开鼠标即可完成对数据的排序,如图 5.64 所示。

	A	B	C	D
1	求和项:销售额	列标签		
2	行标签	2020年	2021年	同比增长
3	1月	1268502	1287408	1.49%
4	2月	1248603	1329993	6.52%
5	3月	1304823	1394018	6.84%
6	4月	1202631	1337310	11.20%
7	5月	1220563	1597865	30.91%
8	6月	1235061	1798769	45.64%
9	7月	1234560	1204563	-2.43%
10	8月	1176200	1458623	24.01%
11	9月	1240630	1296321	4.49%
12	10月	1220365	1225630	0.43%
13	11月	1262229	1186230	-6.02%
14	12月	1320161	1245620	-5.65%

5.64 排序后的数据透视表

【例 5.11】将图 5.64 数据透视表按照“同比增长”降序排列。

具体操作步骤如下：

①选中“同比增长”字段下任意有数据的单元格，单击右键，在弹出的菜单列表中选择“排序”“降序”功能，如图 5.65 所示。

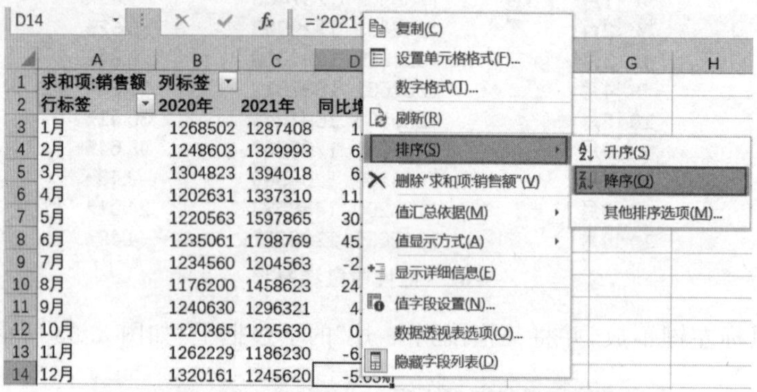

5.65　利用右键菜单中的命令排序

②“同比增长”降序排列后的结果，如图 5.66 所示。

	A	B	C	D
1	求和项:销售额	列标签		
2	行标签	2020年	2021年	同比增长
3	6月	1235061	1798769	45.64%
4	5月	1220563	1597865	30.91%
5	8月	1176200	1458623	24.01%
6	4月	1202631	1337310	11.20%
7	3月	1304823	1394018	6.84%
8	2月	1248603	1329993	6.52%
9	9月	1240630	1296321	4.49%
10	1月	1268502	1287408	1.49%
11	10月	1220365	1225630	0.43%
12	7月	1234560	1204563	-2.43%
13	12月	1320161	1245620	-5.65%
14	11月	1262229	1186230	-6.02%

5.66　“同比增长”降序排列结果

(2)数据透视表的筛选

【例 5.12】如图 5.67 为按商家销售额对流水进行汇总的数据透视，从中查找出销售额最好的 3 个商家。

	A	B
3	商家	求和项:销售额
4	百盛超市	210183
5	便利蜂	198958
6	超市发	275363
7	丰达超市	204145
8	华冠超市	259875
9	乐家超市	101068
10	生活超市	172210
11	胜利超市	205309
12	万利福超市	214958
13	西城超市	268027
14	兴客隆超市	176283
15	永辉超市	166987
16	总计	2453366

5.67　商家销售额汇总数据透视表

具体操作步骤如下：

①单击“商家”字段的下拉按钮，在弹出的下拉菜单列表中选择“值筛选”，然后选择“前 10 项”选项，如图 5.68 所示。

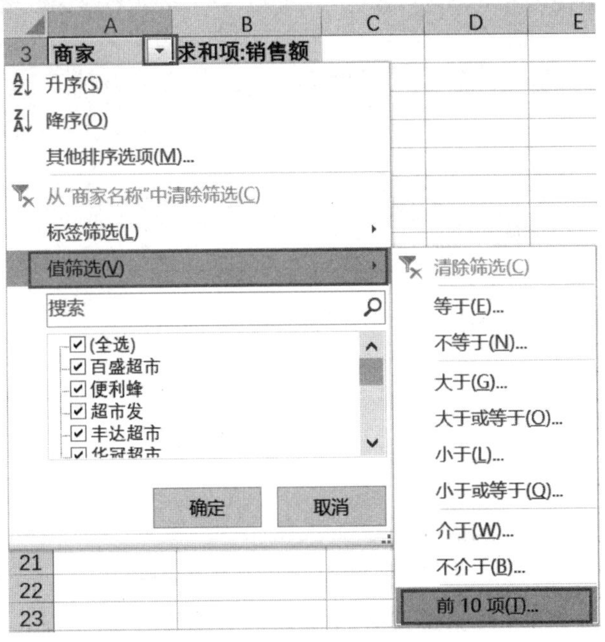

5.68 打开“前 10 个筛选”对话框

②弹出“前 10 个筛选(商家名称)”对话框，将“显示”中默认值的 10 改成 3，其他项保持默认值，单击“确定”按钮，如图 5.69 所示。

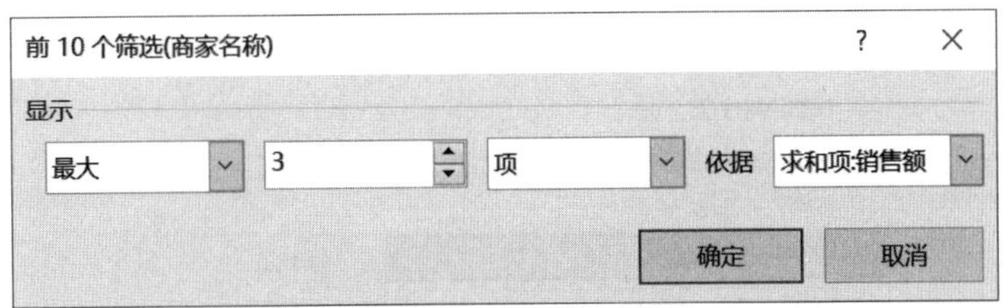

5.69 设置“前 10 个筛选(商家名称)”对话框

③即可筛选出销售额最高的 3 个商家，结果如图 5.70 所示。

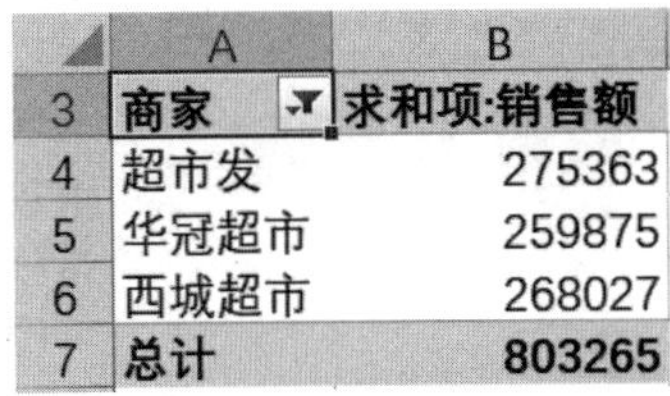

	A	B
3	商家	求和项:销售额
4	超市发	275363
5	华冠超市	259875
6	西城超市	268027
7	总计	803265

5.70 筛选销售额最高的 3 个商家

【例 5.13】如图 5.67 为按商家销售额对流水进行汇总的数据透视，从中查找出销售额大于 200000 的商家。

具体操作步骤如下：

①选中与数据透视表值区域同行的空单元格，如 C4 单元格，在“数据”选项卡中单击“排序与筛选”组中的“筛选”按钮。如图 5.71 所示。

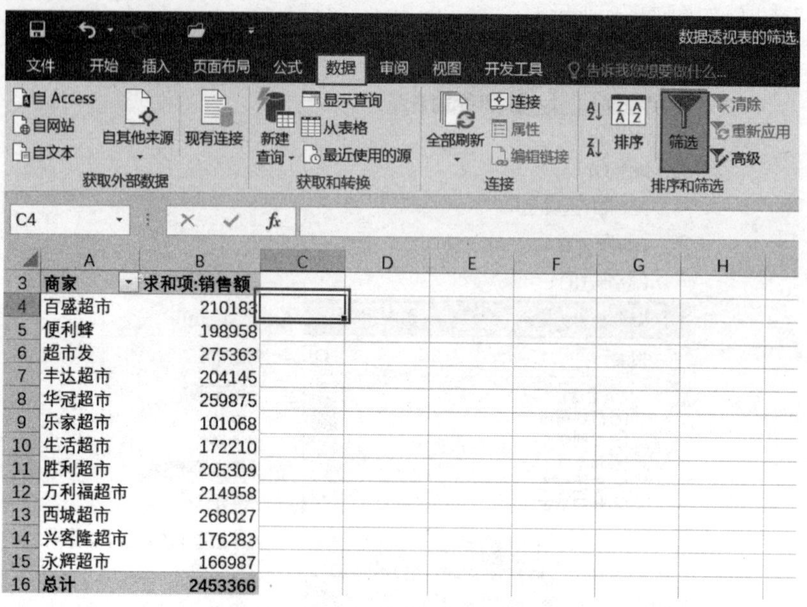

5.71 数据透视表添加筛选按钮

②点击“筛选”按钮后，数据透视表行标题会出现筛选按钮的下拉按钮，单击“求和项:销售额”字段标题的下拉按钮，在弹出的下拉列表中选择“数字筛选”，然后选择“大于”命令，如图 5.72 所示。

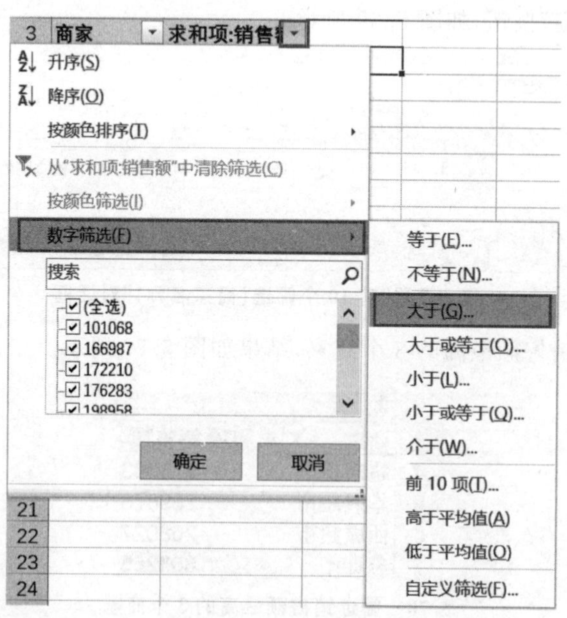

5.72 打开“自定义自动筛选方式”对话框

③在弹出的对话框中的文本输入框中输入值 200000，单击“确定”按钮，如图 5.73 所示。

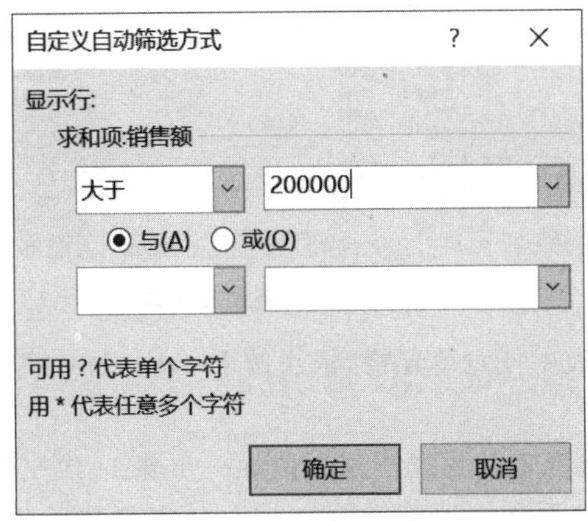

5.73 设置“自定义自动筛选方式”对话框

④关闭“自定义自动筛选方式”对话框，即可筛选出销售额大于 200000 的商家，结果如图 5.74 所示。

	A	B
3	**商家**	**求和项:销售额**
4	百盛超市	210183
6	超市发	275363
7	丰达超市	204145
8	华冠超市	259875
11	胜利超市	205309
12	万利福超市	214958
13	西城超市	268027
16	**总计**	**2453366**

5.74 筛选销售额大于 200000 的商家

注意：我们对比图 5.67、图 5.70 和图 5.74，可以看出“值筛选”和“数字筛选”的不同之处，总结如下：

“值筛选”后数据透视表的行号是连续的，不满足条件的记录不会显示在数据透视表中；“数字筛选”后，数据透视表的行号是不连续的，不满足条件的记录是隐藏起来了。

“值筛选”后，数据透视表的行总计根据筛选结果而更新显示；“数字筛选”后，数据透视表的行总计没有变化，“数字筛选”作用的范围为单元格区域。

在数据分析过程中，对数据透视表中的汇总数据进行排序和筛选会让数据更有规律性，从海量数据中找出最有价值的信息，快速得到需要的报表，进而降低数据分析的难度，提高工作效率。

5.4.3 数据透视表的多表汇总与拆分

数据透视表是灵活多变的，不仅体现在布局方式和汇总计算上，在创建完成后，还可以对字段进行组合分析或按照字段拆分成多页报表。

(1)多表汇总

【例 5.14】有如图 5.75 所示三个季度的各个部门的费用支出情况，每个季度的表的格式都是一样的，将三个季度的数据进行汇总。

具体操作步骤如下：

①新建“汇总”工作表。

	A	B
1	部门	费用支出
2	财务部	12345
3	人力资源	17892
4	技术部	16242
5	客服部	18317
6	新闻部	34678
7	市场一部	24748
8	市场二部	28373
9	市场三部	25633

第一季度 第二季…

	A	B
1	部门	费用支出
2	财务部	26852
3	人力资源	24863
4	技术部	30482
5	客服部	20261
6	新闻部	22056
7	市场一部	23501
8	市场二部	23450
9	市场三部	17620

第二季度 第三季…

	A	B
1	部门	费用支出
2	财务部	12400
3	人力资源	12205
4	技术部	12629
5	客服部	13261
6	新闻部	12878
7	市场一部	13293
8	市场二部	13918
9	市场三部	13310

第三季度

5.75　各部门费用支出表

②选中“汇总”工作表中任意单元格，依次按下“Alt＋D＋P”，如果没反应可尝试将最后的字母 P 按两次。

③在弹出的“数据透视表和数据透视图向导—步骤 1(共 3 步)”对话框中，待分析数据的数据源类型选择“多重合并计算数据区域”，所需创建的报表类型选择“数据透视表”，单击“下一步”按钮。如图 5.76 所示。

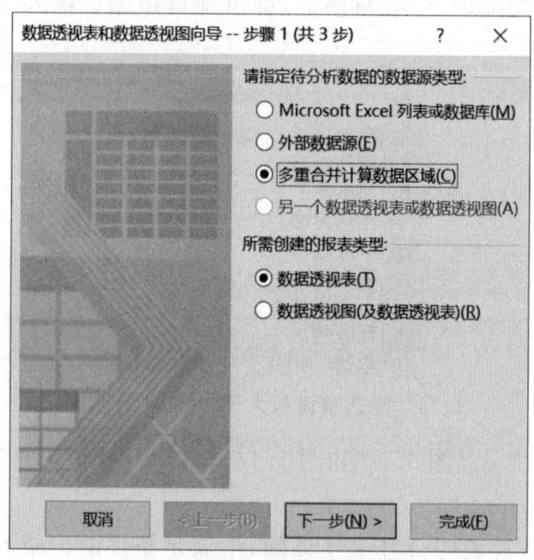

图 5.76　数据透视表和数据透视图向导—步骤 1

④在弹出的“数据透视表和数据透视图向导—步骤 2a(共 3 步)”对话框中选择“自定义页字段”，单击“下一步”按钮。如图 5.77 所示。

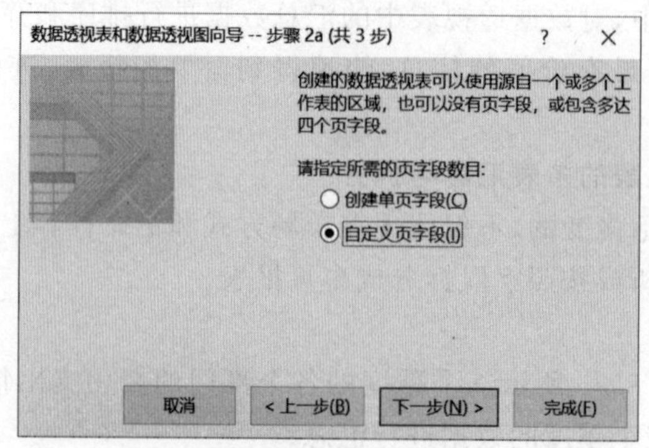

图 5.77　数据透视表和数据透视图向导—步骤 2a

⑤在弹出的“数据透视表和数据透视图向导—第 2b 步，共 3 步”对话框中，将光标定

位在“选定区域”编辑框中，选择第一季度的数据，然后单击“添加”，在下面选择要添加的页字段的数目为“1”，接着在下面的“字段 1”里面输入“第一季度”，按以上的方法分别添加“第二季度”“第三季度”，最后单击“下一步”。如图 5.78 所示。

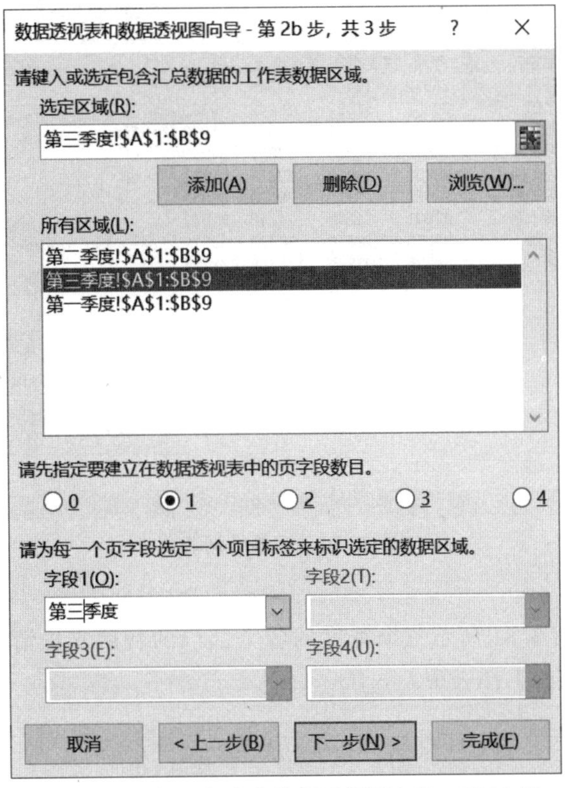

图 5.78　数据透视表和数据透视图向导—第 2b 步

⑥在弹出的“数据透视表和数据透视图向导一步骤 3(共 3 步)”对话框中，数据透视表显示位置选择“现有工作表”，单击“完成”按钮。如图 5.79 所示。

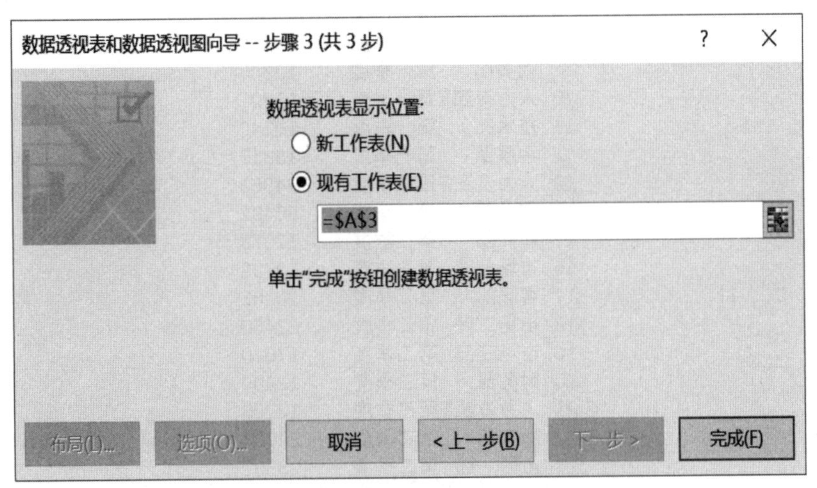

图 5.79　数据透视表和数据透视图向导—步骤 3

⑦此时，在“汇总”工作表中生成了数据透视表，然后设置透视表，勾选掉“选择要添

加到报表的字段”里的“列”字段，然后将“页 1”字段拖放至“列”字段，完成汇总。如图 5.80 所示。

求和项:值	列标签			
行标签	第二季度	第三季度	第一季度	总计
财务部	26852	12400	12345	51597
技术部	30482	12629	16242	59353
客服部	20261	13261	18317	51839
人力资源部	24863	12205	17892	54960
市场二部	23450	13918	28373	65741
市场三部	17620	13310	25633	56563
市场一部	23501	13293	24748	61542
新闻部	22056	12878	34678	69612
总计	189085	103894	178228	471207

图 5.80　汇总数据表

(2)汇总表拆分

【例 5.15】有如图 5.81 所示三个季度的各个部门的费用支出情况，按季度将每个部门的明细拆分到单独的工作表中。

部门	季度	费用支出
新闻部	第一季度	34678
市场一部	第一季度	24748
客服部	第三季度	13261
市场二部	第三季度	13918
市场二部	第一季度	28373
市场三部	第一季度	25633
财务部	第二季度	26852
财务部	第一季度	12345
人力资源部	第一季度	17892
技术部	第一季度	16242
客服部	第一季度	18317
人力资源部	第二季度	24863
技术部	第二季度	30482
新闻部	第三季度	12878
市场一部	第三季度	13293
客服部	第二季度	20261
市场二部	第二季度	23450
市场三部	第二季度	17620
财务部	第三季度	12400
人力资源部	第三季度	12205
新闻部	第二季度	22056
市场一部	第二季度	23501

图 5.81　部门费用支出总表

具体操作步骤如下：

①选中数据表的数据，单击“插入”选项卡“表格”组中的“数据透视表”按钮，弹出“创建数据透视表”对话框，如图 5.82 所示，点击“确定”按钮。

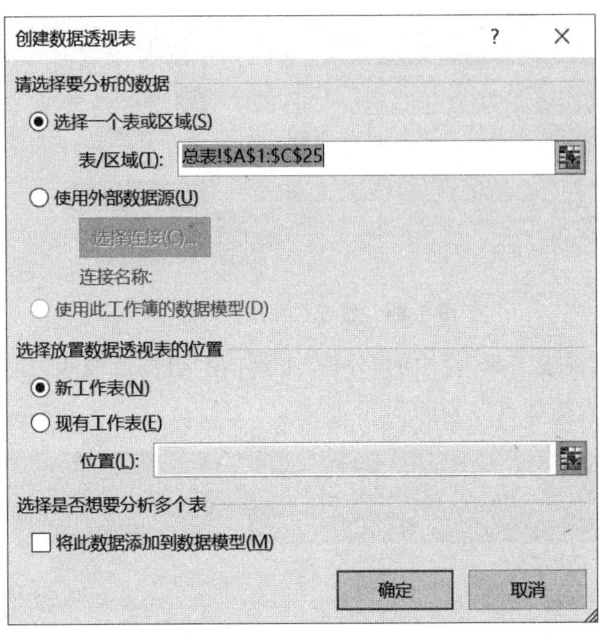

图 5.82 “创建数据透视表”对话框

②在新工作表中创建了数据透视表，在“数据透视表字段”窗格中，将“季度”拖放至“筛选器”框中，将“部门”拖放至“行”框中，将“费用支出”拖放至“值”框中，其计算方式为“求和”，如图 5.83 所示。

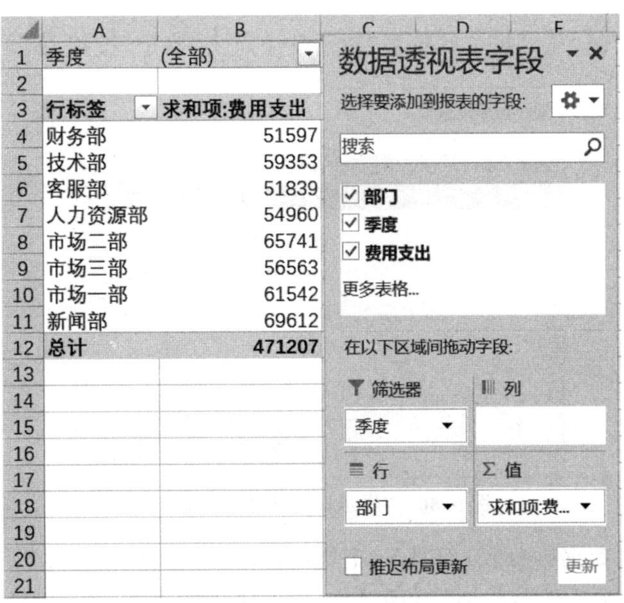

	A	B
1	季度	(全部)
2		
3	行标签	求和项:费用支出
4	财务部	51597
5	技术部	59353
6	客服部	51839
7	人力资源部	54960
8	市场二部	65741
9	市场三部	56563
10	市场一部	61542
11	新闻部	69612
12	总计	471207

图 5.83 设置数据透视表字段

③单击透视表中的任意一个单元格，然后单击“数据透视表工具”栏中的“设计”工具，在“布局”组中设置“报表布局”为“以表格形式显示”，“分类汇总”设置为“不显示分类汇总”，如图 5.84 所示。

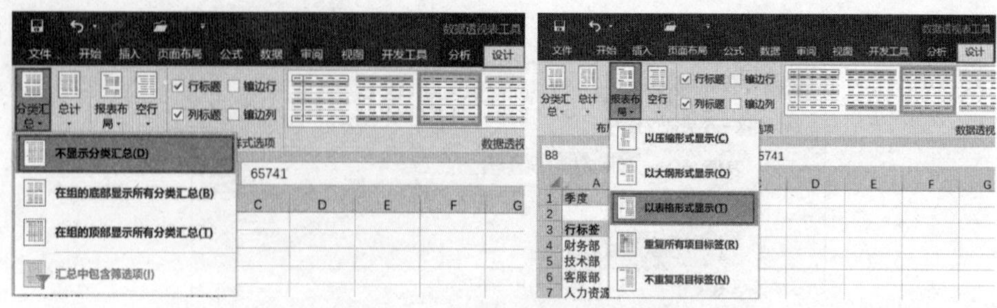

图 5.84　整理数据透视表布局

④单击“数据透视表工具”栏中的“分析”工具，在“数据透视表”组中单击“选项”下拉按钮，选择“显示报表筛选页”，如图 5.85 所示。

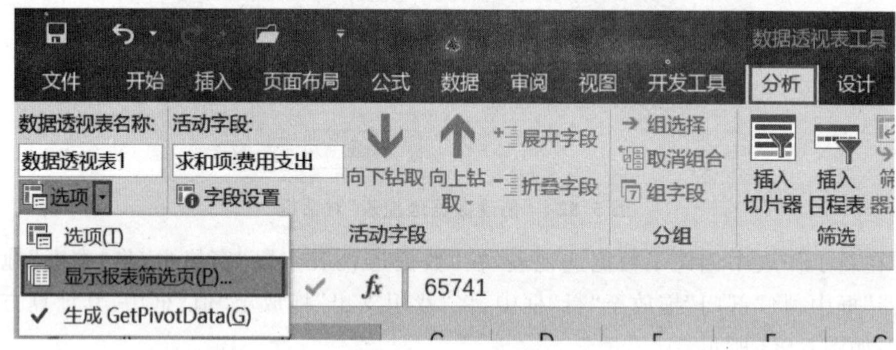

图 5.85　拆分数据表

⑤然后在弹出的“显示报表筛选页”对话框中点击“确定”按钮，如图 5.86 所示。

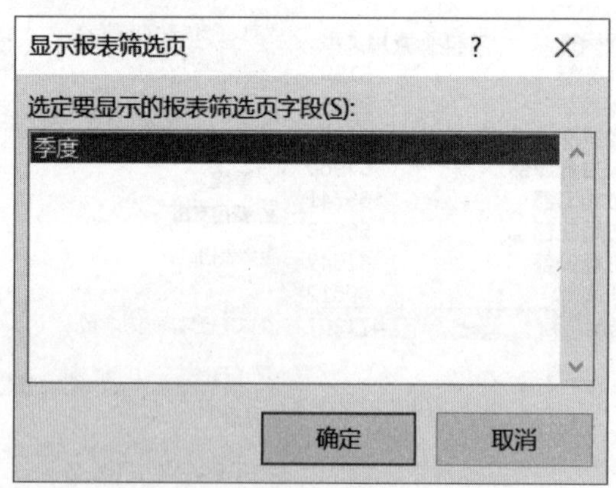

图 5.86　“显示报表筛选页”对话框

⑥即得到季度数据拆分表，如图 5.87 所示。选择所有拆分出来的季度工作表，按住 Shift 键，点选第一个工作表的标签和最后一个工作表的标签，点击 A1 单元格左上角的三角形符号选择所有表格内容，如图 5.88 所示。

	A	B	C	D	E
1	季度	第二季度			
2					
3	部门	求和项:费用支出			
4	财务部	26852			
5	技术部	30482			
6	客服部	20261			
7	人力资源部	24863			
8	市场二部	23450			
9	市场三部	17620			
10	市场一部	23501			
11	新闻部	22056			
12	总计	189085			

第二季度 | 第三季度 | 第- ...

图 5.87 按季度拆分数据表

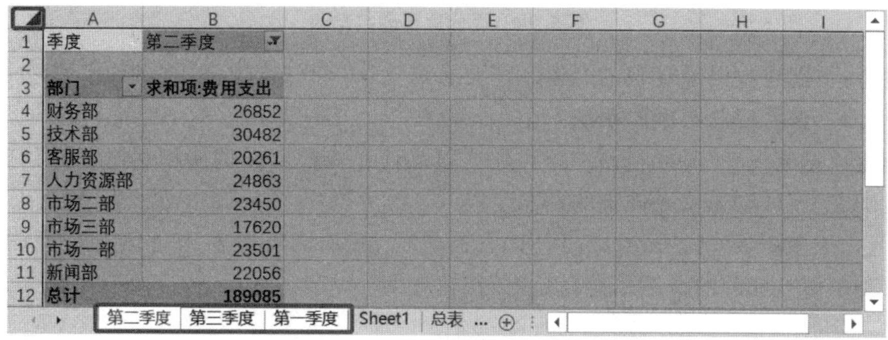

	A	B	C	D	E	F	G	H	I
1	季度	第二季度							
2									
3	部门	求和项:费用支出							
4	财务部	26852							
5	技术部	30482							
6	客服部	20261							
7	人力资源部	24863							
8	市场二部	23450							
9	市场三部	17620							
10	市场一部	23501							
11	新闻部	22056							
12	总计	189085							

第二季度 | 第三季度 | 第一季度 | Sheet1 | 总表 ...

图 5.88 选中拆分数据透视表内容

⑦复制单元格内容，然后右键选择“粘贴选项”中的“值”命令，如图 5.89 所示。

图 5.89 粘贴“值”

⑧操作完成后表格就删除了数据透视表格式，转化为普通数据表了，其结果如

图 5.90 所示。

	A	B
1	季度	第二季度
2		
3	部门	求和项:费用支出
4	财务部	26852
5	技术部	30482
6	客服部	20261
7	人力资源部	24863
8	市场二部	23450
9	市场三部	17620
10	市场一部	23501
11	新闻部	22056
12	总计	189085

图 5.90　拆分后普通数据表

注意：在创建数据透视表的时候一定要有筛选项，否则透视表是不能进行拆分的。

5.4.4　查看汇总数据的明细

使用数据透视表"展开/折叠"分类数据以及查看摘要数据的明细信息。在数据透视表的基础之上，可以显示更详细的信息。

【例 5.16】如图 5.91 所示，是利用"数据透视表"功能将电器销售信息进行统计的。如果想要了解"金额"的详细信息，该如何快速查询。

	A	B	C	D	E	F
1	月份	日期	物品	数量	单价	金额
2	1月	1日	电视	8	1000	8000
3	1月	2日	洗衣机	2	1500	3000
4	1月	5日	冰箱	9	2000	18000
5	1月	10日	电视	1	1000	1000
6	1月	14日	冰箱	3	2000	6000
7	1月	16日	洗衣机	2	1500	3000
8	1月	20日	洗衣机	4	1500	6000
9	1月	22日	冰箱	8	2000	16000
10	1月	22日	电视	5	1000	5000
11	2月	3日	洗衣机	2	1500	3000
12	2月	12日	电视	6	1000	6000
13	2月	13日	电视	6	1000	6000
14	2月	14日	冰箱	10	2000	20000
15	2月	17日	冰箱	8	2000	16000
16	2月	18日	冰箱	6	2000	12000
17	2月	20日	电视	1	1000	1000
18	2月	25日	洗衣机	5	1500	7500
19	2月	27日	冰箱	7	2000	14000
20	3月	3日	冰箱	6	2000	12000
21	3月	3日	洗衣机	2	1500	3000
22	3月	5日	洗衣机	5	1500	7500
23	3月	6日	冰箱	2	2000	4000

数据透视表　原始数据

3	行标签	求和项:金额
4	冰箱	118000
5	电视	35000
6	洗衣机	43500
7	总计	196500

图 5.91　原始数据和数据透视表

具体操作步骤如下：

(1)选中"行标签"下任意有数据单元格，右键打开菜单，选择"展开/折叠"，然后选择"展开"命令，如图 5.92 所示。

图 5.92 "展开/折叠"命令

(2)在弹出的"显示明细数据"对话框中，选中"月份"，单击"确定"按钮，如图 5.93 所示。

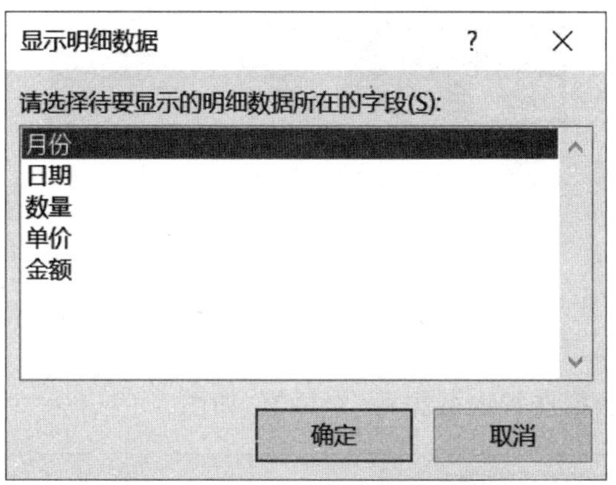

图 5.93 "显示明细数据"对话框

(3)对话框关闭，得到数据透视表明细数据，如图 5.94 所示。

3	行标签	求和项:金额
4	⊟冰箱	118000
5	1月	40000
6	2月	62000
7	3月	16000
8	⊞电视	35000
9	⊞洗衣机	43500
10	总计	196500

图 5.94 数据透视表明细数据

如果想查看其他电器的详细数据，可以点击该电器前的"＋"号来展开详细数据。

另外，可以通过双击行标签中的字段名来快速地打开"显示明细数据"对话框，然后进行后续的操作。

5.4.5 更改数据透视表的数据源

创建数据透视表后，可以更改其源数据的范围。例如，可以扩展源数据以包含更多数据。

【例 5.17】在电器销售表中添加了 4 月份的销售数据，如图 5.95 所示，请更新数据透视表的数据源。

26	3月	9日	洗衣机	7	1500	10500
27	3月	18日	电视	4	1000	4000
28	4月	1日	冰箱	3	2000	6000
29	4月	5日	电视	6	1000	6000
30	4月	6日	电视	2	1000	2000
31	4月	8日	冰箱	5	2000	10000
32	4月	11日	洗衣机	6	1500	9000
33	4月	17日	洗衣机	1	1500	1500
34	4月	26日	冰箱	4	2000	8000
35	4月	27日	洗衣机	3	1500	4500

图 5.95 新增 4 月份销售数据

具体操作步骤如下：

(1)单击数据透视表，在“数据透视表”栏中“分析”选项卡上的“数据”组中，单击“更改数据源”，如图 5.96 所示。

图 5.96 “更改数据源”命令

(2)弹出的“更改数据透视表数据源”对话框，如图 5.97 所示。

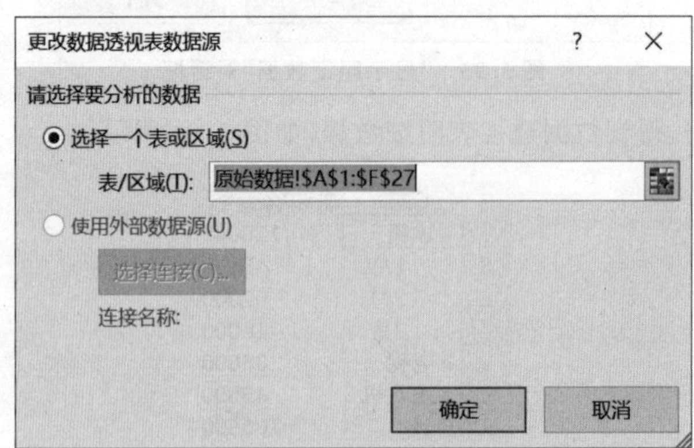

图 5.97 “更改数据透视表数据源”对话框

(3)将光标定位到“表/区域”输入框，重新选择数据区域，选择完成后回到对话款，出现“移动数据透视表”对话框，点击“确定”按钮，如图 5.98 所示。

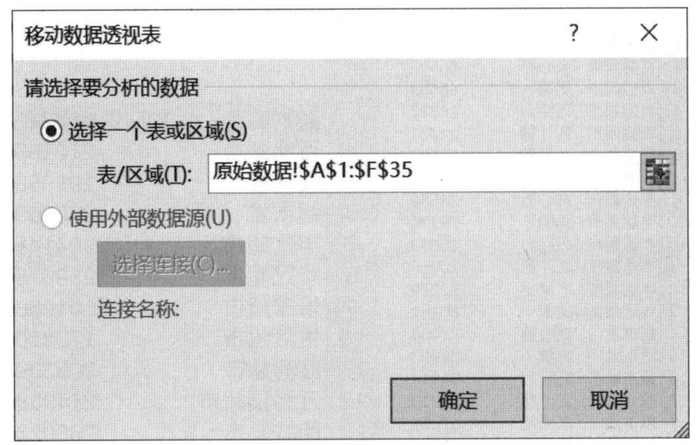

图 5.98 “移动数据透视表”对话框

(4)返回工作表,数据透视表数据更新,如图 5.99 所示。

	行标签	求和项:金额
3	行标签	求和项:金额
4	⊟冰箱	118000
5	1月	40000
6	2月	62000
7	3月	16000
8	⊞电视	35000
9	⊞洗衣机	43500
10	总计	196500

	行标签	求和项:金额
3	行标签	求和项:金额
4	⊟冰箱	142000
5	1月	40000
6	2月	62000
7	3月	16000
8	4月	24000
9	⊞电视	43000
10	⊞洗衣机	58500
11	总计	243500

图 5.99 更新数据源前后对比

注意:如果在数据区域添加或者减少了列,即源数据发生了实质性变化,就需要考虑重新创建一个新的数据透视表。

5.5 数据透视表的切片器

对数据透视表中的某些字段进行筛选后,数据透视表内显示的只是筛选后的结果,但如果需要看到对哪些数据项进行了筛选,只能带该字段的下拉列表中去查看,很不直观。自 Excel 2010 版本开始新增了“切片器”功能,此功能不仅能够在数据表格中使用,还适用于数据透视表。数据透视表应用切片器对字段进行筛选操作后,可以非常直观地查看该字段的所有数据项信息。

5.5.1 插入切片器

切片器提供了一种全新的筛选报表中数据的方式,它能很清楚地表明在筛选之后报表中哪些数据是可见的。

【例 5.18】有以下数据表和数据透视表,如图 5.100 所示,请使用切片器实现数据透视表的筛选。

具体操作步骤如下:

(1)选中数据透视表中的任意一个单元格,切换到“数据透视表工具”的“分析”选项卡中,在“筛选”组中单击“插入切片器”按钮,如图 5.101 所示。

	A	B	C
1	商家名称	产品名称	销售额
2	百盛超市	夹心糖	68502
3	百盛超市	奶糖	48603
4	百盛超市	巧克力	24823
5	百盛超市	乳汁糖	22631
6	百盛超市	水果糖	20563
7	百盛超市	硬糖	25061
8	丰达超市	夹心糖	34560
9	丰达超市	奶糖	76200
10	丰达超市	巧克力	20630
11	丰达超市	乳汁糖	20365
12	丰达超市	水果糖	22229
13	丰达超市	硬糖	30161
14	超市发	夹心糖	27408
15	超市发	奶糖	39993
16	超市发	巧克力	34018
17	超市发	乳汁糖	37310
18	超市发	水果糖	57865
19	超市发	硬糖	78769
20	永辉超市	夹心糖	24563
21	永辉超市	奶糖	48623
22	永辉超市	巧克力	26321
23	永辉超市	乳汁糖	25630

	A	B
1		
2		
3	商家名称	求和项:销售额
4	百盛超市	210183
5	便利蜂	198958
6	超市发	275363
7	丰达超市	204145
8	华冠超市	259875
9	乐家超市	101068
10	生活超市	172210
11	胜利超市	205309
12	万利福超市	214958
13	西城超市	268027
14	兴客隆超市	176283
15	永辉超市	166987
16	总计	2453366

图 5.100　销售数据

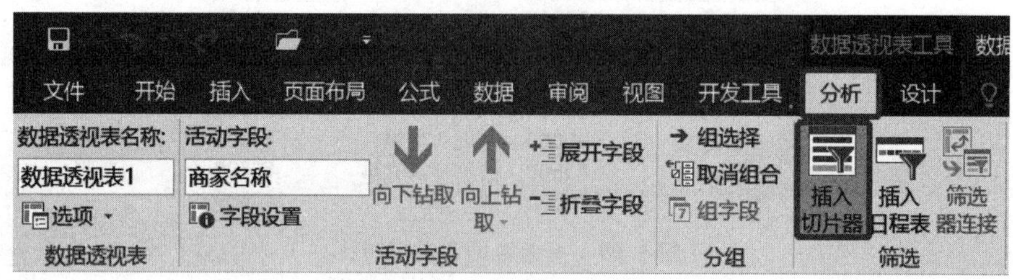

图 5.101　“插入切片器”命令

（2）弹出“插入切片器”对话框，勾选要进行筛选的字段，选择完成后单击“确定”按钮，如图 5.102 所示。

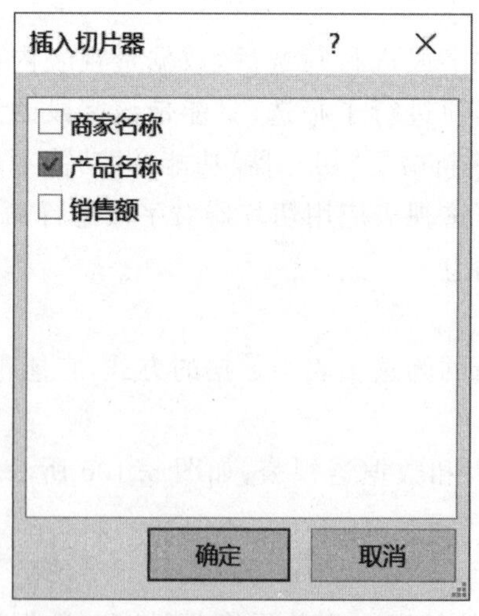

图 5.102　“插入切片器”对话框

（3）“插入切片器”对话框关闭，在工作表中插入选定字段的切片器，如图 5.103 所示。

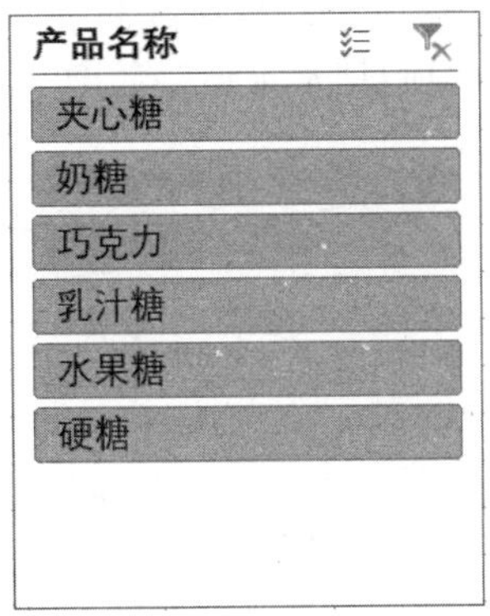

图 5.103 “商家名称”切片器

(4)单击切片器中的某个项目,就可以选中该项目,数据透视表会随之变化,仅显示选中项目的数据。例如在“切片器”中选中“巧克力”选项,数据透视表的效果对比如图 5.104 所示。

3	商家名称	求和项:销售额
4	百盛超市	210183
5	便利蜂	198958
6	超市发	275363
7	丰达超市	204145
8	华冠超市	259875
9	乐家超市	101068
10	生活超市	172210
11	胜利超市	205309
12	万利福超市	214958
13	西城超市	268027
14	兴客隆超市	176283
15	永辉超市	166987
16	总计	2453366

3	商家名称	求和项:销售额
4	百盛超市	24823
5	便利蜂	17268
6	超市发	34018
7	丰达超市	20630
8	华冠超市	50633
9	乐家超市	10906
10	生活超市	18368
11	胜利超市	72616
12	万利福超市	19218
13	西城超市	84905
14	兴客隆超市	23186
15	永辉超市	26321
16	总计	402892

图 5.104 切片器筛选前(左)和筛选后(右)对比

(5)如果想要清除筛选,可以直接单击切片器右上角的“清除筛选器”按钮,如图 5.105 所示。

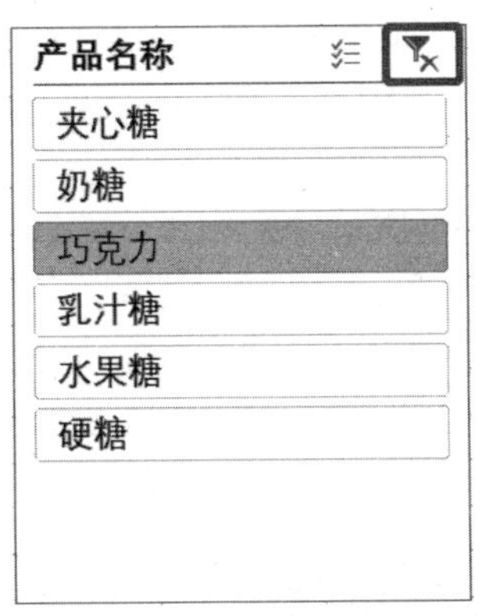

图 5.105 清除筛选器

(6)再次选中其他项目时,原来的项目就会被清除筛选,例如选中“水果糖”时,“巧克力”就会自动被清除,如图 5.106 所示。

(7)单击“切片器”右上角的“多选”按钮，使其高亮显示，然后再次选中一个项目，例如选中“夹心糖”，即可保留原来的项目“水果糖”，如图 5.107 所示。

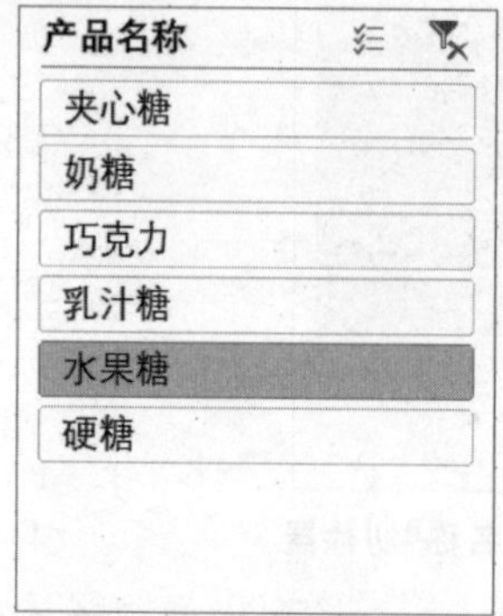

图 5.106　切换筛选项

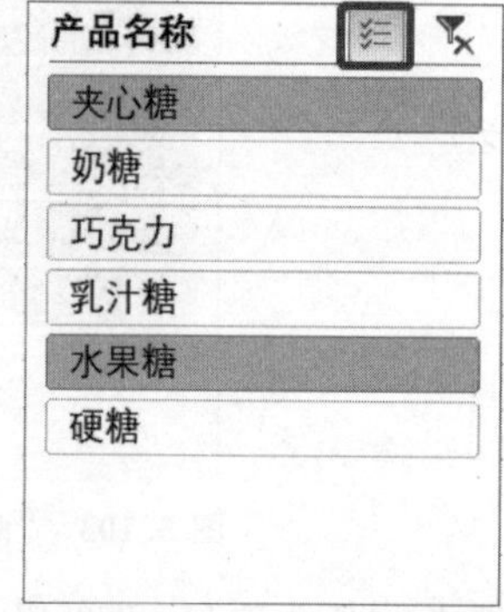

图 5.107　筛选项目多选

注意：在使用切片器筛选多个项目时，一定要先选中一个项目，再单击“多选”按钮，使其高亮显示，然后再选中其他需要选择的项目。这是因为切片器默认的是选中所有的项目，如果直接单击“多选”按钮，使其高亮显示，则在单击某项目时就不是选中该项目，而是取消勾选该项目了。

5.5.2　切片器控制数据透视表

切片器控制数据透视表非常方便，有时候需要用几个切片器控制一个数据透视表，有时候又需要用一个或者几个切片器控制几个数据表，这样可以更加灵活地分析数据。

(1)多个切片器控制一个数据透视表

为指定的数据透视表插入多个切片器，就是使用几个切片器控制一个数据透视表，这样可以通过多个变量的选择来分析相关的数据。

(2)一个切片器控制多个数据透视表

在有些情况下，需要从多个角度来分析数据，制作多个透视表，那么就可以使用切片器同时控制这几个透视表。

【例 5.19】如图 5.108 所示的数据透视表是依据同一个数据源创建的不同分析角度的数据透视表，通过切片器设置数据透视表连接，实现两个数据透视表的联动。

	A	B	C
1			
2			
3	**行标签**	**求和项:数量**	**求和项:金额**
4	冰箱	265	848000
5	电饭煲	116	41528
6	电视机	447	892212
7	空调	153	367047
8	洗衣机	140	363860
9	**总计**	**1121**	**2512647**
10			
11			
12	**行标签**	**求和项:数量**	**求和项:金额**
13	东城区	246	571861
14	海淀区	483	1236276
15	西城区	392	704510
16	**总计**	**1121**	**2512647**

图 5.108　不同分析角度的数据透视表

具体操作步骤如下：

①在任意一个数据透视表中插入“月份”字段的切片器，如图 5.109 所示。

	行标签	求和项:数量	求和项:金额
3	行标签	求和项:数量	求和项:金额
4	冰箱	265	848000
5	电饭煲	116	41528
6	电视机	447	892212
7	空调	153	367047
8	洗衣机	140	363860
9	总计	1121	2512647
10			
11			
12	行标签	求和项:数量	求和项:金额
13	东城区	246	571861
14	海淀区	483	1236276
15	西城区	392	704510
16	总计	1121	2512647

月份

3月

4月

5月

图 5.109　在某一个数据透视表中插入切片器

②在“月份”切片器的空白区域单击鼠标，在“切片器工具”的“选项”栏“切片器”组中，中单击“报表连接”按钮，如图 5.110 所示。

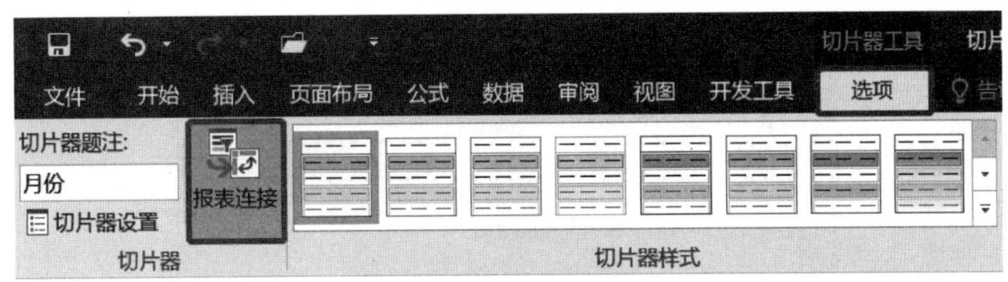

图 5.110　“报表连接”命令

③弹出“数据透视表连接(月份)”对话框，在对话框中分别选中“数据透视表 1”和“数据透视表 2”复选框，如图 5.111 所示，单击“确定”按钮。

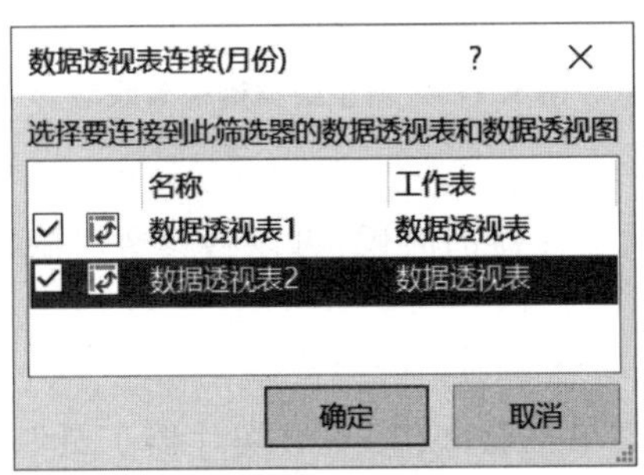

图 5.111　设置数据透视表连接对话框

④为了方便观察数据联动，我们将两个数据透视表的“月份”字段都拖拽到“筛选器”区域，如图 5.112 所示。

	A	B	C
1	月份	（全部）	
2			
3	行标签	求和项:数量	求和项:金额
4	冰箱	265	848000
5	电饭煲	116	41528
6	电视机	447	892212
7	空调	153	367047
8	洗衣机	140	363860
9	总计	1121	2512647
10			
11	月份	（全部）	
12			
13	行标签	求和项:数量	求和项:金额
14	东城区	246	571861
15	海淀区	483	1236276
16	西城区	392	704510
17	总计	1121	2512647

图 5.112　数据透视表添加“月份”筛选器

⑤设置切片器连接完成，对话框关闭。在“月份”切片器内选择“3 月”字段项后，两个数据透视表都显示 3 月份的数据，如图 5.113 所示。

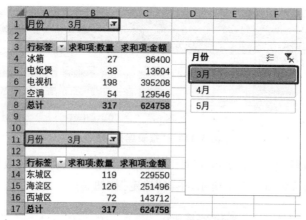

	A	B	C	D	E	F
1	月份	3月				
2						
3	行标签	求和项:数量	求和项:金额			
4	冰箱	27	86400	月份		
5	电饭煲	38	13604	3月		
6	电视机	198	395208	4月		
7	空调	54	129546	5月		
8	总计	317	624758			
9						
10						
11	月份	3月				
12						
13	行标签	求和项:数量	求和项:金额			
14	东城区	119	229550			
15	海淀区	126	251496			
16	西城区	72	143712			
17	总计	317	624758			

图 5.113　两个数据透视表联动

5.5.3　隐藏切片器

当我们暂时不需要显示切片器的时候，可以将其暂时隐藏，需要显示的时候再调出来即可。

具体操作步骤如下：

(1)选择一个切片器，菜单栏会多出一个“切片器工具”。选择“选项”选项卡，单击“选择窗格”按钮，如图 5.114 所示。

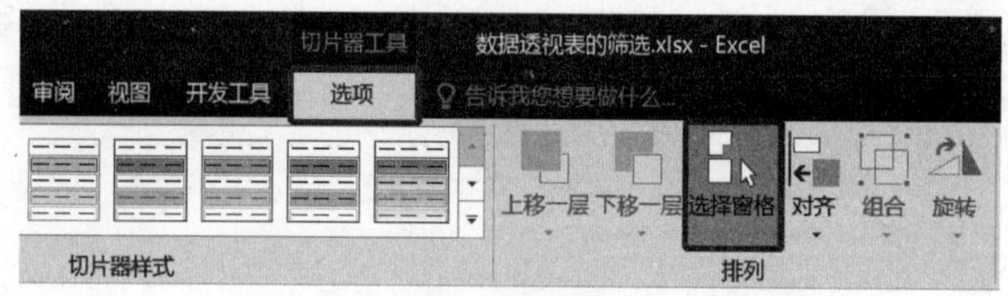

图 5.114　“选择窗格”按钮

(2)在弹出的“选择”窗格中,单击“全部隐藏”按钮,或者单击想要隐藏切片器后边的“眼睛”标识,隐藏切片器,如图 5.115 所示。

图 5.115 隐藏切片器

图 5.116 显示切片器

(3)如果要显示切片器,在“选择”窗格中单击“全部显示”按钮,或者单击切片器名称后的横线标识,显示切片器,如图 5.116 所示。

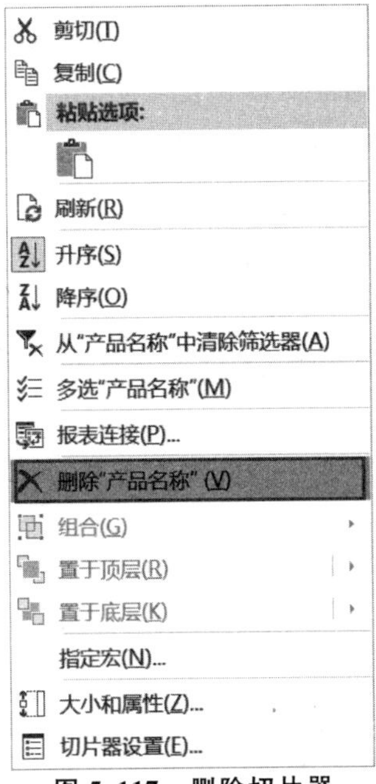

图 5.117 删除切片器

5.5.4 删除切片器

如果不需要切片器了,可以将其删除。其方法是选中切片器,单击鼠标右键,在弹出的快捷菜单中选择“删除××”命令,即可删除切片器,如图 5.117 所示。或者,选中切片器,按“Delete”键,也可快速删除切片器。

本章要点解析

本章重点讲解了对数据的分类汇总与统计,包括分类汇总、数据采样和数据透视表等。通过对数据的变化从不同角度更好地观察和认识数据。

本章练习

一、填空题

1. 关于 Excel 数据透视表，下列说法不正确的是（　）。

A. 数据透视表是依赖于已建立的数据列表并重新组成新结构的表格

B. 通过转换数据透视表的行和列可以看到源数据的不同汇总结果

C. 可以对已建立的数据透视表修改结构、更改统计方式

D. 数据列表中的数据一旦被修改，相应的数据透视表会自动更新有关数据

2. Excel 报表布局，除了（　）外，其他的均为有效的数据透视表的显示方式。

A. 以标签形式显示　　B. 以压缩形式显示

C. 以大纲形式显示　　D. 以表格形式显示

3. 下列关于数据透视表中字段的说法错误的是（　）。

A. 数据透视表中的字段有行字段、页字段、列字段和数据字段

B. 数据透视表中源字段只能处于行字段、页字段和列字段三个中的一个位置

C. 某个源字段在行字段中出现了，也可以同时在页字段中出现

D. 数据字段可以重复多次使用

4. 数据透视表是一种交互式报表，它可以快速分类汇总，并分析出大量的数据，那么创建数据透视表首先应该执行（　）。

A. 创建计算字段

B. 创建字段列表

C. 选择数据源

D. 选择图表类型

5. 要将数据清单中的合并单元格还原到未合并前的状态，某人先后进行了如下操作：a. 选定所有的合并单元格；b. 对齐方式中撤销合并单元格；c. 定位选定区域中的空值；d. 输入公式“＝A1”(A1 为合并单元格恢复后的第一个单元格位置)；e. 输入回车；f. 输入 Ctrl 加回车键；g. 将还原后的数据区域复制；h. 选择性粘贴值；i. 回车。正确的顺序是（　）。

A. abcdefghi　　B. abcdfghi

C. abcdef　　D. abcdf

6. 删除数据量非常大的数据清单中的空白行时，效率最低的操作是（　）。

A. 逐行删除

B. 使用辅助列，先对主要关键字排序，将空行集中删除，然后对辅助列排序，还原数据清单的最初顺序，最后删除辅助列

C. 使用自动筛选方法，先选定数据区域，筛选出非空白项，然后定位可见单元格，复制粘贴到目的区域

D. 使用辅助列，输入公式 1/count(数值区域)，定位公式中错误值，执行“编辑”-“删除”-“所在行”

7. 数据透视表字段是指（　）。

A. 源数据中的行标题　　B. 源数据中的列标题

C. 源数据中的数据值　　D. 源数据中的表名称

8. 根据特定数据源生成的，可以动态改变其版面布局的交互式汇总表格是（　）。

A. 数据透视表　　B. 数据的筛选

C. 数据的排序　　D. 数据的分类汇总

9. 下面关于数据透视表说法正确的是（　）。

A. 数据透视表就是图表

B. 数据透视表是一种交互式的表格，是对数据表中的数据进行分类汇总而建立起来的行列交叉表

C. 数据透视表只能在原数据表中显示

D. 数据透视表不能进行交互操作

10. 创建数据透视表之后，在功能区中会出现“数据透视表工具”，利用其中的（　）选项卡可以设置其他常用数据透视表选项。

A. 选项　　B. 常规　　C. 透视表　　D. 工具

二、简答题

1. Excel 数据透视表的主要功能是什么？数据透视表和分类汇总的区别是什么？

2. 如何创建 Excel 数据透视表？

3. 在 Excel“数据透视表字段”窗格中，“筛选”“行”“列”和“值”区域的功能是什么？

4. 有如下销售数据：

订单 ID	订单日期	月份	季度	员工姓名	客户名称	销往地区	产品名称	产品类别	销售额(元)
1	2022/1/15	1	1	夏志豪	国定	江苏	啤酒	饮料	1400
1	2022/1/15	1	1	夏志豪	国定	江苏	葡萄干	干果	105
2	2022/1/20	1	1	吴芸如	文成	广东	海鲜粉	干果	300
2	2022/1/20	1	1	吴芸如	文成	广东	猪肉干	干果	530
2	2022/1/20	1	1	吴芸如	文成	广东	葡萄干	干果	35
3	2022/1/22	1	1	周白芷	威航	辽宁	苹果汁	饮料	260
3	2022/1/22	1	1	周白芷	威航	辽宁	柳橙汁	饮料	940
4	2022/1/30	1	1	王美珠	麦多	陕西	糖果	焙烤	498
4	2022/1/30	1	1	王美珠	麦多	陕西	猪肉干	干果	877

其中的销售数据包含了某公司 2022 年上半年订单销售明细情况（订单 ID、订单日期、订单所在月份、订单所在季度、员工名称、客户名称、销往地区、产品名称、产品类别、销售金额等），使用数据透视表实现下列数据分析和汇总：

（1）每个员工的销售金额合计/平均值售额；

（2）每种类别产品的销售金额合计；

（3）每个地区的销售金额合计；

（4）每个产品的销售金额合计；

（5）每个员工每个月份的销售金额合计；

(6)每个员工每个季度的平均销售额；

(7)每个产品在每个地区的销售金额合计。

5. 对于从某财经网站上采集到的股票数据，如下所示：

代码	名称	涨跌幅	成交量(手)	成交额(万元)
深市 A 股	德豪润达	0.10304	78297	2114
沪市 A 股	宏图高科	0.10241	484227	18074
深市 A 股	华映科技	0.10169	2356383	56192
沪市 B 股	ST 毅达 B	0.07692	15129	19
深市 B 股	建车 B	0.03681	960	64
深市 B 股	大东海 B	0.04051	3458	143
沪市 A 股	福莱特	0.10095	1054	38
沪市 B 股	海创 B 股	0.03226	6015	20
深市 A 股	陕国投 A	0.10155	2687276	94890

对于上述股票数据，请按“代码”进行分组，对成交量字段进行求均值。

6. 有如下数据表：

年份	地区	产品代码销售	利润(万元)	销售数量(个)
2010	华东	2342	200	200
2011	华北	2840	240	100
2012	华东	3349	260	150
2013	华中	5765	1	1
2014	华南	5845	450	500
2015	华南	2034	190	150
2016	华中	3021	275	250
2017	华中	2540	235	300
2018	华东	3098	280	350
2019	华北	4410	390	400
2020	华北	5025	400	450

利用数据透视表分析计算每个地区的最大销售数量。

7. 有如下格式数据集：

日期	开盘价格(元)	最高价格(元)	收盘价格(元)	最低价格(元)	成交量
2021/1/11	19.68	19.86	19.38	19.29	33930.21
2021/1/12	19.38	19.55	19.44	19.20	23870.14
2021/1/13	19.44	19.89	19.78	19.18	35877.15
2021/1/14	19.78	20.00	19.94	19.62	30001.68
2021/1/15	19.96	20.23	19.82	19.75	24054.89
2021/1/18	19.82	20.15	19.96	19.82	23001.93
2021/1/19	20.16	20.77	20.60	20.15	60930.77
2021/1/20	20.50	20.65	20.28	20.16	29563.99
2021/1/21	20.21	20.35	20.17	20.00	29770.73
2021/1/22	20.13	20.13	19.66	19.63	32368.83

包括股票的开盘价格，最高价格，收盘价格，最低价格，成交量，股票数据采集时间为2021/01/11-2022/01/10，默认采集时间以“天”为单位，请分别对数据进行以“周”“月”“年”为单位的采样。

8. 有如下数据集：

序号	天气	是否周末	是否有促销	销量
1	坏	是	是	高
2	坏	是	是	高
3	坏	是	是	高
4	坏	否	是	高
5	坏	是	是	高
6	坏	否	是	高
7	坏	是	否	高
8	好	是	是	高
9	好	是	否	高
10	好	是	是	高
11	好	是	是	高

请按“天气”和“销量”多个字段进行分组，并统计各分组的大小。

9. 有如下数据集：

日期	员工	产品代码	销售额(元)
2022/6/1	夏志豪	DX—1005	187
2022/6/1	吴芸如	DX—1006	234
2022/6/1	吴芸如	DX—1007	235
2022/6/1	周白芷	DX—1008	156
2022/6/1	周白芷	DX—1006	184

续表

日期	员工	产品代码	销售额(元)
2022/6/1	吴芸如	DX—1007	193
2022/6/1	吴芸如	DX—1005	251
2022/6/1	王美珠	DX—1009	263
2022/6/1	刘佳	DX—1009	211
2022/6/1	周白芷	DX—1005	389
2022/6/1	吴芸如	DX—1010	419
2022/6/1	吴芸如	DX—1011	289

(1)根据原始数据中“姓名”拆分成多张表格，一个姓名单独一张表；

(2)根据原始数据中“产品代码”拆分成多张表格，一个产品代码单独一张表。

20. 有如下数据集：

店铺	季度	商品名称	销售额(元)
西直门店	1季度	笔记本	989239
西直门店	2季度	笔记本	348748
西直门店	3季度	笔记本	788323
西直门店	4季度	笔记本	992333
中关村店	1季度	笔记本	234432
中关村店	2季度	笔记本	344546
中关村店	3季度	笔记本	989433
中关村店	4季度	笔记本	838465
上地店	1季度	笔记本	982394
上地店	2季度	笔记本	872844
上地店	3季度	笔记本	324245
上地店	4季度	笔记本	675453
亚运村店	1季度	笔记本	354578
亚运村店	2季度	笔记本	354345
亚运村店	3季度	笔记本	827634
亚运村店	4季度	笔记本	327687
西直门店	1季度	台式机	25234
西直门店	2季度	台式机	32425
西直门店	3季度	台式机	56546
西直门店	4季度	台式机	45353
中关村店	1季度	台式机	45354

(1)在“店铺”列左侧插入一个空列，输入列标题为“序号”，并以001、002、003……的方式向下填充该列到最后一个数据行；

(2)创建数据透视表，放置到新的工作表中，要求针对各类商品比较各门店每个季度的销售额。其中：“商品名称”为报表筛选字段，“店铺”为行标签，“季度”为列标签，并对“销售额”求和。

第6章
时间数据处理*

本章学习目标

☑ 掌握各类时间相关函数；
☑ 熟练掌握对日期时间数据进行算术运算；
☑ 熟练掌握生产任务时间的相关计算。

本章思维导图

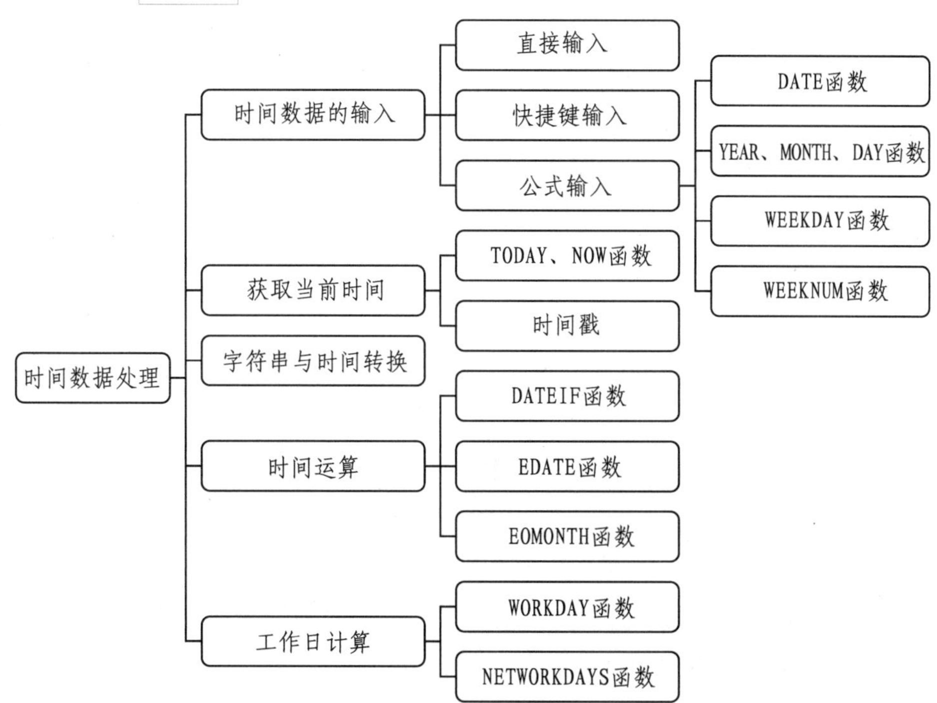

在数据分析中，分析的数据往往多种多样，按照类型可以分为数值数据和文本数据；按照数据是否变化可以分为静态数据和动态数据；按照时间划分可以分为截面数据和时间序列数据。其中，时间序列数据的应用领域广泛，已成为数据分析中非常重要的内容，日期和时间数据也是 Excel 的一类重要的数据类型。本章将介绍 Excel 中有关日期和时间数据的函数公式使用方法，关于统计领域的时间序列数据的分析处理将在第 8 章给出。

企业管理中的很多实际问题，都涉及日期和时间数据的管理、计算和分析，例如员工的考勤管理、合同日期管理、工作日计算、固定资产折旧等等。Excel 提供了丰富的日期和时间公式函数，可用于日期和时间问题的处理，例如计算当前系统日期、计算时间差、获取特定日期的年份和月份信息等。常用的日期和时间函数包括 TODAY、NEW、EDATE、EOMONTH、DATEDIF 等函数。此外，通常情况下还需要使用 DATE、YEAR、MONTH、DAY、WEEKDAY、WEEKNUM 等函数来辅助进行数据处理和分析。

6.1 时间数据的输入

日期、时间是单元格的一类重要的数据类型，在日常办公工作中，经常会遇到输入日期和时间数据的情况，输入日期时间数据有一定的技巧，常用的输入方法有三种。

6.1.1 直接输入

直接输入的数据必须符合 Excel 的数据格式要求，即能够使 Excel 正确识别日期时间数据。

对于日期数据，直接输入时通常采用斜杠符号“/”或短划线“-”来间隔年月日，或采用“年”“月”“日”的方式来输入日期。如“2022/4/20”“2022-5-20”“2022 年 6 月 20 日”输入后结果如图 6.1 所示。

	A	B	C	D	E
1		日期时间数据输入			
2					
3		2022/4/20			
4		2022-05-20			
5		2022年6月20日			
6					
7					
8					

图 6.1　日期数据的直接输入

对于时间数据，通常采用冒号“:”进行间隔，或使用“时”“分”“秒”的方式输入。如“18:30”“10 时 20 分”输入后的结果如图 6.2 所示。

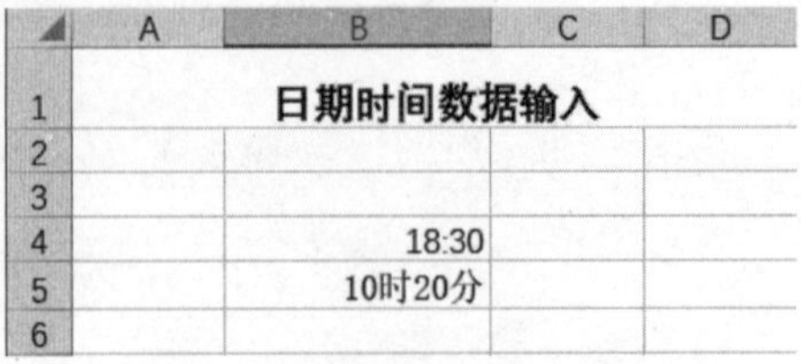

	A	B	C	D
1		日期时间数据输入		
2				
3				
4		18:30		
5		10时20分		
6				

图 6.2　时间数据的直接输入

6.1.2 快捷键输入

快捷键方法高效节省时间，但只能输入当前的日期或时间。自动输入当前日期的快捷键组合为“Ctrl”+“;”，自动输入当前时间的快捷键组合为“Ctrl”+“Shift”+“;”，选中相应的单元格直接使用快捷键即可。

6.1.3 公式输入

使用公式输入的优点是日期数据可以随系统时间变化，重新打开 Excel 表格或者激活单元格，日期和时间都会发生变化，更新为当下的日期和时间。同时，采用函数公式进行日期时间数据输入，能够进行更加复杂的数据分析处理和计算。

(1)DATE 函数

【例 6.1】用 DATE 函数输入日期“2022-5-1”。

DATE 函数用于将代表年、月、日的三个数字组成一个日期，使用语法为：=DATE(年，月，日)。

在单元格中输入公式：

=DATE(2022,5,1)，结果为 2022-05-01。

【例 6.2】确定 2021 年 6 月的最后一天是几号。

如果将 DATE 函数的参数 day 设置为 0，那么 DATE 函数就会返回指定月份上个月的最后一天，可以帮助我们确定某个月的最后一天的日期。

在单元格中输入公式：

=DATE(2021,7,0)，结果为 2021-6-30。

【例 6.3】2021 年第 96 天是几号。

如果 DATE 函数的参数 day 大于 31，那么 DATE 函数就会将超过部分的天数算到下一个月份。

在单元格中输入公式：

=DATE(2021,1,96)，结果为 2021-4-6。

【例 6.4】2022 年 1 月 1 日之前 15 天是几号。

如果 DATE 函数的参数 day 小于 0，那么 DATE 函数就会往前推算日期。

在单元格中输入公式：

=DATE(2022,1,-15)，结果为 2021-12-16。

【例 6.5】2021 年 1 月 22 日之前 1 个月是几号。

如果将 DATE 函数的参数 month 设置为 0，那么 DATE 函数就会返回指定年份上年的最后一月。

在单元格中输入公式：

=DATE(2021,0,22)，结果为 2020-12-22。

【例 6.6】2020 年之后 15 个月 21 号的日期是多少。

如果 DATE 函数的参数 month 大于 12，那么 DATE 函数就会将超过部分的月数算到下一年。

在单元格中输入公式：

=DATE(2020,15,21)，结果为 2021-3-21。

【例 6.7】2021 年之前 3 个月 21 号的日期是多少。

如果 DATE 函数的参数 month 小于 0，那么 DATE 函数就会往前推算月份和年份。

在单元格中输入公式：

＝DATE(2021,-3,21)，结果为 2020-9-21。

(2)YEAR、MONTH、DAY 函数

【例 6.8】提取日期“2021-12-23”的年、月、日数据。

YEAR 函数可以提取给定日期的年份信息，类似地，MONTH 和 DAY 函数可分别提出给定日期的月和日信息。使用方法分别为：“＝YEAR(日期)”“＝MONTH(日期)”“＝DAY(日期)”。

在单元格中分别输入公式：

年：＝YEAR("2021-12-23")，结果是 2021。

月：＝MONTH("2021-12-23")，结果是 12。

日：＝DAY("2021-12-23")，结果是 23。

(3)WEEKDAY 函数

在人力资源管理中，常常采用 WEEKDAY 函数设计考勤表，计算不同类型的加班费等，在应付款管理中，用来计算付款截止日(比如遇双休日顺延)。

【例 6.9】判断日期“2021-12-18”是星期几。

当需要判断一个日期是星期几时，可以使用 WEEKDAY 函数，函数语法为：＝WEEKDAY(日期，返回值类型)。返回值类型如果忽略或者是 1，那么该函数就按照国际星期制来计算，每周从星期日开始，从星期日＝1 到星期六＝7。如果返回值类型是 2，函数按照中国星期制来计算，从星期一＝1 到星期日＝7。如果返回值类型是 3，从星期一＝0 到星期日＝6。

在单元格中分别输入公式：

＝WEEKDAY("2021-12-18")，结果是 7(星期六)

＝WEEKDAY("2021-12-18",1)，结果是 7(星期六)

＝WEEKDAY("2021-12-18",2)，结果是 6(星期六)

＝WEEKDAY("2021-12-18",3)，结果是 5(星期六)

(4)WEEKNUM 函数

如果要判断某一日期为当年的第几周，可以使用 WEEKNUM 函数。在实际工作中，可以用 WEEKNUM 函数来对日记流水账数据进行分析，制作周汇总报告。

【例 6.10】判断日期“2021-11-14”是 2021 年的第几周。

WEEKNUM 函数返回一个日期是当年第几周的，使用方法为：＝WEEKNUM(日期，返回值类型)，函数中的返回值类型默认值为 1，表示一周开始于星期日，如果返回值类型为 2，表示一周开始于星期一。

在单元格中分别输入公式：

＝WEEKNUM("2021-11-14")，结果是 47(2021 年的第 47 周)

＝WEEKNUM("2021-11-14",1)，结果是 47(2021 年的第 47 周)

＝WEEKNUM("2021-11-14",2)，结果是 46(2021 年的第 46 周)

在 Excel 中，日期和时间数据实际上是以序列值进行存储和管理的，序列值分为整数部分和小数部分，整数部分代表日期，小数部分代表时间。Excel 默认日期“1900-1-0”为

0,日期值每过一天增加 1,而时间数据在 Excel 中为小数。因此,Excel 中的时间数据可以和数值相互转换,数值与日期时间数据的对应关系如图 6.3 所示。

	A	B	C	D
1	数值与日期时间数据的对应关系			
2	数值	日期时间格式	显示	
3	1.00000	yyyy/mm/dd	1900/1/1	
4	0.00001	hh:mm:ss	0:00:01	
5	1.001	yyyy/mm/dd hh:mm	1900/1/1 0:01	
6				
7				

图 6.3　数值与日期时间数据的转换

6.2　获取当前时间

在数据分析实践中,经常需要结合当前日期或当前时间进行相关运算分析,如企业计算当前日期距离交货日期的可工作天数、员工当前已经工作的时间数等。直接在 Excel 单元格中手动输入当前时间,是一件很繁琐的事情。如果采用时间和日期函数,不仅能够简化问题处理方式,还可以使获得的时间数据随系统日期变化而变化,使用方便。

6.2.1　TODAY、NOW 函数

Excel 主要采用相关函数获取当前日期/时间数据,所获取的数据包括当前日期、当前时间、当前年、当前月、当前日、当前星期、当前周数与时间相关的数据。获取方式包括使用单一函数和使用组合函数两种,相关函数及其获取的日期/时间信息如表 6.1 所示。

表 6.1　Excel 提供的时间函数

功　能	函　数
获取当前的系统日期	= TODAY()
获取当前的系统日期和时间	= NOW()
获取当前年	=YEAR(TODAY()) =YEAR(NOW())
获取当前月	=MONTH(TODAY()) =MONTH(NOW())
获取当前日	=DAY(TODAY()) =DAY(NOW())
计算今天是星期几	=WEEKDAY(TODAY(),2) =WEEKDAY(NOW(),2)

其中 TODAY 和 NOW 函数分别返回系统当前日期、系统当前日期和时间。这两个函数均没有参数,但使用时必须有(),如果括号内输入了任何参数,都会返回错误值。如上文所述,WEEKDAY 函数的第二参数设置为 2,表示将星期一作为一周的第一天,这样比较符合中国人的习惯。

相关时间函数的执行结果如图 6.4 所示。其中 TODAY 函数用来获取电脑系统当

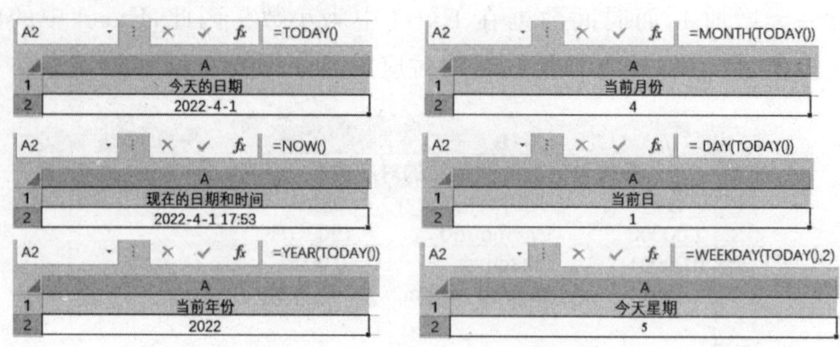

图 6.4　日期时间函数的执行结果

天的日期，以便于对日期进行动态的计算和跟踪。

【例 6.11】以当前系统时间为基准，计算 5 天后的日期、5 天前的日期、前天的日期、昨天的日期。

采用 TODAY()函数获取当前日期后，在进行相关计算。

在单元格中分别输入以下函数：

从今天开始，5 天后的日期是：=TODAY()+5。

从今天开始，5 天前的日期是：=TODAY()−5。

前天的日期是：=TODAY()−2，昨天的日期是：=TODAY()−1。

TODAY()函数得到的是一个真正的日期，是一个正整数。NOW()函数不仅能得到当天的日期，还能得到当前工作表的运行时间，即得到一个带小数点的正数。比如，当前日期是 2022 年 4 月 1 日，当前时间是 17:53，那么 TODAY 函数的结果是 2022 年 4 月 1 日（也就是 44652），而 NOW 函数得到的结果是 44652.7451388889，如图 6.5 所示。因此，TODAY 函数与 NOW 函数的结果是不一样的。

E4

	A	B	C	D	E	F
1						
2		2022/4/1	44652			
3		2022/4/1 17:53	44652.75			
4						
5						
6						

图 6.5　TODAY 函数与 NOW 函数的计算

Excel 工作表中如果有 TODAY 函数，每次打开时都会进行重新计算，并自动更新为当天的日期，在关闭工作簿时也会提醒用户是否保存对工作簿的修改。在执行时间运算时，如果单元格为常规格式，会得到一个小数（如图 6.6），将单元格设置成时间格式后，将正常显示相应时间（如图 6.7）。

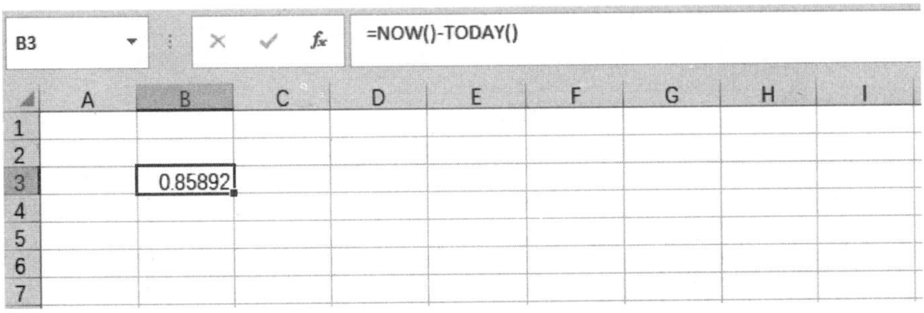

图 6.6 常规格式单元格的日期时间函数计算

图 6.7 设置单元格时间格式后的计算结果

6.2.2 时间戳

在处理时间数据时，为了更加准确地表示时间，经常使用时间戳的表示方式。时间戳(Unix Timestamp)，或称 Unix 时间(Unix Time)、POSIX 时间(POSIX Time)，是一种更加准确的时间表示方式。时间戳被定义为从格林威治时间 1970 年 01 月 01 日 00 时 00 分 00 秒(北京时间 1970 年 01 月 01 日 08 时 00 分 00 秒)起至现在的总秒数，使用时间戳表示时间就不用考虑一个月是 31 天还是 30 天了。

【例 6.12】请将当前系统时间转换为时间戳。

将时间戳转换成正常日期时间的公式为：

正常日期时间值=(时间戳+8 * 3600)/86400+70 * 365+19

其中 8 * 3600 表示由 GMT 0 时区转到 GMT +8 时区，86400 表示由秒转到天(=24 * 60 * 60)，70 * 365 表示 70 年的差值(时间戳起点与 Excel 计算起点差异：1900 年到 1970 年)，19 表示 1900 年到 1970 年共是 17 个闰年，同时考虑到 Excel 将 1900—1—1 当作 1，将 1900 年当作闰年。需要注意的是，需要将接收日期时间值的单元格格式设置成日期型。同理，将正常日期时间转换成时间戳的公式为：

时间戳=(正常日期时间值—70 * 365—19) * 86400—8 * 3600

具体操作步骤如下：

(1)单元格 C1 表示当前日期与时间；在单元格 A1 中输入公式：=(C1—70 * 365—19) * 86400—8 * 3600，其单元格格式为常规。将当前系统时间转换为时间戳的结果如图 6.8 所示。

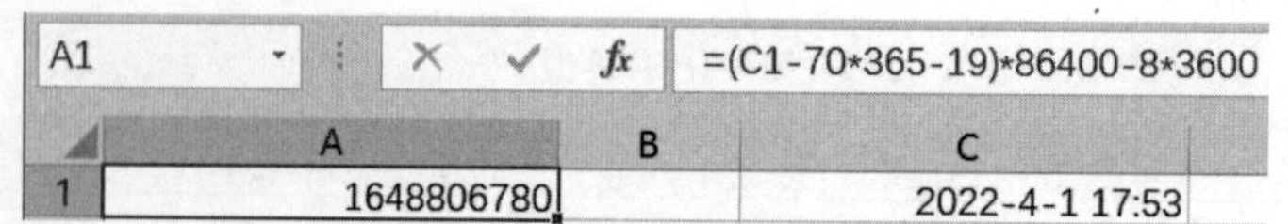

图 6.8　日期时间转换为时间戳

(2)在单元格 C2 中输入公式：=(A1+8 * 3600)/86400+70 * 365+19，实现将上述时间戳转换为日期，并将 C2 单元格的格式设置为日期，结果如图 6.9 所示。若将转换结果的格式设置为时间，结果如图中 C3 所示。当然也可将转换结果的格式设置为自定义的日期时间。

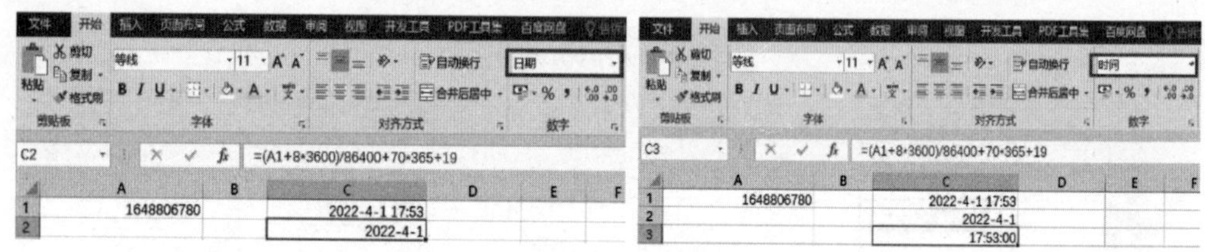

图 6.9　时间戳转换为日期与时间

6.3　字符串与时间转换

在进行数据分析时，必须保证时间格式的数据为日期时间类型，如果为字符串类型，则需要将其转换为日期时间类型。

Excel 中字符串与日期时间类型进行转换只需要设置单元格格式。点击“开始”菜单“数字”栏右下角的图标，如图 6.10 所示，即可打开“设置单元格格式”对话框，然后指定单元格格式为日期或时间，也可以在选定的单元格上点击鼠标右键，从快捷菜单中选择“设置单元格格式”，如图 6.11 所示。

图 6.10　修改数据类型

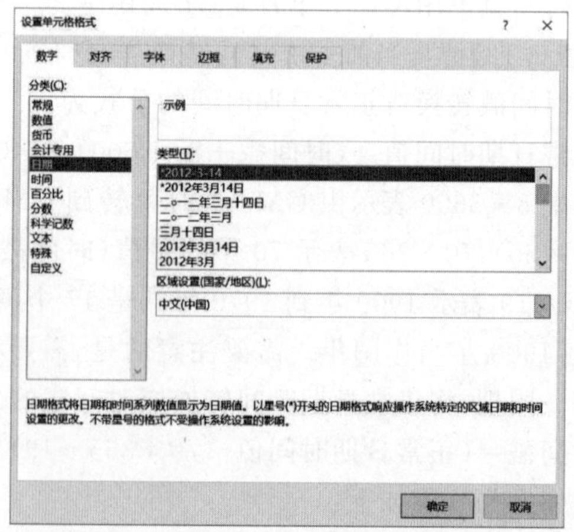

图 6.11　设置字符串转换为日期时间类型

此外，还可使用 TEXT 函数指定日期时间数据的显示方式。TEXT 函数的语法格式为 TEXT(value,format)，其中 value 可为数值、计算结果为数字值的公式，或对包含数字值的单元格的引用，format 为“单元格格式”。TEXT 函数改变日期数据显示格式的示例如表 6.2 所示。

表 6.2 TEXT 函数改变日期时间数据的显示方式

公式	说明
= TEXT(TODAY(),"MM/DD/YY")	当前日期以"月/日/年"的格式显示,如 05/03/22
=TEXT(TODAY(),"DDDD")	当天是周几,如 Tuesday
=TEXT(NOW(),"H:MM AM/PM")	当前时间,如下午 1:29

6.4 时间运算

在数据分析中经常需要对日期时间数据进行算术运算,获得两个给定时间的时间差,或获得一定间隔后的时间,即计算时间偏移。

6.4.1 DATEIF 函数

如果给定了两个日期,要计算期间的期限(天数、月数或年数),比如年龄,工龄,折旧等,就需要使用 DATEDIF 函数。该函数的使用方法为:=DATEDIF(开始日期,截止日期,格式代码),其中格式代码可以为 Y/M/D/MD/YM/YD,"Y":一段时期内的整年数。"M":一段时期内的整月数。"D":一段时期内的天数。"MD":两日期之间天数之差,忽略日期中的月份和年份。"YM":两日期之间月份之差。忽略日期中的天和年份。"YD":两日期之间日期部分之差,忽略日期中的年份。

DATEDIF 函数在计算时算头不算尾,比如,开始日期是 2020-10-1,截止日期是 2021-9-30,要计算这两个日期之间的总月数,公式 DATEDIF("2020-10-1","2021-9-30","M")的计算结果是 11 个月。要想既算头又算尾,公式须改为:=DATEDIF("2020-10-1","2021-9-30"+1,"M")。

【例 6.13】某职员进公司日期为 2007 年 3 月 20 日,离职时间为 2021 年 11 月 11 日,那么他在公司工作了多少年、零多少月和零多少天?

使用 DATEDIF 函数,格式代码分别取"Y""YM""MD"。

在单元格中分别输入公式:

整数年:=DATEDIF("2007-3-20","2021-11-11","Y")=14(年),

零几个月:=DATEDIF("2007-3-20","2021-11-11","YM")=7(月),

零几天:=DATEDIF("2007-3-20","2021-11-11","MD")=22(天)。

【例 6.14】根据给定的日期计算距今过去了多少年,例如计算香港已经回归祖国多少年了。

使用 DATEDIF 函数与 TODAY 函数,其中 DATEDIF 函数的格式代码为"Y"。

具体操作步骤如下:

假设单元格 B2 存储香港回归时间"1997-7-1",使用公式=DATEDIF(B2,TODAY(),"Y")。结果如图 6.12 所示。

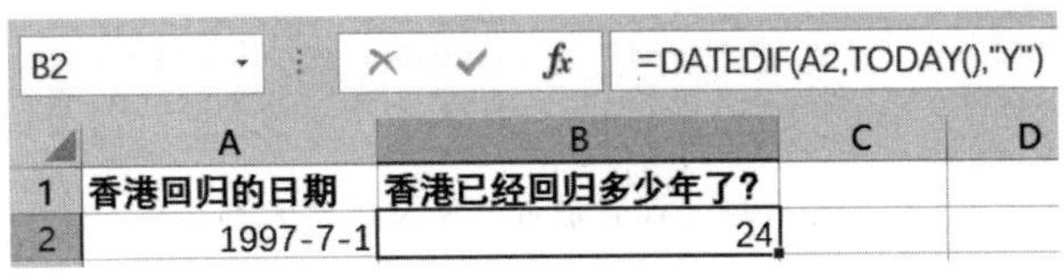

图 6.12 时间计算

【例 6.15】图书馆借还书过程中的时间运算。

读者在图书馆借书时，可以使用系统的日期时间来记录借书时间，并根据免费借期（如 60 天）生成应还日期，如图 6.13 所示。

D2 = C2 + 60

	A	B	C	D	E	F	G
1	读者编号	图书编号	借书日期	应还日期	还书日期	是否逾期	逾期天数
2	R01	B0001	2022-3-1 8:40	2022-4-30			
3	R02	B0002	2022-3-2 15:10	2022-5-1			
4	R03	B0003	2022-3-3 9:05	2022-5-2			
5	R04	B0004	2022-3-4 10:32	2022-5-3			
6	R05	B0005	2022-3-5 13:51	2022-5-4			
7	R06	B0006	2022-3-6 14:54	2022-5-5			
8	R07	B0007	2022-3-7 16:42	2022-5-6			
9	R08	B0008	2022-3-8 11:41	2022-5-7			

图 6.13　时间戳转换为日期与时间

具体操作步骤如下：

（1）应还日期就是利用借书日期偏移获得往后一段时间后的新时间，即加时间偏移量。Excel 中时间偏移计算的单位是天，应还日期的计算公式为：

D2＝C2＋60

（2）应还日期无需记录具体的时间，因此需要将日期时间类型转换为日期类型。

（3）还书时依然可以使用系统的日期时间来记录还书时间，计算还书日期与应还日期的差值，得到一个带小数的数字，即两者相差的天数，此时需要使用 ROUND() 函数对两者的差值进行四舍五入取整。如果计算结果大于 0 可判断为逾期，此时需使用 IF() 函数进行判断并给出结果，公式为：

F2 ＝ IF(ROUND((E2-D2),0)＞0, "是", "否")

（4）计算逾期天数时，使用 IF() 函数判断若为逾期，就将还书日期与应还日期的差值取整即可，否则逾期天数为 0，公式为：

G2 ＝ IF(F2＝"是", ROUND((E2-D2),0), 0)

（5）结果如图 6.14 所示。

F2　=IF(ROUND((E2-D2),0)>0, "是", "否")

	A	B	C	D	E	F	G
1	读者编号	图书编号	借书日期	应还日期	还书日期	是否逾期	逾期天数
2	R01	B0001	2022-3-1 8:40	2022-4-30	2022-3-31 13:45	否	0
3	R02	B0002	2022-3-2 15:10	2022-5-1	2022-5-10 11:33	是	9
4	R03	B0003	2022-3-3 9:05	2022-5-2	2022-5-2 16:21	否	0
5	R04	B0004	2022-3-4 10:32	2022-5-3	2022-4-3 13:06	否	0
6	R05	B0005	2022-3-5 13:51	2022-5-4	2022-4-29 8:32	否	0
7	R06	B0006	2022-3-6 14:54	2022-5-5	2022-5-20 10:16	是	15
8	R07	B0007	2022-3-7 16:42	2022-5-6	2022-5-1 9:24	否	0
9	R08	B0008	2022-3-8 11:41	2022-5-7	2022-5-7 8:56	否	0

图 6.14　计算是否逾期及逾期天数

6.4.2 EDATE 函数

EDATE 函数用来计算指定日期之前或之后几个月的日期，即给定了月数期限，计算到期日。使用方法为：=EDATE(日期，月数期限)。需要注意的是，EDATE 函数中的日期参数可以引用单元格，如果直接输入日期，需加双引号""，如=EDATE("2021/12/3",5)。同时，EDATE 函数得到的结果是一个常规的数字，因此需要把单元格的格式设置为日期格式。

【例 6.16】假设单元格 A1 保存日期数据为“2021/12/3”，那么这个 2021 年 12 月 3 日之后 5 个月的日期是多少。

使用 EDATE 函数，第一个参数为日期型。

在单元格内分别输入如下公式：

=EDATE(A1,5)，结果为：2022/5/3，

=EDATE("2021/12/3",5)，结果为：2022/5/3，

=EDATE(2021/12/3,5)，结果为：1900/7/25。

【例 6.17】从今天开始，5 年 3 个月后的日期是多少。

采用 EDATE 函数与 TODAY 函数。

在单元格内输入如下公式：

=EDATE(TODAY(),5*12+3)。

使用其他函数组合，也可以进行相应计算：

=DATE(YEAR(TODAY())+5,MONTH(TODAY())+3,DAY(TODAY()))。

6.4.3 EOMONTH 函数

EOMONTH 函数用来计算指定日期之前或之后几个月的月底日期，参数与用法与 EDATE 函数类似。使用方法为：=EOMONTH(日期，月数期限)。EOMONTH 函数得到的结果也是一个常规的数字，因此需要把单元格的格式设置为日期格式，以显示标准的日期格式。

【例 6.18】假设单元格 A1 保存日期数据为“2021/12/3”，那么这个日期之后 5 个月的月底日期是多少。

使用 EOMONTH 函数，第一个参数为日期型。

在单元格内分别输入如下公式：

=EOMONTH(A1,5)，结果是“2022/5/31”。

=EOMONTH("2021/12/3",5)，结果是“2022/5/31”。

【例 6.19】今天开始，计算 5 年 3 个月后的月底日期。

使用 EOMONTH 函数和 TODAY 函数。

在单元格内分别输入如下公式：

=EOMONTH(TODAY(),5*12+3)。

6.5 工作日计算

日期时间函数在企业经营管理中也经常被使用，尤其是计算企业不同生产项目的工作天数，正确使用日期时间函数能够极大地提升企业的生产经营管理效率。

6.5.1　WORKDAY 函数

在企业生产中，有时知道生产任务的开始日期和完成生产所需的工作日，需要了解完成任务的日期，可以用 WORKDAY 函数实现。WORKDAY 函数用于返回某日期(起始日期)之前或之后相隔指定工作日的某一日期的日期值，工作日不包括周末和专门指定的假日，在计算发票到期日、预期交货时间或工作天数时，可以使用函数 WORKDAY 来扣除周末或假日。

WORKDAY 函数的语法为：WORKDAY(start_date，days，holidays)，其中，参数 start_date 表示开始日期，参数 days 表示在参数 start_date 之前或之后指定的工作日天数，参数 holidays 表示需要排除在外的节假日。

【例 6.20】如图 6.15 所示，某企业接到若干订单，从接到订单开始，要求若干个工作日后必须交货，现需要根据开始日期和完成任务所需工作日，计算出完成任务的日期。

采用 WORKDAY 函数，需要提前定义好节假日数据。

具体操作步骤如下：

在完成日期对应的单元格中输入 WORKDAY 函数，如在 E3 单元格中输入"=WORKDAY(B3，C3，$B$11：$D$25)"，即可得到结果"2023-01-11"，其余单元格可作类似的填充。

生产任务时间管理

名称	开始日期	需要工作日	完成日期（不考虑法定假日）	完成日期（考虑法定假日）
订单A	2022/4/23	180	2022-12-30	2023-01-11
订单B	2021/3/14	432	2022-11-08	2022-11-30
订单C	2022/6/20	100	2022-11-07	2022-11-15
订单D	2021/1/7	618	2023-05-23	2023-06-20
订单D	2022/5/13	60	2022-08-05	2022-08-08
订单E	2022/5/21	30	2022-07-01	2022-07-04

节日名称	去年法定节假日	今年法定节假日	明年法定节假日
元旦	2021/1/1	2022/1/1	2023/1/1
春节	2021/1/13	2022/2/11	2023/1/16
		2022/2/12	2023/1/17
		2022/2/15	2023/1/18
清明节	2021/4/4	2022/4/5	
劳动节	2021/5/1	2022/5/3	
端午节		2022/6/14	2023/5/21
中秋节		2022/9/21	2023/9/16
国庆节	2021/10/1	2022/10/1	2023/10/1
	2021/10/2	2022/10/2	2023/10/2
	2021/10/3	2022/10/3	2023/10/3
	2021/10/4	2022/10/4	2023/10/4
	2021/10/5	2022/10/5	
	2021/10/6	2022/10/6	
	2021/10/7	2022/10/7	

图 6.15　产品交货日期计算

6.5.2　NETWORKDAYS 函数

在企业生产中，有时知道生产任务的开始日期和计划完成日期，需要对生产任务的工作日进行管理。可以用 NETWORKDAYS、TODAY 和 WORKDAY 函数编写"开始日期""结束日期"和"工作日"及"当前日期"的函数关系式。NETWORKDAYS 函数用于返回参数开始时间和结束时间之间完整的工作日数值，工作日不包括周末和专门指定的假期，可以使用函数 NETWORKDAYS，根据某一特定时期内雇员的工作天数，计算其应计的报酬。

NETWORKDAYS 函数的语法格式为：NETWORKDAYS(start_date，end_date，

holidays),参数 start_date 表示开始日期,参数 end_date 表示结束日期,参数 holidays 是在工作日中排除的特定日期。

【例 6.21】如图 6-16 所示,某企业接到若干订单,从接到订单开始,要求若干个工作日后必须交货,现已知开始日期和完成日期,需要计算出完成任务剩余所需工作日。

采用 NETWORKDAYS 函数计算总工作日数,NETWORKDAYS 函数与 TODAY 函数组合计算已用工作日和剩余工作日。

具体操作步骤如下:

(1)计算总工作日:在 D4 单元格中输入:"=NETWORKDAYS(B3,C3,$B$11:$D$25)",其余单元格类似填充。

(2)计算已用工作日:在 E4 单元格中输入:"=IF(B3>TODAY(),"未开始",NETWORKDAYS(B3,TODAY(),B11:D25))",其余单元格类似填充。

(3)计算剩余工作日:在 F4 单元格中输入:"=IF(B3<TODAY(),D3-E3,"未开始")",其余单元格类似填充。

生产任务时间管理					
名称	开始日期	结束日期	总工作日	已用工作日	剩余工作日
订单A	2022/6/13	2022/11/29	117	未开始	未开始
订单B	2022/5/10	2023/5/8	251	4	247
订单C	2021/10/13	2022/7/17	194	151	43
订单D	2022/5/22	2023/3/9	200	未开始	未开始
订单D	2021/4/8	2022/7/2	313	282	31
订单E	2020/10/27	2023/5/10	643	399	244
节日名称	**去年法定节假日**	**今年法定节假日**	**明年法定节假日**		
元旦	2021/1/1	2022/1/1	2023/1/1		
春节	2021/1/13	2022/1/18	2023/1/16		
		2022/1/19	2023/1/17		
		2022/1/20	2023/1/18		
清明节	2021/4/4				
劳动节	2021/5/1	2022/5/1			
端午节		2022/5/30	2023/5/21		
中秋节			2023/9/16		
国庆节	2021/10/1	2022/10/1	2023/10/1		
	2021/10/2	2022/10/2	2023/10/2		
	2021/10/3	2022/10/3	2023/10/3		
	2021/10/4	2022/10/4	2023/10/4		
	2021/10/5	2022/10/5			
	2021/10/6	2022/10/6			
	2021/10/7	2022/10/7			

图 6.16 生产任务工作日计算

本章要点解析

在进行数据分析时,时间序列数据因应用领域广泛,是数据分析师经常面对的一大类数据。因此,掌握使用 Excel 来处理时间序列数据显得尤为重要。本章节重点讲授了时间序列数据的时间获取、对数据加盖时间戳、将时间戳转换为系统时间、字符串和时间数据的相互转换、时间之间的运算以及常用的时间序列模型建模分析等。

本章练习

一、选择题

1. 在 Excel 单元格中输入公式：=DATE(2021,7.0)，返回的结果为（ ）。

A. 2021-7-1　　B. 2021-6-30　　C. 2021-7-0　　D. #VALUE!

2. 在 Excel 单元格中输入公式：=DATE(2021,15,21)，返回的结果为（ ）。

A. 2021-12-21　　B. #VALUE!　　C. 2021-12-31　　D. 2022-3-21

二、填空题

1. 采用 DATEA 函数计算 2022 年第 96 天的日期，公式为：=DATE(______,______,______)。

2. 公式 DATE(2022,0,22)的结果为"______-______-22"。

三、操作题

1. 请将字符串'2022-03-15'转换成时间类型的数据格式，然后再将其转变回字符串形式。

2. 日期倒计时计算：计算当天距离除夕的天数。

3. 计算星期：根据给定的日期"2022 年 3 月 1 日-2022 年 3 月 7 日"分别计算出对应的星期。

4. 根据员工的出生日期"1994-12-11"计算该员工的年龄。

5. 某银行 2021 年 12 月 26 日至 2022 年 1 月 7 日的股票收盘价格数据如下所示，其中包含交易日期和收盘价两列数据，请计算 2021 年 12 月 26 日至 2022 年 1 月 7 日期间交易日所占比例。

	A	B
1	交易日期	收盘价
2	2021-12-26	6.68
3	2021-12-27	6.69
4	2021-12-30	6.71
5	2021-12-31	6.69
6	2022-1-2	6.72
7	2022-1-3	6.71
8	2022-1-6	6.69
9	2022-1-7	6.72

6. 根据上题给定的数据集分别获取交易日期中的年份和月份。

第7章
数据可视化

本章学习目标

☑ 熟练掌握折线图、散点图、柱形图、条形图、饼图等常用图形的绘制方法；
☑ 掌握组合图形的绘制方法；
☑ 了解双坐标轴图形的绘制方法；
☑ 掌握迷你图的绘制方法。

本章思维导图

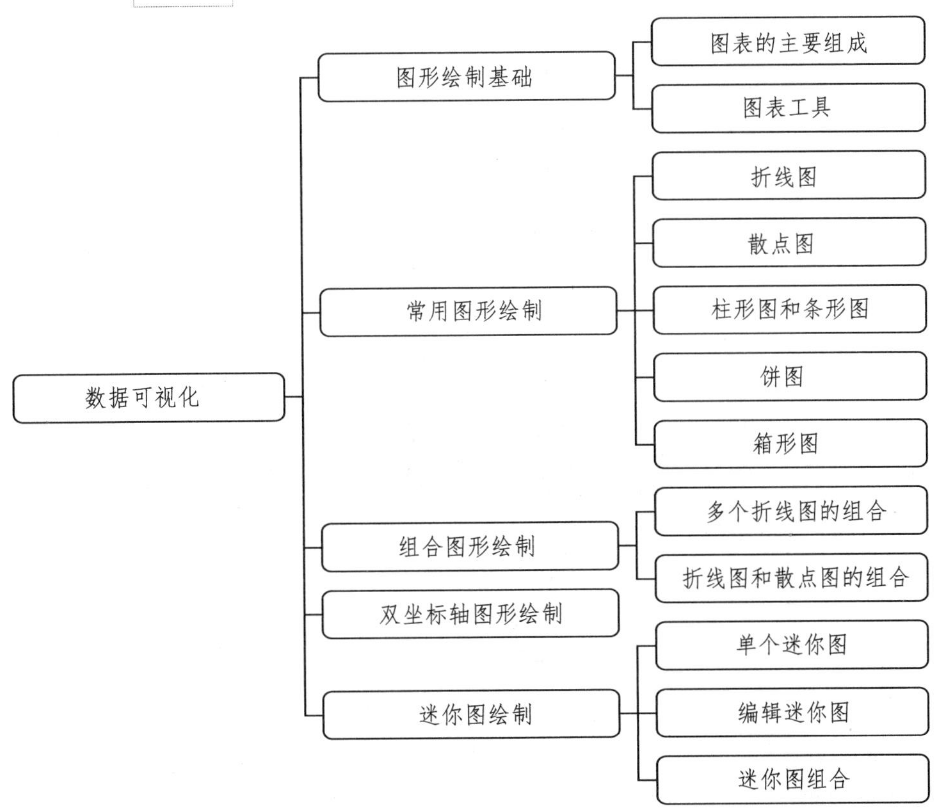

数据分析的结果需要选择合适的方式进行展示，其中图形以其直观、清晰的特点被广泛采用，具有“一图胜千言”的说法。广义上的数据可视化(Data Visualization)是数据可视化、信息可视化以及科学可视化等多个领域的统称，狭义上的数据可视化则指的是用统计图表方式呈现数据、传递信息。数据可视化不仅可以清晰地展示数据信息，还可以更好地表达数据之间的关系，被广泛应用于信息技术、自然科学、统计分析、图形学、地理信息等学科领域。因此，掌握数据可视化展示是深入理解数据必不可少的环节。

创建图与图表是很多数据分析工作的重要步骤，通常是工作开始时探索性数据分析(Exploratory Data Analysis)的一部分，或者在最终报告阶段介绍数据分析结果时使用。Excel 不仅是完成数据记录、整理、分析的办公自动化软件，也是数据可视化的优秀工具。Excel 具有强大的图表功能中，能够提供丰富多彩、直观简洁、通俗易懂、形象美观的各类图表。

7.1 图形绘制基础

图表是以图形化方式传递和表达数据的工具，相比于普通的表格而言，使用图表来表达数据可以更加简洁明了，使数据分析的结果更加具有说服力。要在 Excel 中创建一个图表，一般先选中用来作图的数据区域，然后单击选择菜单“插入”→“图表”，就会打开图表向导对话框，按提示操作即可生成图表

7.1.1 图表的主要组成

Excel 图表提供了众多的图表元素，也就是图表中可设置的最小部件，为我们作图提供了相当的灵活性。图 7.1 中展示了常见的图表元素。Excel 图表由图表区、绘图区、标题、网格线、快捷按钮、数据系列、数值轴、数据点、图例、分类轴等基本元素组成。

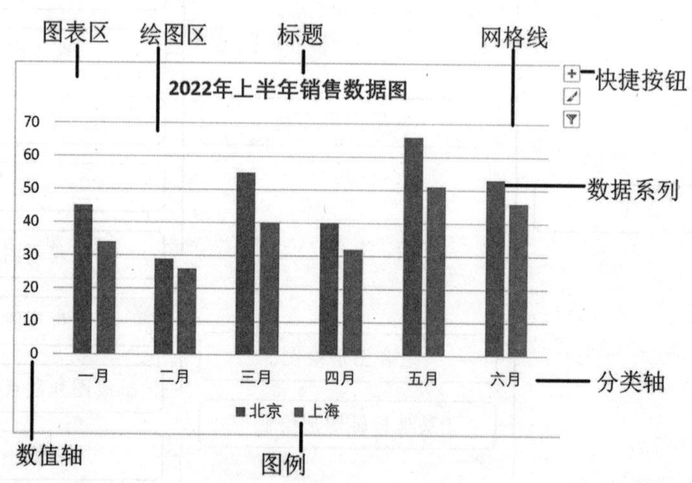

图 7.1 图表的主要组成元素

(1)图表区

图表区是指图表的全部范围，它就像是一个容器，装载所有图表元素。选中图表区时，将在最外层显示整个图表区边框和用于调整图表大小的控制点。选中控制点，可以改变图表区的大小，调节图表的长宽比例，此外选中图表区还可以对所有的图表元素统一设置文字字体、大小等格式。

(2)绘图区

绘图区是指包含数据系列图形区域,位于图表区的中间,选中绘图区时,将会显示绘图区边框和用于调整绘图区大小的控制点。

(3)标题

标题显示在绘图区上方,用于说明图表要表达的主要内容。

(4)网格线

网格线用来帮助用户在视觉上更加方便地确定数据点的数值,有主要网格线和次要网格线。

(5)数据系列和数据点

数据系列由数据点构成,每个数据点对应于数据源中一个单元格的值,而数据系列对应于数据源中一行或一列数据(多个数据)。数据系列在绘图区中表现为不同颜色的点、线、面等图形,如图 7.2 和图 7.3 所示。

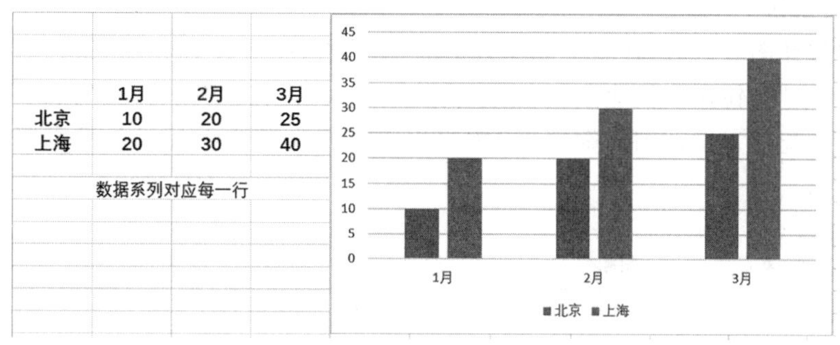

图 7.2 数据系列对应数据源中的每一行

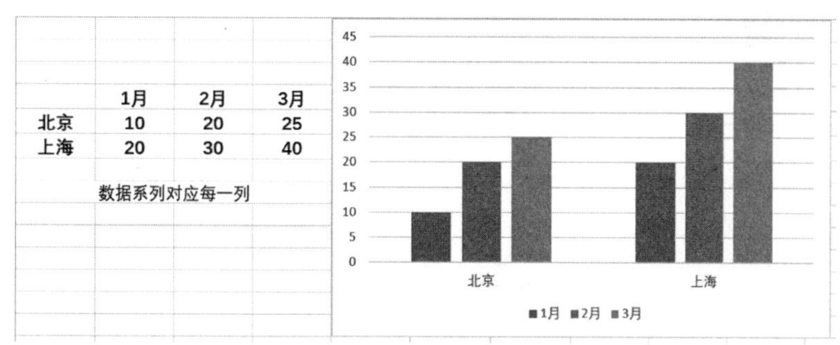

图 7.3 数据系列对应数据源中的每一列

(6)坐标轴(分类轴与数值轴)

坐标轴是绘图区最外侧的直线,坐标轴一般有纵、横两个轴。横轴也叫 X 轴,一般为水平方向的分类轴,分类项可以是来源于数据表的行标题或是列标题,也可以自定义分类项,分类轴提供了不同对象的比较基础;纵轴也叫 Y 轴,是数值轴,用作度量图形的值;三维图表有第三个轴(Z 轴)。坐标轴上有刻度线,刻度线对应的数字叫刻度线标签,坐标轴旁有轴标题。饼图、圆环图没有坐标轴。

(7)图例

图例用于说明图表中每种颜色所代表的数据系列,其本质就是数据表中行标题或列标题。对于图表中的形状,需要通过分类项与图例项两者才能辨别其真正含义,正如数据表中每个单元格中数值的含义需要由行标题和列标题共同决定，如图 7.4 所示。

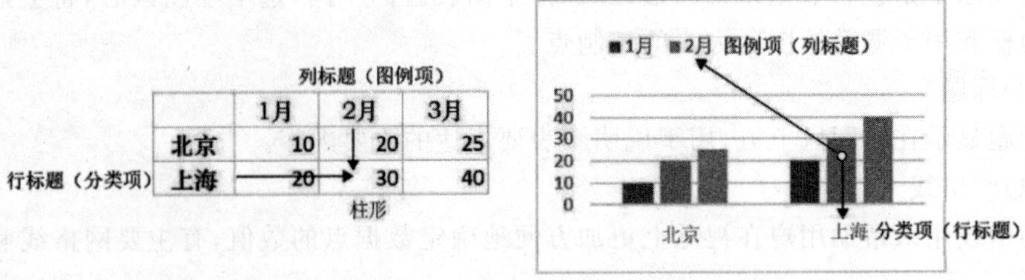

图 7.4　图例项与分类项共同决定了图形的含义

其中分类项与图例项本质都是数据源中的标题，对应数据表中数据的不同属性，分类项与图例项两者本质没有区别，只是在图表所处位置不一样，两者可以通过“切换行/列”命令进行转换。

(8)快捷按钮

当用户选择图表区时，在右上角会出现图表元素、图表样式和图表筛选器等快捷按钮。“图表元素”按钮用于快速添加、删除或更改图表元素。“图表样式”按钮用于快速设置图表样式和配色方案，“图表筛选器”按钮用于选择在图表上显示的数据系列和名称，如图 7.5 所示。

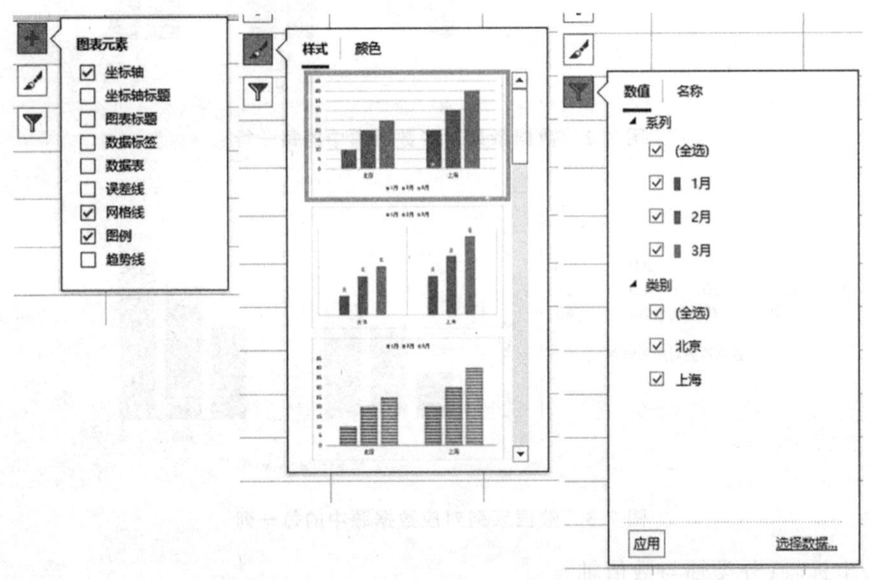

图 7.5　图表快捷选项按钮

7.1.2　图表工具

选中一张图表，就可进入到图表工具，如图 7.6 所示。图表工具有“设计”和“格式”两个选项卡，用来对图表进行编辑操作，使图表符合工作表的布局与数据要求。

“设计”选项卡可以用来更改图表类型、移动图表、编辑图表数据、切换图表类别轴与图例、设置图表布局、设置图表样式等。其中，设置图标布局包括自定义图表标题、坐标轴、数据表、数据标签、图例以及添加分析线等。

“格式”选项卡可以用来调整图表的大小、排列、设置图表区、数据系列、图表标题、坐标轴、图例等图表元素的格式。

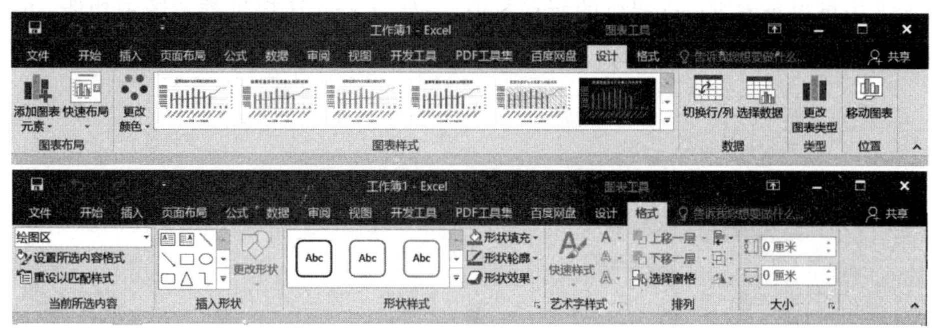

图 7.6 图表工具

7.2 常用图形绘制

在数据可视化方面，Excel 提供了多种图表类型，常用的基本图表包括柱形图、折线图、条形图、饼图、面积图、散点图、雷达图等。灵活选择运用这些图形工具，可以绘制不同的统计图，如选择柱形图可以绘制直条图，选择股价图可绘制箱图等。不同的图表用途各异，如表 7.1 所示，可以根据实际情况选择合适的图表类型。

表 7.1 Excel 常用图表及其用途

图表符号	图表类型	典型用途
	柱形图	在竖直方向上比较不同类型的数据
	折线图	按类别显示一段时间内数据的变化趋势
	条形图	在水平方向上比较不同类型的数据
	饼图	在单组中描述部分与整体的关系
	XY 散点图	描绘两种相关数据的关系
	面积图	强调一段时间内数值的相对重要性
	圆环（旭日）图	以一个或多个数据类别来比较部分与整体的关系
	雷达图	表明数据或数据频率相对于中心的变化
	箱形图	用于展示数据的集中趋势和离散程度

Excel 的图表功能位于“插入”菜单的“图表”栏，如图 7.7 所示。创建图表时，先选择数据区域，然后点击相应图表。

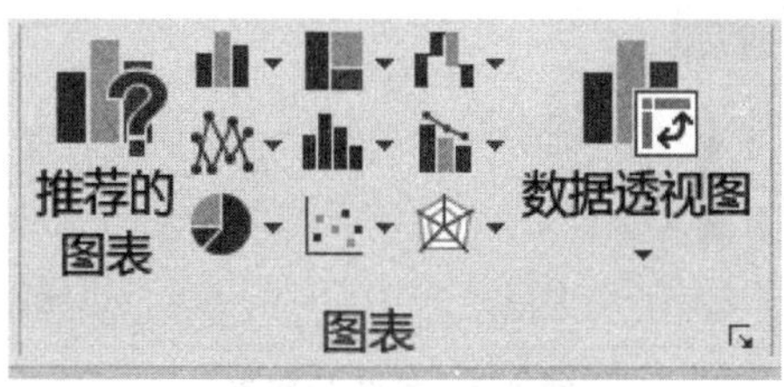

图 7.7 图表功能区

点击“图表”栏右下角的箭头会弹出“插入图表”对话框，如图 7.8 所示，在“所有图表”选项卡中可以查看 Excel 提供的所有图表，另外，Excel 还提供推荐图表功能，可以根据所选数据创建若干个推荐图表供选择，如图 7.9 所示。

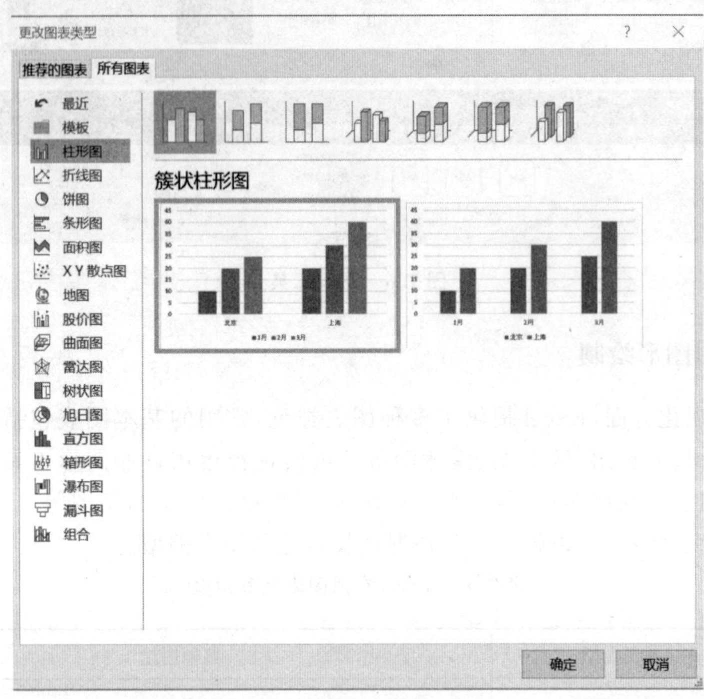

图 7.8　所有图表类型

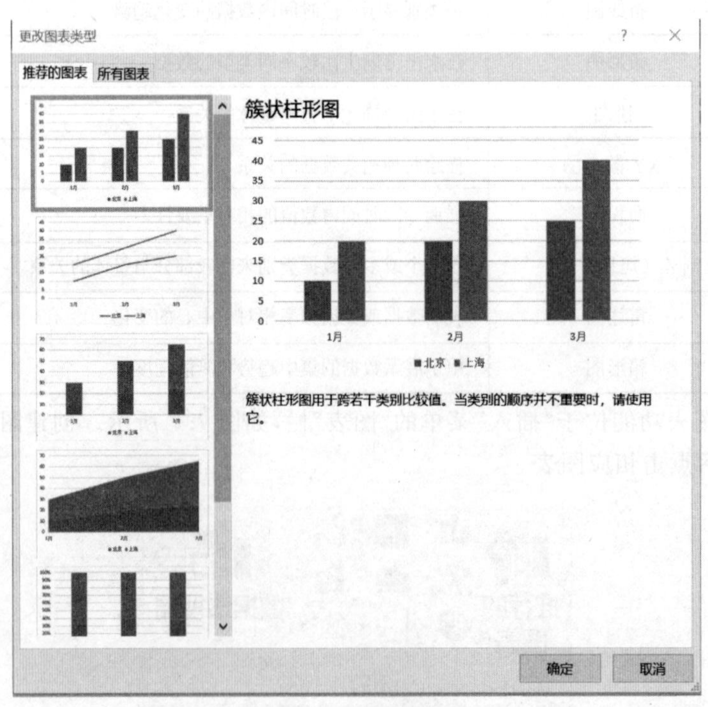

图 7.9　推荐的图表

7.2.1 折线图绘制

折线图是最基本的图表类型，是用点和点之间连线的上升或下降表示指标的连续变化趋势。折线图反映了一段时间内事物连续的动态变化规律，适用于描述一个变量随另一个变量变化的趋势，通常用于绘制连续数据，适合数据点较多的情况。

折线图包括普通折线图、堆积折线图、百分比堆积折线图、带数据标记的折线图、带数据标记的堆积折线图、带数据标记的百分比堆积折线图和三维折线图。

【例 7.1】请根据给定的城镇居民消费水平数据绘制城镇居民消费水平增长率折线图。

具体操作步骤如下：

选中所有数据，从“插入图表”对话框中“推荐的图表”或“所有图表”选择“折线图”。选中绘制出的图片，会出现“图标工具”选项卡，包含“设计”和“格式”两个功能模块，在“设计”模块“图标布局”—“添加图表元素”中进行标题、网格线、图例、坐标轴边界等设置，在“格式”模块可对字体、背景等进行设置。对图表编辑完成后，数据和结果如图 7.10 所示。

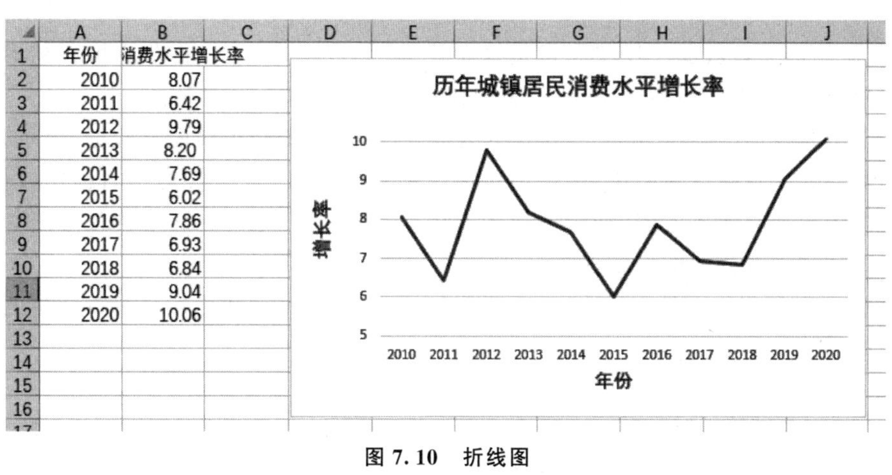

年份	消费水平增长率
2010	8.07
2011	6.42
2012	9.79
2013	8.20
2014	7.69
2015	6.02
2016	7.86
2017	6.93
2018	6.84
2019	9.04
2020	10.06

图 7.10 折线图

7.2.2 散点图的绘制

散点图是以直角坐标系中各点的密集程度和变化趋势来表示两种现象间的相关关系，常用于显示和比较数值。当要在不考虑时间的情况下比较大量数据点时，使用散点图比较数据方便直观。

散点图不仅可以显示数据的变化趋势，还可以用来描述数据之间的关系或分布特性。绘制散点图需要 X 轴和 Y 轴两个维度上的成对数据，表达成对数据和它们所代表的趋势之间的关系，数据越多，比较的效果就越好。通过散点图可以比较直观地展示数据，找出数据之间的分布规律。

散点图包括普通散点图、带平滑线和数据标记的散点图、带平滑线的散点图、带直线和数据标记的散点图、带直线的散点图、气泡图和三维气泡图。

【例 7.2】请根据给定的城镇居民消费水平数据绘制城镇居民消费水平增长率散点图。

具体操作步骤如下：

选中所有数据，从“插入图表”对话框中“推荐的图表”或“所有图表”选择“散点图”，如上文所述，并对图表进行编辑，数据和结果如图 7.11 所示。

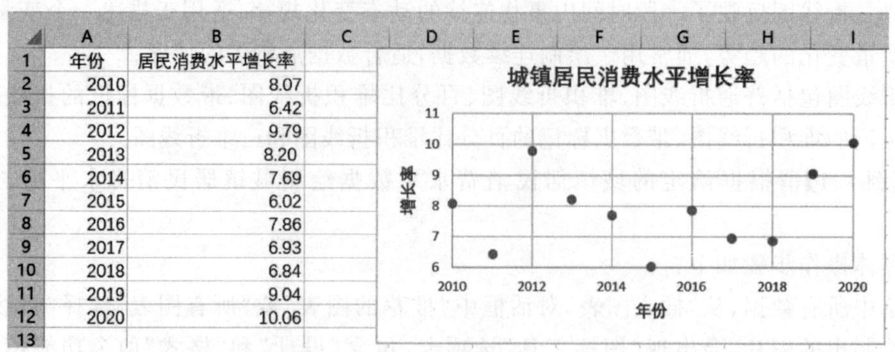

年份	居民消费水平增长率
2010	8.07
2011	6.42
2012	9.79
2013	8.20
2014	7.69
2015	6.02
2016	7.86
2017	6.93
2018	6.84
2019	9.04
2020	10.06

图 7.11　散点图

7.2.3　柱形图和条形图的绘制

柱形图是一类常见的统计图，由一系列高度不等的矩形表示数据分布情况，反映不同项目之间的分类对比。柱形图中一般用横坐标用来显示类别，纵坐标用来显示数量或占比，用于纵向比较数据。柱状图包括簇状柱形图、堆积柱形图、百分比堆积柱形图、三维簇状柱形图、三维堆积柱形图、三维百分比堆积柱形图和三维柱形图。

条形图与柱形图类似，由一系列水平条组成，主要用于比较横向的数据，显示各数据项之间的差异。与柱形图相比，条形图更适合展现排名，适合一些类别名称比较长的数据。条形图包括簇状条形图、堆积条形图、百分比堆积条形图、三维簇状条形图、三维堆积条形图和三维百分比堆积条形图。

【例 7.3】对于给定的 2020 年 9 月至 2021 年 3 月期间某基金产品发行数量的数据，请绘制柱形图和条形图。

具体操作步骤如下：

选中所有数据，从“插入图表”对话框中“推荐的图表”或“所有图表”选择“簇状柱形图”，如上文所述，并对图表进行编辑，数据和结果如图 7.12 所示。

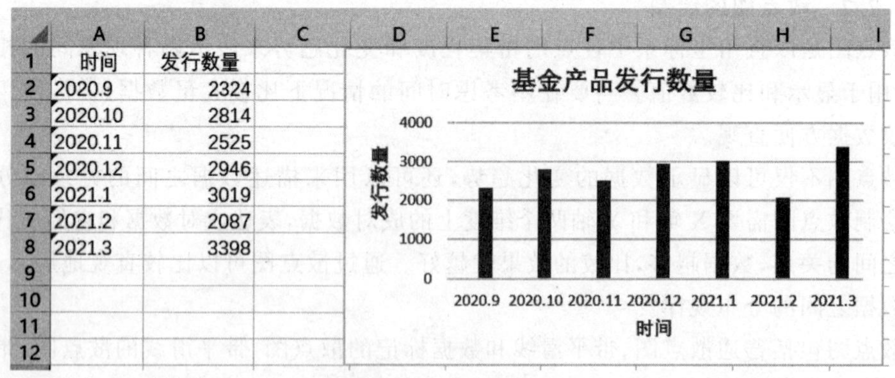

时间	发行数量
2020.9	2324
2020.10	2814
2020.11	2525
2020.12	2946
2021.1	3019
2021.2	2087
2021.3	3398

图 7.12　簇状柱形图

选中所有数据，从“插入图表”对话框中“推荐的图表”或“所有图表”选择“簇状条形图”，并对图表进行编辑，数据和结果如图 7.13 所示。

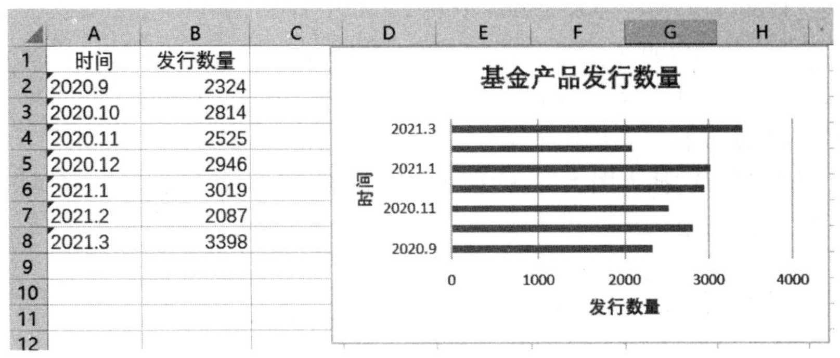

图 7.13 簇状条形图

7.2.4 饼图的绘制

饼图通常用于显示数据个体在总体中的构成和占比情况，通常只包含一个数据系列，即显示数据系列中各数据项的大小与总和的比例关系。饼图包括普通饼图、复合饼图、复合条饼图、三维饼图和圆环图。

【例 7.4】某公司有 A、B、C、D、E 五种商品，每种商品占有的市场份额分别为 15%、30%、30%、10%和 15%，请绘制上述数据的分布图。

具体操作步骤如下：

选中所有数据，从“插入图表”对话框中“推荐的图表”或“所有图表”选择“饼图”，如上文所示，并对图表进行编辑，结果如图 7.14 所示。

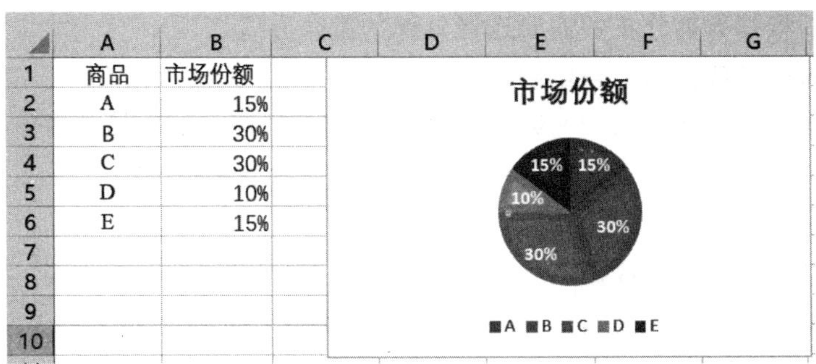

图 7.14 饼图

7.2.5 箱形图绘制

箱形图也叫框线图，用于反映一组或多组连续型定量数据分布的集中趋势和离散趋势。箱形图是利用数据中的五个统计量：最小值、上四分位数、中位数、下四分位数与最大值来描述数据的一种统计图。箱图的中心位置为中位数，箱子的长度表示四分位数间距，两端分别是上四分位数和下四分位数，箱两端的“须”一般为最大值与最小值。

箱形图能够直观地显示数据的异常值，分布的离散程度以及数据的对称性。箱子越长表示数据离散程度越大。中间横线若在箱子中心位置，表示数据分布对称；中间横线偏离箱子正中心越远，表示数据分布越偏离中位数。读者可根据数据的波动情况作出选择，异常值另作标记。

【例 7.5】给定某公司各产品在四个国家用户的消费分布图，请绘制箱形图。

'Japan'：[1200，1300，1500，1400，1600，1600，1800，1800，1900，2400]

'USA'：[1200，1350，1400，1500，1660，1800，1700，1900，2100，2000]

'Russia'：[1100，1200，1200，1400，1300，1600，1700，1900，1900，1800]

'Korean'：[1200，1100，1000，1300，1200，1500，1600，1700，1800，1800]

具体操作步骤如下：

选中数据区域，从“插入图表”对话框中“所有图表”选择“箱形图”，并对图表进行编辑，结果如图 7.15 所示。

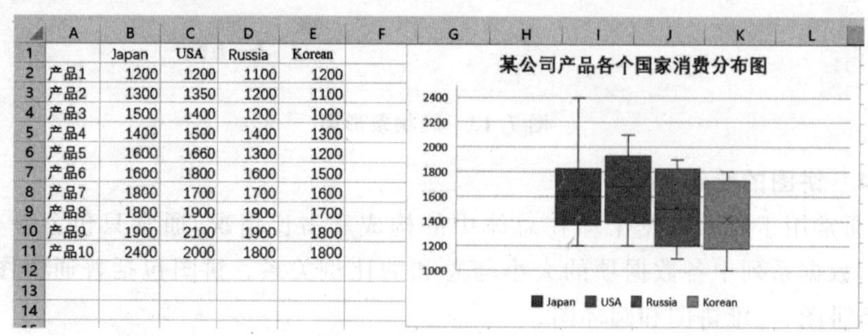

	Japan	USA	Russia	Korean
产品1	1200	1200	1100	1200
产品2	1300	1350	1200	1100
产品3	1500	1400	1200	1000
产品4	1400	1500	1400	1300
产品5	1600	1660	1300	1200
产品6	1600	1800	1600	1500
产品7	1800	1700	1700	1600
产品8	1800	1900	1900	1700
产品9	1900	2100	1900	1800
产品10	2400	2000	1800	1800

图 7.15　箱形图

7.3　组合图形绘制

组合图是将多种不同类型的图表组合在一起。组合图可以使用的图表类型有簇状柱形图－折线图、簇状柱形图－次坐标上的折线图、堆积面积图－簇状柱形图，也可以自定义组合方式，根据数据分析的需要选择具体的组合方式。

7.3.1　多个折线图的组合绘制

【例 7.6】给定时间范围在 2009 年至 2017 年间某种商品的市场销售价格增长率与成本增长率，请使用折线图表示商品价格的增长率和成本的增长率。

具体操作步骤如下：

绘制组合图：选中两列数据区域，从“插入图表”对话框中“所有图表”选择“组合”，右上方选择“自定义组合”图表，图表类型均选择“折线图”，如图 7.16 所示。

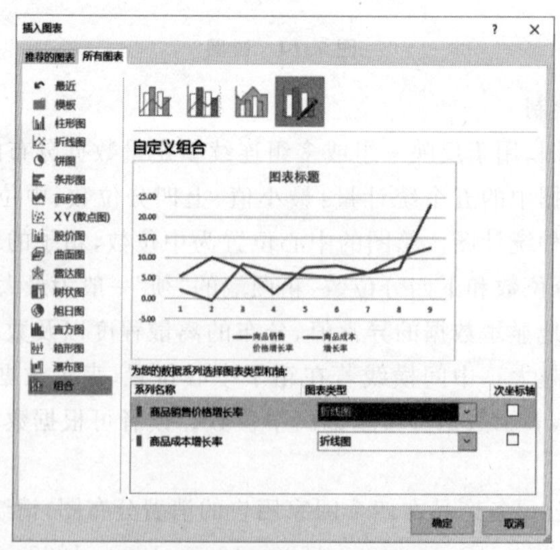

图 7.16　设置自定义组合图表

修改水平坐标轴：选中图表点右键，从快捷菜单中点击“选择数据”，如图 7.17 所示，从弹出的“选择数据源”对话框中的“水平(分类)轴标签”栏点击“编辑”图标，在弹出的“轴标签”对话框中选择 A2 至 A10 区域，如图 7.18 所示。

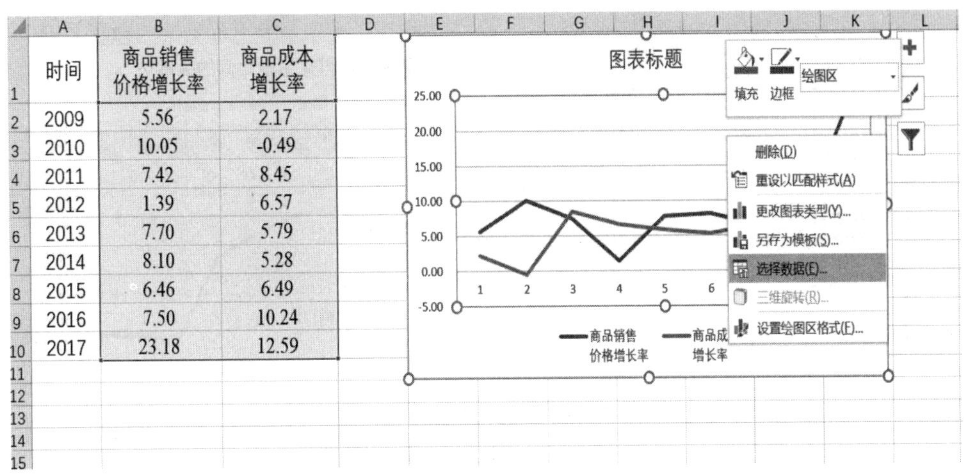

时间	商品销售价格增长率	商品成本增长率
2009	5.56	2.17
2010	10.05	-0.49
2011	7.42	8.45
2012	1.39	6.57
2013	7.70	5.79
2014	8.10	5.28
2015	6.46	6.49
2016	7.50	10.24
2017	23.18	12.59

图 7.17 修改水平坐标轴

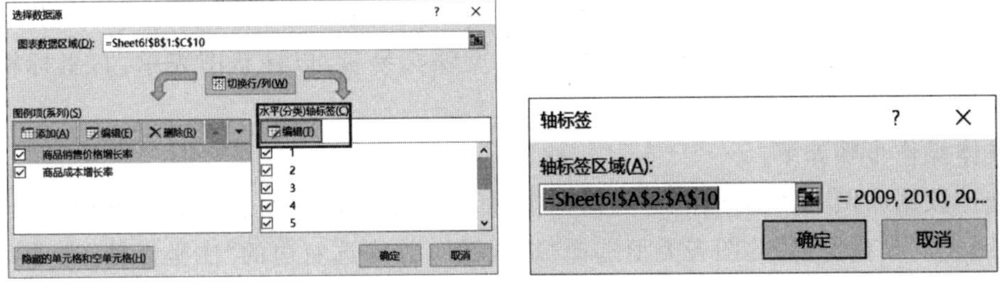

图 7.18 设置水平坐标轴为年份

数据和结果如图 7.19 所示。

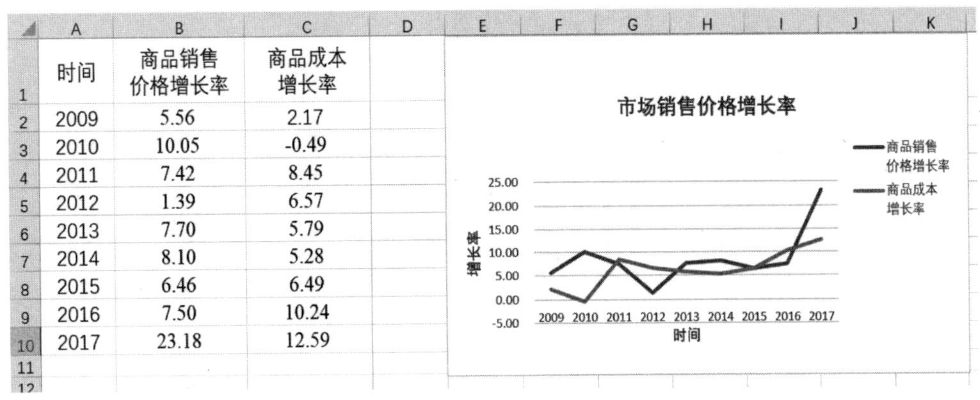

时间	商品销售价格增长率	商品成本增长率
2009	5.56	2.17
2010	10.05	-0.49
2011	7.42	8.45
2012	1.39	6.57
2013	7.70	5.79
2014	8.10	5.28
2015	6.46	6.49
2016	7.50	10.24
2017	23.18	12.59

图 7.19 组合图表结果

7.3.2 折线图和散点图的组合绘制

【例 7.7】已知给定的某股票在 2021 年 12 月 13 日至 2021 年 12 月 27 日的收盘价格和交易量，请使用折线图和散点图组合图形式进行数据的绘制。

具体操作步骤如下：

选择数据区域，从“插入图表”对话框中“所有图表”选择“组合”，右上方选择“自定义组合”图表，图表类型分布选择“散点图”和“折线图”，数据和结果如图 7.20 所示。

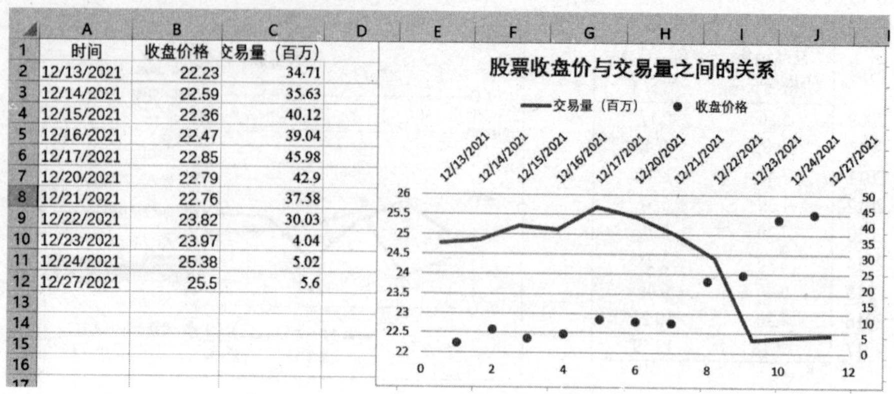

	A	B	C
1	时间	收盘价格	交易量（百万）
2	12/13/2021	22.23	34.71
3	12/14/2021	22.59	35.63
4	12/15/2021	22.36	40.12
5	12/16/2021	22.47	39.04
6	12/17/2021	22.85	45.98
7	12/20/2021	22.79	42.9
8	12/21/2021	22.76	37.58
9	12/22/2021	23.82	30.03
10	12/23/2021	23.97	4.04
11	12/24/2021	25.38	5.02
12	12/27/2021	25.5	5.6

图 7.20　不同类型的组合图表

7.4　双坐标轴图形绘制

【例 7.8】已知给定的某股票在 2021 年 12 月 13 日至 2021 年 12 月 27 日的收盘价格和交易量，请绘制双坐标轴图，其中左坐标轴反映交易量，以柱状图表示；右坐标轴反映收盘价格，以折线图表示。

具体操作步骤如下：

选择数据区域，从“插入图表”对话框中“所有图表”选择“组合”，右上方选择“自定义组合”图表，“收盘价格”的图表类型选择“折线图”，并勾选右边的“次坐标轴”选项，“交易量”的图表类型选择“簇状柱形图”，如图 7.21 所示。

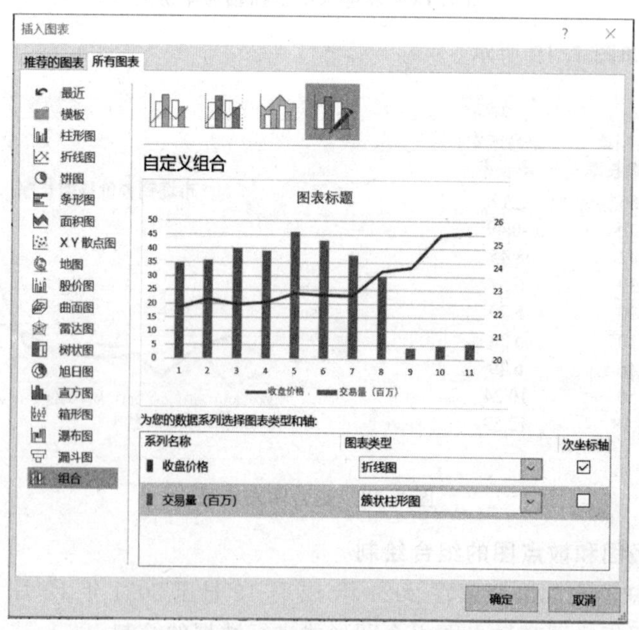

图 7.21　设置双坐标轴图表

数据和结果如图 7.22 所示。

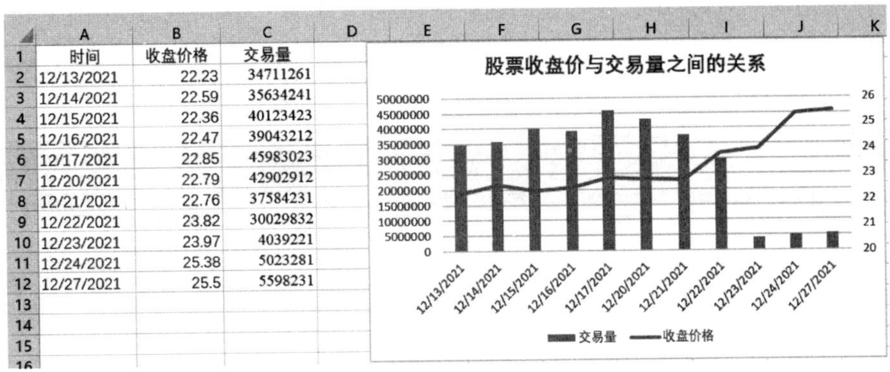

	A	B	C
1	时间	收盘价格	交易量
2	12/13/2021	22.23	34711261
3	12/14/2021	22.59	35634241
4	12/15/2021	22.36	40123423
5	12/16/2021	22.47	39043212
6	12/17/2021	22.85	45983023
7	12/20/2021	22.79	42902912
8	12/21/2021	22.76	37584231
9	12/22/2021	23.82	30029832
10	12/23/2021	23.97	4039221
11	12/24/2021	25.38	5023281
12	12/27/2021	25.5	5598231

图 7.22　双坐标轴图表

7.5　迷你图绘制

迷你图是放入单个单元格中的小型图，代表所选内容中的一行或一列数据的变化趋势，主要展示数据的总的趋势变化，不能具体地展现真正数据差异的大小。Excel 迷你图支持三种类型：折线图、柱形图和盈亏图，折线图和柱状图表示的数据变化趋势，盈亏图只体现数据正负差异。

7.5.1　创建单个迷你图

创建迷你图非常简单，从“插入”菜单下的“迷你图”栏中选择迷你图类型，在弹出的“创建迷你图”对话框中选择所需数据位置和迷你图放置位置即可，如图 7.23 所示。

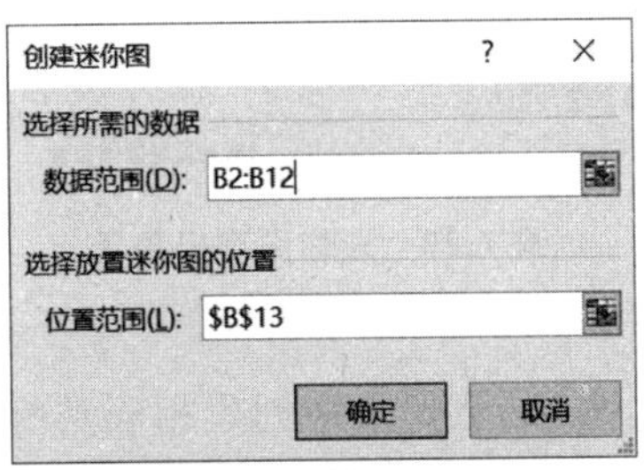

图 7.23　设置迷你图参数

已知给定的某股票在 2021 年 12 月 13 日至 2021 年 12 月 27 日的收盘价格和交易量，为收盘价格创建折线迷你图，交易量创建柱形迷你图，结果如图 7.24 所示。

	A	B	C
1	时间	收盘价格	交易量
2	12/13/202	22.23	34711261
3	12/14/202	22.59	35634241
4	12/15/202	22.36	40123423
5	12/16/202	22.47	39043212
6	12/17/202	22.85	45983023
7	12/20/202	22.79	42902912
8	12/21/202	22.76	37584231
9	12/22/202	23.82	30029832
10	12/23/202	23.97	4039221
11	12/24/202	25.38	5023281
12	12/27/202	25.5	5598231
13			

图 7.24　迷你图

7.5.2 编辑迷你图

迷你图创建好后，选中已经创建的迷你图，点击工具栏中新出现"迷你图工具"—"设计"，如图 7.25 所示，可以编辑迷你图数据、更改迷你图类型、设置迷你图样式、设置迷你图颜色、标记特殊点颜色等。

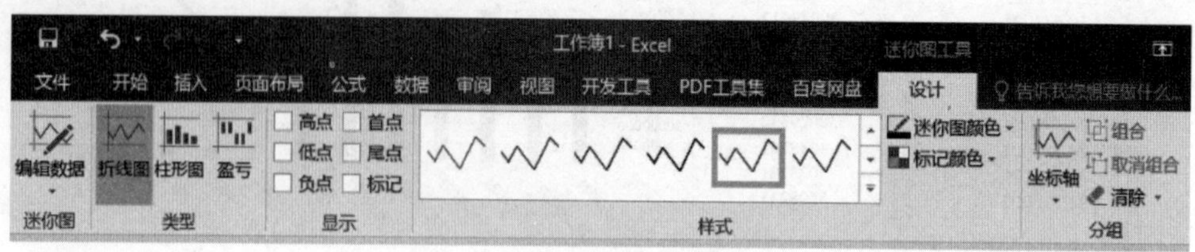

图 7.25 编辑迷你图

例如，选择突出显示不同的数据点位：高点表示最高的数据点，低点表示最低的数据点，负点表示负值数据点，首点表示第一个数据点，尾点表示最后一个数据点，标记表示折线图所有数据点。同时可以选择不同的颜色，以突出数据趋势。如图 7.26 所示。

	A	B	C
1	时间	收盘价格	交易量（百万）
2	12/13/2021	22.23	34.71
3	12/14/2021	22.59	35.63
4	12/15/2021	22.36	40.12
5	12/16/2021	22.47	39.04
6	12/17/2021	22.85	45.98
7	12/20/2021	22.79	42.9
8	12/21/2021	22.76	37.58
9	12/22/2021	23.82	30.03
10	12/23/2021	23.97	4.04
11	12/24/2021	25.38	5.02
12	12/27/2021	25.5	5.6
13			

图 7.26 迷你图突出显示

7.5.3 创建迷你图组

在 Excel 中，可以一次为不同的数据系列创建相同类型的迷你图。需要先选中数据范围，从迷你图工具栏中选择迷你图类型，然后在弹出的"创建迷你图"对话框中选择放置迷你图的位置，如图 7.27 所示，即可创建一组迷你图。

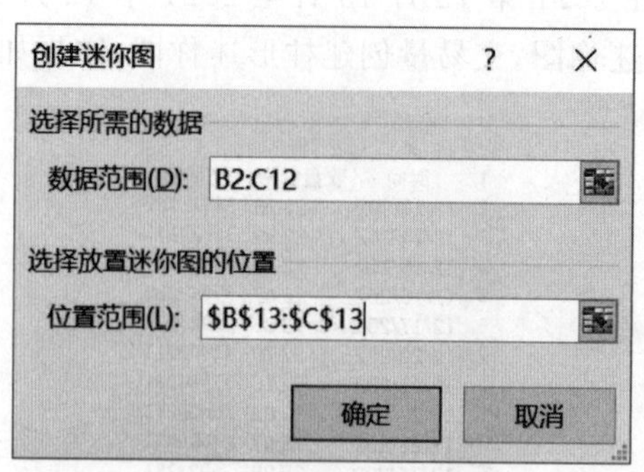

图 7.27 设置迷你图组

如图 7.28 所示，为收盘价格和交易量创建了迷你图组。也可以先创建一个迷你图，然后使用单元格的填充柄来创建迷你图组。

	A	B	C
1	时间	收盘价格	交易量
2	12/13/202	22.23	34711261
3	12/14/202	22.59	35634241
4	12/15/202	22.36	40123423
5	12/16/202	22.47	39043212
6	12/17/202	22.85	45983023
7	12/20/202	22.79	42902912
8	12/21/202	22.76	37584231
9	12/22/202	23.82	30029832
10	12/23/202	23.97	4039221
11	12/24/202	25.38	5023281
12	12/27/202	25.5	5598231
13			

图 7.28 迷你图组

此外，还可以使用迷你图工具栏下“分组”中的“组合”功能，把选中的迷你图单元格区域的所有迷你图进行组合，如果选中的迷你图类型不同，组合后所有的迷你图都会变成第一个选中的迷你图类型。

本章要点解析

在进行数据可视化时，Excel可以绘制折线图、柱状图、散点图、箱形图、饼状图以及多种常用图的组合图。本章要点：

(1)掌握折线图、散点图、柱形图、条形图、饼图等常用图形的绘制。

(2)掌握组合图形的绘制方法。

(3)了解双坐标轴图形的绘制。

(4)掌握迷你图的绘制。

本章练习

一、选择题

1. ______是用点和点之间连线的上升或下降表示指标的连续变化趋势的图形，适用于描述一个变量随另一个变量变化的趋势。

A. 折线图　　B. 散点图　　C. 箱型图　　D. 饼图

2. ______是以直角坐标系中各点的密集程度和变化趋势来表示两种现象间的相关关系，常用于显示和比较数值。

A. 折线图　　B. 散点图　　C. 柱形图　　D. 饼图

3. ______是一类常见的统计图，由一系列高度不等的矩形表示数据分布情况，反映不同项目之间的分类对比。

A. 箱型图　　B. 散点图　　C. 柱形图　　D. 饼图

4. ______通常用于显示数据个体在总体中的构成和占比情况，通常只包含一个数据系列，即显示数据系列中各数据项的大小与总和的比例关系。

A. 折线图　　B. 散点图　　C. 柱形图　　D. 饼图

5. ______也叫框线图，用于反映一组或多组连续型定量数据分布的集中趋势和离散趋势。

A. 箱型图　　B. 柱形图　　C. 饼图　　D. 折线图

6. ______是放入单个单元格中的小型图，代表所选内容中的一行或一列数据的变化趋势，主要展示数据的总的趋势变化，不能具体的展现真正数据差异的大小。

A. 微型图　　B. 迷你图　　C. 单元格图　　D. 折线图

二、操作题

1. 某网店采集了旗下热门商品一周的访客数据，如图所示。

	A	B	C	D	E	F	G	H	I
1	类目	商品名称	7月18日	7月19日	7月20日	7月21日	7月22日	7月23日	7月24日
2	T恤	百搭圆领T恤	6,111	6,014	7,372	9,118	6,305	5,335	6,111
3	连衣裙	波点连衣裙	7,760	7,081	7,372	6,596	5,432	6,790	6,208
4	连衣裙	春夏连衣裙	8,827	8,633	7,469	7,275	5,917	9,118	8,439
5	半身裙	蛋糕裙半身裙	6,596	8,827	8,633	5,723	7,275	8,148	7,178
6	T恤	短袖T恤	6,499	6,693	9,409	5,626	5,820	7,663	6,693
7	半身裙	法式半身裙	7,275	5,432	8,439	6,305	4,850	7,663	9,118
8	半身裙	复古半身裙	6,014	8,148	8,730	6,111	6,693	6,790	7,469
9	半身裙	高腰半身裙	7,372	7,469	5,238	9,312	7,178	8,730	7,081
10	T恤	韩版短袖T恤	8,730	7,760	4,947	9,312	5,432	9,021	9,215
11	T恤	网红纯棉T恤	5,141	8,730	9,506	8,342	4,850	5,432	8,148
12	连衣裙	小众连衣裙	6,790	6,402	4,850	5,432	7,275	6,014	5,141
13	衬衫	学院长袖衬衫	5,432	4,850	7,372	7,954	5,141	5,238	8,245
14	衬衫	雪纺短袖衬衫	8,342	9,603	8,439	9,409	6,596	6,984	5,432
15	连衣裙	雪纺连衣裙	6,208	5,917	9,506	5,626	6,693	9,021	6,499

请完成下列可视化操作。

(1)使用柱形图来展现商品的访客数情况。

(2)使用折线图来展现商品的访客数情况。

(3)使用饼图来展现商品的访客数情况。

(4)使用迷你图来展现商品的访客数情况。

2. 员工工资数据如下所示，请使用数据透视表分析不同级别员工的事实发工资、工时工资、合计工资以及实发工资前8位的数据，并绘制实发工资的柱形图。

	A	B	C	D	E	F	G	H	I	J	K	L	M	N	O	P
1	工号	姓名	级别	工时	基本工资	工时工资	工资合计	住房公积金	养老保险	医疗保险	失业保险	扣除合计	计段工资	应纳税所得额	所得税	实发工资
2	FY013	李雪莹	中级	166	5000.00	4980.00	9980.00	499.00	798.40	209.60	99.80	1606.80	8373.20	1766.40	52.99	8320.21
3	FY001	张敏	初级	149	3500.00	4470.00	7970.00	398.50	637.60	169.40	79.70	1285.20	6684.80	399.60	11.99	6672.81
4	FY002	宋子丹	初级	124	3500.00	3720.00	7220.00	361.00	577.60	154.40	72.20	1165.20	6054.80	-	0.00	6054.80
5	FY003	黄晓霞	高级	86	7000.00	2580.00	9580.00	479.00	766.40	201.60	95.80	1542.80	8037.20	1494.40	44.83	7992.37
6	FY004	刘伟	中级	134	5000.00	4020.00	9020.00	451.00	721.60	190.40	90.20	1453.20	7566.80	1113.60	33.41	7533.39
7	FY005	郭建军	初级	127	3500.00	3810.00	7310.00	365.50	584.80	156.20	73.10	1179.60	6130.40	-	0.00	6130.40
8	FY006	邓荣芳	初级	159	3500.00	4770.00	8270.00	413.50	661.60	175.40	82.70	1333.20	6936.80	603.60	18.11	6918.69
9	FY007	孙莉	高级	125	7000.00	3750.00	10750.00	537.50	860.00	225.00	107.50	1730.00	9020.00	2290.00	68.70	8951.30
10	FY008	黄俊	初级	120	3500.00	3600.00	7100.00	355.00	568.00	152.00	71.00	1146.00	5954.00	-	0.00	5954.00
11	FY009	陈子豪	中级	141	5000.00	4230.00	9230.00	461.50	738.40	194.60	92.30	1486.80	7743.20	1256.40	37.69	7705.51
12	FY010	蒋科	初级	136	3500.00	4080.00	7580.00	379.00	606.40	161.60	75.80	1222.80	6357.20	134.40	4.03	6353.17
13	FY011	万涛	中级	88	5000.00	2640.00	7640.00	382.00	611.20	162.80	76.40	1232.40	6407.60	175.20	5.26	6402.34
14	FY012	李强	初级	154	3500.00	4620.00	8120.00	406.00	649.60	172.40	81.20	1309.20	6810.80	501.60	15.05	6795.75
15	FY014	赵文峰	高级	93	7000.00	2790.00	9790.00	489.50	783.20	205.80	97.90	1576.40	8213.60	1637.20	49.12	8164.48
16	FY015	汪洋	初级	134	3500.00	4020.00	7520.00	376.00	601.60	160.40	75.20	1213.20	6306.80	93.60	2.81	6303.99
17	FY016	王彤彤	中级	130	5000.00	3900.00	8900.00	445.00	712.00	188.00	89.00	1434.00	7466.00	1032.00	30.96	7435.04
18	FY017	刘明亮	初级	147	3500.00	4410.00	7910.00	395.50	632.80	168.20	79.10	1275.60	6634.40	358.80	10.76	6623.64
19	FY018	宋健	高级	153	7000.00	4590.00	11590.00	579.50	927.20	241.80	115.90	1864.40	9725.60	2861.20	85.84	9639.76
20	FY019	顾晓华	初级	129	3500.00	3870.00	7370.00	368.50	589.60	157.40	73.70	1189.20	6180.80	-	0.00	6180.80
21	FY020	陈芳	中级	115	5000.00	3450.00	8450.00	422.50	676.00	179.00	84.50	1362.00	7088.00	726.00	21.78	7066.22

3. 某企业采用广告推广方式提高销量，采集到1月—12月推广费用与销售额数据如下，试分别绘制折线图和散点图。

	A	B	C
1	时间	推广费用	销售额
2	1月	2013	10526
3	2月	2372	11380
4	3月	2622	12142
5	4月	3096	13849
6	5月	3470	14753
7	6月	3964	16276
8	7月	4274	17027
9	8月	4649	18657
10	9月	5000	20020
11	10月	5240	21066
12	11月	5598	22788
13	12月	6095	23362

4. 为测定农产品中的药物残留量，某农产品企业进行了4次检查实验，每次实验采样20个，得到的农产品药物残留输入如下，试用箱线图展示药物残留情况。

	A	B	C	D
1	样本1	样本2	样本3	样本4
2	606	350	221	160
3	189	959	859	924
4	780	427	521	459
5	602	426	739	802
6	321	179	969	305
7	435	455	575	507
8	685	627	337	903
9	110	567	230	341
10	728	770	706	339
11	12	609	1465	307
12	985	970	938	956
13	703	432	934	634
14	417	477	441	655
15	217	416	999	366
16	433	939	664	324
17	125	273	380	601
18	701	497	816	254
19	682	624	719	906
20	295	840	297	276
21	131	935	661	945

5. 如下给出了某城市五个区2020年每季度的GDP情况，试绘制迷你图简要显示五个区的GDP变化情况，并将各个数据点突出显示。

	A	B	C	D	E
1	地区	一季度	二季度	三季度	四季度
2	A区	84	89	99	82
3	B区	45	71	45	50
4	C区	93	46	83	96
5	D区	79	53	62	46
6	E区	78	83	63	72

第 8 章 数据分析

本章学习目标

☑ 掌握散点图、CORREL 函数、相关系数分析工具和协方差分析工具等；

☑ 掌握趋势线、回归分析工具以及多元线性回归分析等回归分析方法，了解 INTERCEPT、SLOPE 和 RSQ 等回归函数；

☑ 掌握移动平均和指数平滑两种时间序列分析方法；

☑ 掌握规划求解问题的处理过程和原理。

本章思维导图

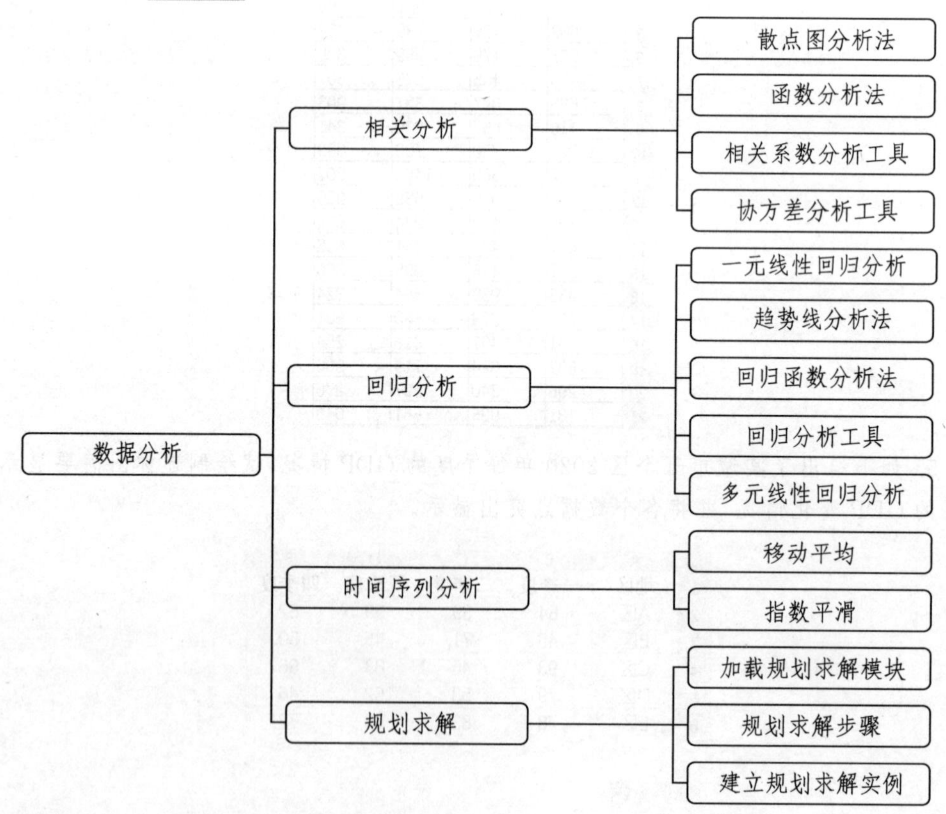

经过数据探索与预处理之后，就可以对数据做进一步深入分析了。例如，可以分析数据间的相关性、对历史数据进行回归分析、时间序列分析以及数据的规划建模求解等。Excel 配备了丰富的统计与分析功能，可以满足大多数人的大部分数据分析需求。

8.1 相关分析

事物或现象之间总是相互联系的，并且可以通过一定的数量关系反映出来。比如，教育需求量与居民收入水平之间，股票的价格和公司的利润之间，科研投入与科研产出之间等，都有着一定的依存关系。而这种依存关系一般可分为两种类型：一种是函数关系，另一种是相关关系。

函数关系是指事物或现象之间存在着严格的、确定的依存关系，对一个变量的每一个值，另一个变量都具有唯一确定的值与之相对应；如果所研究的事物或现象之间，存在着一定的数量关系，当一个或几个相互联系的变量取一定数值时，与其相对应的另一变量的值虽然不确定，但在一定的范围内按某种规律变化，这种变量之间的不稳定、不精确的变化关系称为相关关系。在现实世界中，各种事物或现象之间的联系大多体现为相关关系，而不是函数关系。

相关分析是研究变量之间是否存在相关关系，通过相关分析可以了解变量间的相互关系及其密切程度，即当一个变量取值发生变化时，另一变量的值也会发生变化，但具体变化的数量不是确定的，可能会在一定的范围内变化。我们通过散点图或借助若干分析指标可以进行相关分析，分析变量之间相互关联的紧密程度，揭示现象之间是否存在相关关系，确定相关关系的表现形式，以及变量间相关关系的密切程度和方向。

8.1.1 散点图分析法

散点图是观察两个变量之间关系程度最为直观的工具之一，通过 Excel 图表绘制出两个变量的散点图，再根据散点图的分布情况可以确定两变量的相关关系。需要注意的是，散点图并不能给出两变量相关关系的定量度量，只能定性的确定出相关关系。

在相关分析问题中，Excel 散点图的横轴 X 为自变量，纵轴 Y 为因变量。在双变量分析中简单线性相关的两个变量主要有三种关系：线性正相关、线性负相关和线性无关。

【例 8.1】如图 8.1 所示，已知某公司一年内投入广告费用与销售收入数据，试分析广告费用与销售收入的相关性。

采用 Excel 散点图对其进行简单的相关分析。

根据费用销售数据插入散点图，具体操作步骤见第 7 章。

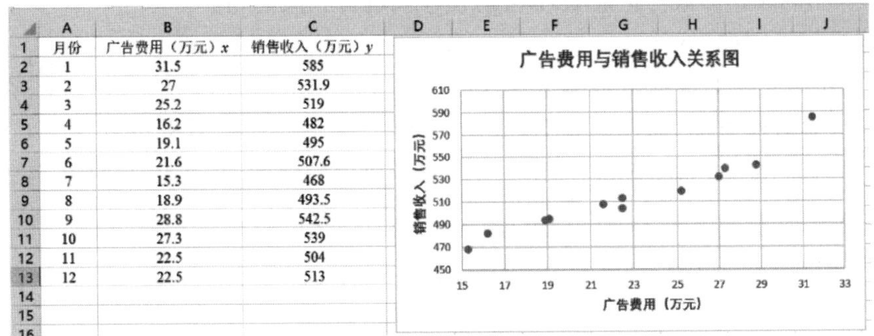

月份	广告费用（万元）x	销售收入（万元）y
1	31.5	585
2	27	531.9
3	25.2	519
4	16.2	482
5	19.1	495
6	21.6	507.6
7	15.3	468
8	18.9	493.5
9	28.8	542.5
10	27.3	539
11	22.5	504
12	22.5	513

图 8.1 散点图

通过散点图 8.1 可以看出，数据点近似于呈一条直线，表明广告投入与销售收入之间具有较为显著的正相关性，即销售收入随着广告费用的增加而增长。

8.1.2 函数分析法

虽然散点图可以直观地显示两个变量的相关关系，但是却无法精确地度量两个变量相关性的强度。散点图表法只能给出两变量的定性分析，如果想要得到两变量的定量分析，就要采用相关系数法。相关系数(Correlation Coefficient)是用无量纲的系数形式来度量两个变量之间相关程度和相关方向。

样本相关系数，一般用 r 表示，假设两个变量分别为 X 和 Y，变量的样本观测值分别为 X_i 和 Y_i，样本均值分别为 $\overline{X}$ 和 $\overline{Y}$，则 r 的计算公式如下：

$$r=\frac{\sum (X_i-\overline{X})(Y_i-\overline{Y})}{\sqrt{\sum (X_i-\overline{X})^2(Y_i-\overline{Y})^2}}=\frac{COV(X_i,Y_i)}{\sigma_X\sigma_y}$$

相关系数没有单位，其值为 $-1\leqslant r\leqslant 1$。r 值为正，表示变量 X 和 Y 之间正相关；r 值为负，表示负相关；$r=1$，表示两变量完全正相关；$r=-1$，表示两变量完全负相关；若 $r=0$ 则为不相关。

Excel 中的 CORREL 函数，主要用于返回两组数值的相关系数，使用 CORREL 函数可以计算两个变量之间的相关性。

【例 8.2】已知某公司一年内投入广告费用与销售收入数据，如图 8.2 所示。试分析广告费用与销售收入的相关性。

D2 =CORREL(B2:B13,C2:C13)

	A	B	C	D
1	月份	广告费用（万元）x	销售收入（万元）y	相关系数
2	1	31.5	585	0.967234182
3	2	27	531.9	
4	3	25.2	519	
5	4	16.2	482	
6	5	19.1	495	
7	6	21.6	507.6	
8	7	15.3	468	
9	8	18.9	493.5	
10	9	28.8	542.5	
11	10	27.3	539	
12	11	22.5	504	
13	12	22.5	513	

图 8.2 相关系数

使用 CORREL 函数对广告费用与销售收入进行相关分析。

具体操作步骤如下：

(1)选中单元格 D2，单击数据表格上方编辑栏中的“插入函数”按钮 f_x，在弹出的“插入函数”对话框中将“选择类别”设置为“统计”，在下面的列表框中选择“CORREL”，然后单击“确定”按钮，如图 8.3 所示。如果对函数比较熟悉，也可以选中单元格 D2 后，直接在表格上方的编辑栏中输入公式：= CORREL(B2:B13, C2:C13)。

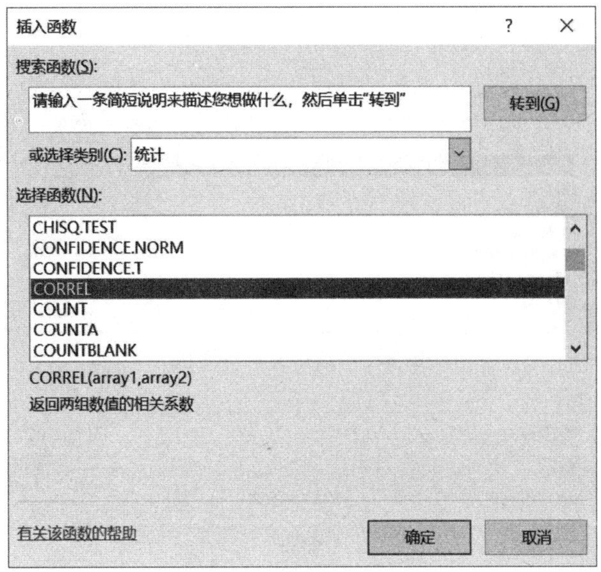

图 8.3 插入函数对话框

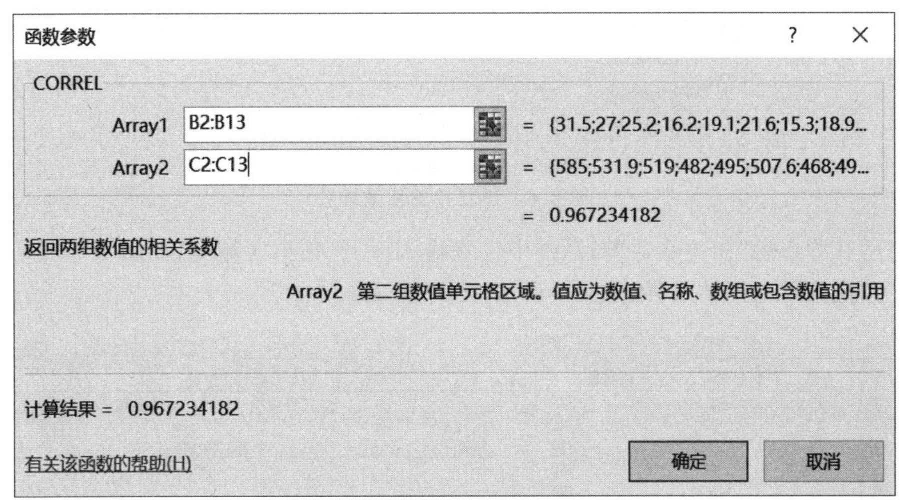

图 8.4 设置 CORREL 函数参数

(2)在弹出的"函数参数"对话框中分别设置 Array1 和 Array2 对应的数据区域，如图 8.4 所示，最后单击"确定"按钮即可。得到相关系数值约为 0.967，介于 0～1 之间且接近于 1，说明广告费用与销售收入两个变量之间存在显著的正相关关系。

8.1.3 相关系数分析工具

Excel 的数据分析工具中提供了相关系数这个工具，用来描述两个变量之间离散程度，其相关系数的值必须介于－1～1 之间。此分析工具可用于判断两组数据之间的相关关系，可以使用其来确定两个区域中数据的变化是否相关。利用"相关系数"宏工具不但可以求双变量的相关系数，而且能求出多元相关的相关系数矩阵。

在 Excel 中成功加载分析工具之后，执行"数据"菜单下"分析"栏中的"数据分析"，在弹出的"数据分析"对话框中选择"相关系数"选项，并单击"确定"按钮，如图 8.5 所示。

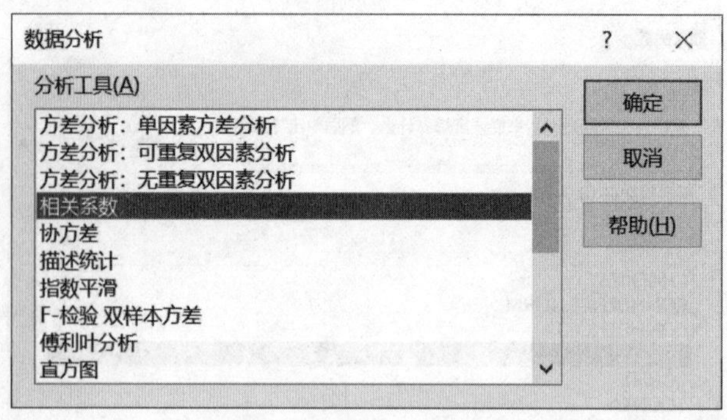

图 8.5　数据分析对话框

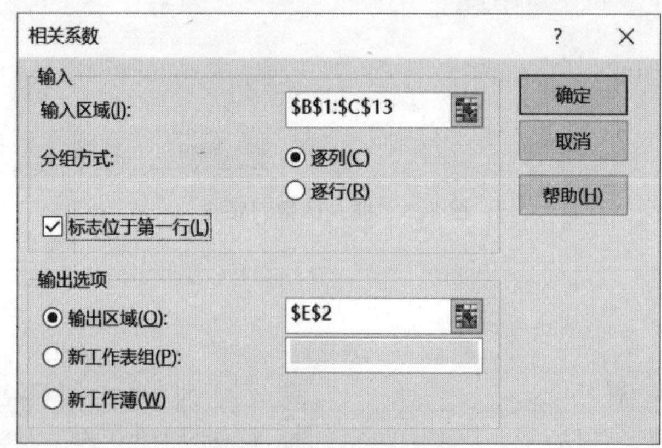

图 8.6　设置相关系数参数

然后在弹出的“相关系数”对话框中设置输入区域、输出区域等，如图 8.6 所示，单击“确定”按钮即可返回结果，如图 8.7 所示。

	A	B	C	E	F	G
1	月份	广告费用（万元）x	销售收入（万元）y		相关系数分析工具	
2	1	31.5	585		广告费用（万元）x	销售收入（万元）y
3	2	27	531.9	广告费用（万元）x	1	
4	3	25.2	519	销售收入（万元）y	0.967234182	1
5	4	16.2	482			
6	5	19.1	495			
7	6	21.6	507.6			
8	7	15.3	468			
9	8	18.9	493.5			
10	9	28.8	542.5			
11	10	27.3	539			
12	11	22.5	504			
13	12	22.5	513			

图 8.7　相关系数分析工具的结果

如图 8.7 中 F4 单元格所示，采用相关系数工具得到的结果与使用 CORREL 函数一致。此外，图 8.7 中 F3 单元格与 G4 单元格分别表示广告费用、销售收入与其自身的相关系数，因此均为 1。由于相关系数的计算具有对称性，因而计算结果仅以下三角矩阵的形式给出。

8.1.4　协方差分析工具

协方差分析工具可以用来测量两组数据之间的变化是否相关。假设两个随机变量

X 和 Y 的分别为期望为 $E(X)$ 和 $E(Y)$，方差分别为 $\mathrm{Var}(X)$ 和 $\mathrm{Var}(Y)$，则随机变量 X 和 Y 的协方差 $\mathrm{Cov}(X,Y)$ 定义为：

$$\mathrm{Cov}(X,Y)=E\left[(X-E(X))(Y-E(Y))\right]=E(XY)-E(X)E(Y)$$

从直观上来看，协方差表示的是两个变量总体误差的期望。如果两个变量的变化趋势一致，也就是说如果其中一个大于自身的期望值时另外一个也大于自身的期望值，那么两个变量之间的协方差就是正值；如果两个变量的变化趋势相反，即其中一个变量大于自身的期望值时另外一个却小于自身的期望值，那么两个变量之间的协方差就是负值。如果两个变量是统计独立的，那么二者之间的协方差就是 0。

协方差分析工具与相关系数分析工具的使用过程类似，执行“数据”菜单下“分析”栏中的“数据分析”，在弹出的“数据分析”对话框中选择“协方差”选项，单击“确定”按钮，在弹出的“协方差”对话框中设置输入区域、输出区域等，如图 8.8 所示。单击“确定”按钮即可返回结果，如图 8.9 所示。

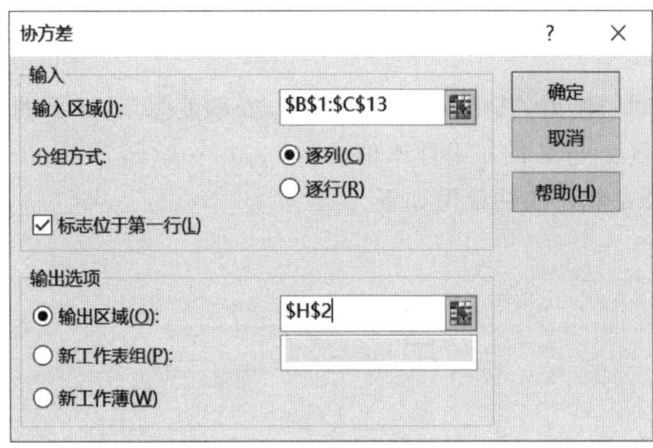

图 8.8 设置协方差参数

	A	B	C	H	I	J
1	月份	广告费用（万元）x	销售收入（万元）y			
2	1	31.5	585		广告费用（万元）x	销售收入（万元）y
3	2	27	531.9	广告费用（万元）x	23.76909722	
4	3	25.2	519	销售收入（万元）y	141.9511806	906.1540972
5	4	16.2	482			
6	5	19.1	495			
7	6	21.6	507.6			
8	7	15.3	468			
9	8	18.9	493.5			
10	9	28.8	542.5			
11	10	27.3	539			
12	11	22.5	504			
13	12	22.5	513			

图 8.9 协方差分析工具的结果

通过协方差分析结果可以看出，两组数据之间的协方差约为 141.95。协方差为大于 0 的正值，表明广告费用与销售收入的变化趋势是一致，广告费用和销售收入两个变量之间存在正相关关系。I3 单元格(23.769)和 J4 单元格(906.154)分别表示广告费用和销售收入各自的方差。

8.2 回归分析

所谓回归分析法，是在掌握大量观察数据的基础上，利用数理统计方法建立因变量与自变量之间的回归关系函数表达式(称回归方程式)。回归分析的作用是分析现象之间相关的具体形式,确定其因果关系,并用数学模型来表现其具体关系。

一般来说,回归分析是通过规定因变量和自变量来确定变量之间的因果关系,建立回归模型,并根据实测数据来求解模型的各个参数,然后评价回归模型是否能够很好地拟合实测数据。如果能够很好地拟合,则可以根据自变量作进一步预测。

回归分析是在自然科学和社会科学的研究及商业统计分析中应用广泛,通常可采用最小二乘法估计或最大似然估计进行拟合确定一个或多个变量的变化对另一个变量的影响程度。

8.2.1 一元线性回归分析

一元线性回归分析是最基本的回归分析,用于研究具有线性关系的两个变量之间的关系。假设随机变量 Y 与 x 间存在相关关系,并且对于 x 的每一个取值,有 $Y \sim N(a+bx, \sigma^2)$ 。其中 a、b 及 σ^2 都是不依赖于 x 的未知参数。如果令 $\varepsilon = Y-(a+bx)$,则对 Y 的正态假设等价于

$$Y = a + bx + \varepsilon, \varepsilon \sim N(0, \sigma^2)$$

上式称为一元线性回归模型,其中 b 为回归系数,表示变量 x 与 Y 的相关程度。当我们已经获得了随机变量 x 与 Y 的 n 组样本值 $(x_1, y_1), \cdots, (x_i, y_i), \cdots, (x_n, y_n)$,采用最小二乘法,回归参数 a 和 b 的估计值如下

$$\begin{cases} \hat{a} = \bar{y} - \hat{b}\bar{x} \\ \hat{b} = \dfrac{\sum\limits_{i=1}^{n}(x_i - \bar{x})(y_i - \bar{y})}{\sum\limits_{i=1}^{n}(x_i - \bar{x})^2} \end{cases}$$

其中, $\bar{x} = \dfrac{1}{n}\sum\limits_{i=1}^{n}x_i$, $\bar{y} = \dfrac{1}{n}\sum\limits_{i=1}^{n}y_i$, $\hat{a}$ 和 $\hat{b}$ 是未知参数 a 和 b 的最小二乘估计值。获得估计值 $\hat{a}$ 和 $\hat{b}$ 后, $\hat{Y} = \hat{a} + \hat{b}x$ 称为 Y 关于 x 的经验回归函数,简称回归方程,其图形称为回归直线。给定 x 的某个样本值 $x = x_0$ 后,称 $\hat{Y}_0 = \hat{a} + \hat{b}x_0$ 为回归值(在不同场合也称其为拟合值、预测值)。

在使用回归方程作进一步的分析以前,首先应对回归方程是否有意义进行判断。如果 $\hat{b} = 0$,那么不管 x 如何变化, $E(Y)$ 不随 x 的变化作线性变化,那么这时求得的一元线性回归方程就没有意义,称回归方程不显著。如果 $\hat{b} \neq 0$, $E(Y)$ 随 x 的变化作线性变化,称回归方程是显著的。

综上,对回归方程是否有意义作判断就是要作如下的显著性检验:

$$H_0: \hat{b} = 0 \quad vs \quad H_1: \hat{b} \neq 0$$

拒绝 H_0 表示回归方程是显著的。

对于任何一个假设检验问题,处理的基本步骤为:提出原假设、选择检验统计量、选择显著性水平、给出拒绝域并进行判断。由于涉及到随机因素,显著性水平实际上表示了对于错误检验的容忍度,其中检验可能犯两类错误:一是 H_0 为真但拒绝了原假设

H_0，称为第一类错误，其发生概率称为犯第一类错误的概率，或称拒真概率，通常记为 α；二是 H_0 不真但不拒绝原假设 H_0，称为第二类错误，其发生的概率称为犯第二类错误的概率，或称受伪概率，通常记为 β。通常来说，在样本量一定的条件下，应该选择使 α 和 β 都小的检验，但在实践中往往很难达到，因此在处理实际问题时，我们通常采用 α 的显著性检验的概念，即主要关注第一类错误，α 的最常用取值为 0.05。

进行回归显著性检验的方法有很多，最常采用的是基于方差分析思想的 F 检验和针对每个参数的 T 检验。回归分析 F 检验将数据总偏差平方和分解为回归平方和与残差平方和两部分，进一步构造 F 检验统计量进行显著性水平判断，鉴于此部分内容涉及到较为复杂的统计理论知识，在此我们将不进一步展开，建议有兴趣的读者阅读概率统计相关教材。

在实际使用数据分析相关软件进行回归分析时，计算结果中通常会给出检验的 p 值帮助我们进行显著性判断，p 值指的是在一个假设检验问题中，利用观测数据能够做出拒绝原假设（$H_0:\hat{b}=0$）的最小显著性水平。

引进检验的 p 值的概念有明显的好处在于：第一，它比较客观，避免了事先确定显著水平；其次，由检验的 p 值与人们心目中的显著性水平 α 进行比较可以很容易作出检验的结论。如果 $\alpha \geq p$，则在显著性水平 α 下拒绝 H_0；如果 $a < p$，则在显著性水平 α 下保留 H_0。

除了回归参数是否显著不为 0，我们还要对回归方程总体的拟合效果进行判断，最常用到的指标为判定系数。回归平方和占总平方和的百分比，即是回归线可帮助数据解释的部分，称为判定系数。判定系数公式为

$$R^2=\frac{\sum_{i=1}^{n}(\hat{y}_i-\bar{y})^2}{\sum_{i=1}^{n}(y_i-\bar{y})^2}$$

由于总平方和必须考虑残差，即总平方和＝回归平方和＋残差平方和，因此判定系数还可表示为

$$R^2=1-\frac{\sum_{i=1}^{n}(\hat{y}_i-\bar{y}_i)^2}{\sum_{i=1}^{n}(y_i-\bar{y})^2}$$

R^2 越大，说明残差越小，回归曲线拟合越好，R^2 从总体上给出一个拟合好坏程度的度量。

8.2.2 趋势线分析法

趋势线分析法是建立在散点图基础上的一种分析方法，通过为散点图添加趋势线来达到线性回归分析的目的。

Excel 中散点图的趋势线包括对数、指数、多项式、线性等类型，不同类型的趋势线所使用的分析方法也各不相同，需要根据分析目的来进行选择。

(1)对数趋势线

以广告费用与销售收入数据为例，在 8.1.1 已经绘制了散点图基础上，右击散点图中的数据点，从快捷菜单中选择“添加趋势线”命令，在弹出的“设置趋势线格式”窗格中

选择“对数”选项，并勾选“显示公式”和“显示 R 平方值”，如图 8.10 所示。

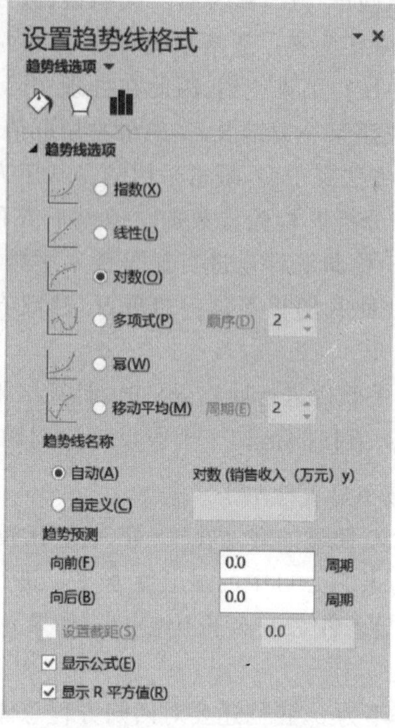

图 8.10　设置趋势线格式

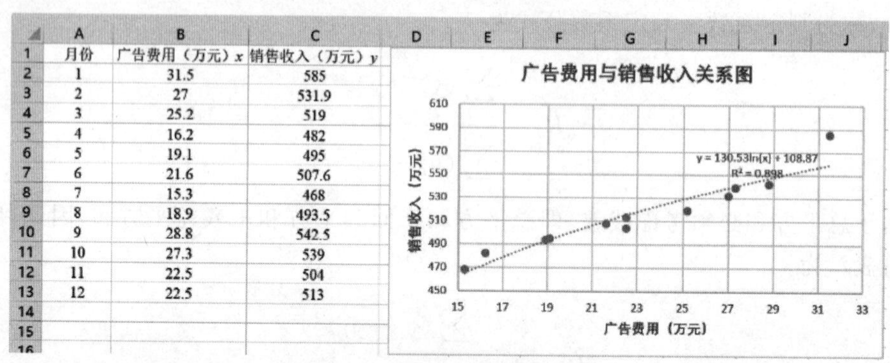

	A	B	C
1	月份	广告费用（万元）x	销售收入（万元）y
2	1	31.5	585
3	2	27	531.9
4	3	25.2	519
5	4	16.2	482
6	5	19.1	495
7	6	21.6	507.6
8	7	15.3	468
9	8	18.9	493.5
10	9	28.8	542.5
11	10	27.3	539
12	11	22.5	504
13	12	22.5	513

图 8.11　对数趋势线分析结果

此时，在散点图中显示出趋势线和趋势线公式和 R 平方值，如图 8.11 所示。回归公式中的系数 130.53 反映了两个变量之间关系的强弱，即随着广告费用的增长，销售收入也随之上升；R 平方值反映了回归曲线对样本数据的拟合程度，R 平方值的取值在 0～1 之间，越接近 1，回归曲线拟合的效果越好。本例中 R 平方值为 0.898，说明该数据的拟合对数曲线较好。

(2)线性趋势线

选择散点图，右击图中的数据点，从快捷菜单中选择“添加趋势线”命令，在弹出的“设置趋势线格式”窗格中选择“线性”选项，并勾选“显示公式”和“显示 R 平方值”，结果如图 8.12 所示。

从图中可以看出，回归方程为：$y=5.9721x+377.73$，R^2 值为 0.9355，与对数趋势

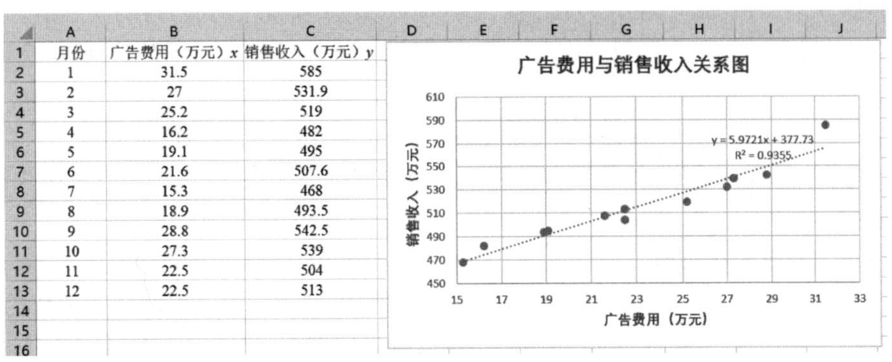

	A	B	C
1	月份	广告费用（万元）x	销售收入（万元）y
2	1	31.5	585
3	2	27	531.9
4	3	25.2	519
5	4	16.2	482
6	5	19.1	495
7	6	21.6	507.6
8	7	15.3	468
9	8	18.9	493.5
10	9	28.8	542.5
11	10	27.3	539
12	11	22.5	504
13	12	22.5	513

图 8.12 线性趋势线分析结果

线相比，拟合直线的判断系数 R^2 值更大，说明本例中采用线性趋势线更好。

8.2.3 回归函数分析法

Excel 提供了 3 种函数对数据变量计算截距、斜率和判定系数等进行回归分析。

第 1 种综合回归函数，主要是 LINEST 函数。此类函数可返回回归方程的参数，而且可根据参数的设置返回相关统计量的值和将回归常数项强制设置为零。

第 2 种回归参数函数，主要是 SLOPE 函数和 INTERCEPT 函数，其中 SLOPE 函数用于返回回归直线的斜率，即自变量前的回归系数；INTERCEPT 函数用于返回线性回归的截距。

第 3 种检验类函数，主要是 RSQ 函数和 STEYX 函数，其中 RSQ 函数用于返回 Pearson 相关系数的平方，以用于方程的拟合优度检验；而 STEYX 函数用于返回回归的总离差平方和。

综合回归函数 LINEST 可通过使用最小二乘法计算与现有数据最佳拟合的直线，来计算某直线的统计值，然后返回表达此直线的数组。也可以将 LINEST 与其他函数结合使用来计算未知参数中其他类型的线性模型的统计值，包括多项式、对数、指数和幂级数。因为此函数返回数值数组，所以必须以数组公式的形式输入。

如果不需要求出所有的参数和统计量值，可使用回归函数中的回归参数函数和检验类函数。

选中单元格 D2，直接在表格上方的编辑栏中输入公式：= INTERCEPT(C2:C13, B2:B13)，然后回车，或点击公式左边的“输入√”，即可得到截距值，如图 8.13 所示。

D2 =INTERCEPT(C2:C13, B2:B13)

	A	B	C	D	E	F	G
1	月份	广告费用（万元）x	销售收入（万元）y	截距	斜率	验证y值	判定系数
2	1	31.5	585	377.7333711	5.972089694	565.8541965	0.935541962
3	2	27	531.9			538.9797929	
4	3	25.2	519			528.2300314	
5	4	16.2	482			474.4812242	
6	5	19.1	495			491.8002843	
7	6	21.6	507.6			506.7305085	
8	7	15.3	468			469.1063434	
9	8	18.9	493.5			490.6058663	
10	9	28.8	542.5			549.7295543	
11	10	27.3	539			540.7714198	
12	11	22.5	504			512.1053892	
13	12	22.5	513			512.1053892	

图 8.13 回归函数分析结果

同理，在单元格 E2 中输入公式：= SLOPE(C2:C13, B2:B13)，得到斜率值。

在单元格 F2 中输入验证公式：= B2*$E$2+$D$2，向下填充即可验证输出值 y。

在单元格 G2 中输入公式：= RSQ(C2:C13, B2:B13)，得到判定系数值。

从计算结果可以看出，线性回归方程为：y = 5.972 * x + 377.733，与采用线性趋势线得到的结果完全一致。

8.2.4 回归分析工具

回归分析工具集成了 INTERCEPT 函数、SLOPE 函数和 RSQ 函数等函数的功能，是数理统计学中回归分析基本理论在 Excel 中的应用实现，也是在实践中通过 Excel 进行回归分析最常用的方法。Excel 回归分析工具使用最小二乘法进行线性拟合分析，得出的一条符合一组观测数据的直线，利用它可以分析一个因变量被自变量影响的方式。

【例 8.3】已知某公司一年内投入广告费用与销售收入数据如例 8.2 所示，试对销售收入关于广告费用进行回归分析。

具体操作步骤如下：

(1)执行“数据”菜单下“分析”栏中的“数据分析”，在弹出的“数据分析”对话框中选择“回归”选项，并单击“确定”按钮。然后在弹出的“回归”对话框中设置 Y 值输入区域、X 值输入区域、输出区域等，如图 8.14 所示，单击“确定”按钮即可。

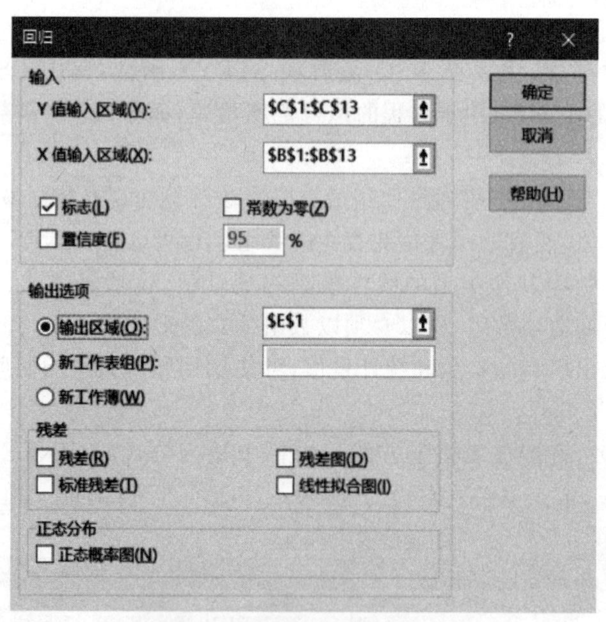

图 8.14 设置回归分析参数

(2)分析结果如图 8.15 所示，可以看出：回归统计区域中 R Square 为 0.935542，调整后的判定系数为 0.929096，说明数据的回归拟合程度很好；方差分析区域中 Significance F 值即为检验的 p 值，为 2.82E−07，该值远远小于显著水平 0.05，说明自变量对因变量有着显著的影响；下方的系数区域中显示截距为 377.7334，斜率为 5.97209，对应的 p 值均远小于 0.05，说明回归参数显著不为 0，回归方程与回归函数分析法得到的结果一致。

E	F	G	H	I	J	K	L	M
SUMMARY OUTPUT								
回归统计								
Multiple R	0.967234							
R Square	0.935542							
Adjusted R	0.929096							
标准误差	8.372019							
观测值	12							
方差分析								
	df	SS	MS	F	ignificance F			
回归分析	1	10172.94	10172.94	145.1397	2.82E-07			
残差	10	700.907	70.0907					
总计	11	10873.85						
	Coefficients	标准误差	t Stat	P-value	Lower 95%	Upper 95%	下限 95.0%	上限 95.0%
Intercept	377.7334	11.65077	32.42133	1.84E-11	351.7738	403.6929	351.7738	403.6929
广告费用	5.97209	0.495716	12.04739	2.82E-07	4.867565	7.076615	4.867565	7.076615

图 8.15 回归分析结果

8.2.5 多元线性回归分析

多元线性回归是对一元线性回归的推广，在回归分析中，如果有两个或两个以上的自变量，就称为多元回归。事实上，一种现象常常是与多个因素相联系的，由多个自变量的最优组合共同来预测或估计因变量，比只用一个自变量进行预测或估计更有效，更符合实际。因此，多元线性回归的实用意义比一元线性回归更大。多元线性回归是一种包含两个或两个以上自变量的线性回归分析方法，可以解释多个自变量与因变量之间的线性关系。

假设 y 对 $x_1,x_2,\cdots,x_m$ 的 m 元线性回归方程为

$$y = b_0 + b_1x_1 + b_2x_2 + \cdots + b_mx_m + \varepsilon$$

其中，b_0 为常数项，$b_1,b_2,\cdots,b_m$ 是 y 关于 $x_1,x_2,\cdots,x_m$ 的回归系数，ε 为误差项。多元回归模型也可采用矩阵形式：$Y = Xb + \varepsilon$，其中 $X = [1,x_1,x_2,\cdots,x_m]$，$b = [b_0,b_1,b_2,\cdots,b_m]$，采用最小二乘估计方法，则参数 b 的估计值为 $\hat{b} = (XX^T)^{-1}$。

与一元回归分析类似，对多元回归分析的显著性检验通常也采用 F 检验和 T 检验方法。不同之处在于，多元回归方程的显著性检验用于检验决定系数 R^2 是否显著。对于整体回归效果，可知回归的总离差平方和为：

$$TSS = \sum_{i=1}^{n}(y_i - \bar{y})^2$$

回归平方和：

$$RSS = \sum_{i=1}^{n}(\hat{y}_i - \bar{y})^2$$

残差平方和：

$$ESS = \sum_{i=1}^{n}(y_i - \hat{y})^2$$

样本决定系数为：

$$R^2 = \frac{RSS}{TSS} = 1 - \frac{ESS}{TSS}$$

多元回归方程的显著性检验用于检验决定系数 R^2 是否显著，对应的 F 统计量为：

$$R=\frac{RSS/(n-1)}{ESS/(n-k)}$$

【例 8.4】给定具有线性关系的 4 个自变量 x_1、x_2、x_3、x_4 以及因变量 y，数据如图 8.16 所示，请建立多元回归模型。

采用 Excel“数据分析工具”—“回归分析”进行多元线性回归。

	A	B	C	D	E
1	x1	x2	x3	x4	y
2	0.98	4	0.15	0.24	45.86
3	1.82	2.91	2.16	0.03	58.28
4	2.47	7.16	4.5	0.2	114.67
5	3.43	5.05	2.06	0.43	95.49
6	2.59	0.4	0.07	0.59	36.14
7	0.73	1.26	0.14	0.28	20.25
8	0.27	3.17	0.07	0.98	31.4
9	5.16	0.3	0.25	0.01	66.14
10	0.33	1.61	0.71	1.46	24.68
11	1.15	4.49	1.17	0.76	58.87
12	2.71	0.73	1.96	0.38	51.39
13	0.44	3.6	0.19	0.61	36.88
14	1.6	6.07	0.5	0.03	70.95
15	5.02	2.92	0.8	0.08	88.67
16	0.92	2	1.15	0.78	35.74
17	4.28	1.19	0.32	0.01	63.18
18	1.42	0	2.37	1.19	34.34
19	0.37	1.43	0.39	0.71	19.65
20	7.8	5.19	0.15	0.18	136.4
21	0.74	0.03	0.86	0.48	15.59
22	2.45	0.06	0.27	0	31.77
23	0.02	4.48	1.44	0.45	45.69
24	5.12	0.45	0.47	0.19	68.33
25	0.28	1.83	0.61	0.4	22.81
26	3.76	1.11	0.27	0.41	56.88
27	0.83	2.9	3.4	0.36	54.35

图 8.16　数据集

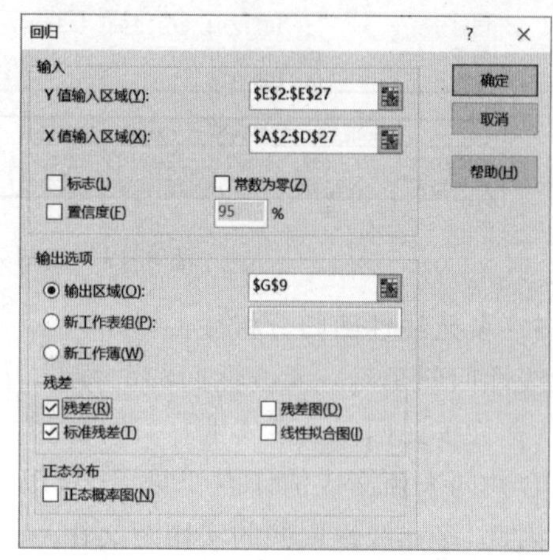

图 8.17　设置多元回归参数

具体操作步骤如下：

(1)执行“数据”菜单下“分析”栏中的“数据分析”，在弹出的“数据分析”对话框中选择“回归”选项，并单击“确定”按钮。然后在弹出的“回归”对话框中设置 Y 值输入区域、X 值输入区域、输出区域等，如图 8.17 所示，单击“确定”按钮即可。

(2)分析结果如图 8.18 所示，可以得到回归方程：

$$y=12.01001*x_1+8.004441*x_2+6.017977*x_3+2.317767*x_4+0.132309$$

G	H	I	J	K	L	M	N	O
SUMMARY OUTPUT								
回归统计								
Multiple R	0.999977							
R Square	0.999955							
Adjusted R	0.999946							
标准误差	0.219186							
观测值	26							
方差分析								
	df	SS	MS	F	ignificance F			
回归分析	4	22258.88	5564.72	115829.3	2.83E-45			
残差	21	1.008891	0.048042					
总计	25	22259.89						
	Coefficients	标准误差	t Stat	P-value	Lower 95%	Upper 95%	下限 95.0%	上限 95.0%
Intercept	0.132309	0.132987	0.994901	0.331111	-0.14425	0.40887	-0.14425	0.40887
X Variable	12.01001	0.026033	461.332	1.49E-43	11.95587	12.06415	11.95587	12.06415
X Variable	8.004441	0.023521	340.3158	8.88E-41	7.955527	8.053354	7.955527	8.053354
X Variable	6.017977	0.042338	142.1403	8.08E-33	5.929929	6.106024	5.929929	6.106024
X Variable	2.317767	0.138721	16.70807	1.32E-13	2.02928	2.606254	2.02928	2.606254

图 8.18　多元线性回归分析结果

(3)调整后的判定系数为 0.99946，说明数据的回归拟合程度非常好；方差分析区域中 Significance F 值(p 值)为 2.83E−45,该值远远小于显著水平 0.05,说明自变量对因变量有着显著的影响。此外,对于回归系数来说,除了常数项(0.132309)的 p 值较大,为 0.331111,其余参数的 p 值均非常小,说明 x_1、x_2、x_3、x_4 的系数显著不等于 0,常数项不显著,可认为常数项为 0。

在 Excel 中,也可以使用 LINEST 和 FINV 函数进行多元线性回归分析。其中,LINEST 函数的功能是返回线性回归方程的参数,FINV 函数的功能是返回 F 概率分布的反函数值。

8.3 时间序列分析

时间序列是把同一事件的历史统计资料按照时间顺序排列起来得到的一组数据序列,主要的分析方法包括移动平均和指数平滑。

时间序列是将某种统计指标的数值,按时间先后顺序排列所形成的数列。时间序列预测法就是通过编制和分析时间序列,根据时间序列所反映出来的发展过程、方向和趋势,进行类推或延伸,借以预测下一段时间或以后若干年内可能达到的水平。其内容包括:收集与整理某种社会现象的历史资料,并对这些资料进行检查鉴别,排成数列;分析时间数列,从中寻找该社会现象随时间变化而变化的规律,得出一定的模式,并以此模式去预测该社会现象将来的情况。

根据对资料分析方法的不同,时间序列预测的主要方法又可分为:简单序时平均数法、加权序时平均数法、移动平均法、加权移动平均法、趋势预测法、指数平滑法、季节性趋势预测法、市场寿命周期预测法等。

8.3.1 移动平均

移动平均法是一种非常简便的自适应预测模型,通过对相关数据建立一个描述事件发展变化的趋势动态模型,并利用模型在数据序列上进行外推,从而预测某些数据指标的未来发展趋势。使用移动平均分析工具可以预测销售量、库存或其他趋势。

设时间序列为 $\{y_t, t \geq 1\}$,取移动平均的项数为 n ,则第 $t+1$ 期预测值的计算公式为

$$\hat{y}_{t+1} = M_t^{(1)} = \frac{y_t + y_{t-1} + \cdots + y_{t-n+1}}{n} = \frac{1}{n}\sum_{i=1}^{n} y_{t-n+i}$$

其中,y_t 表示第 t 期的实际值,$M_t^{(1)}$ 表示第 t 期的第一次移动平均数,该模型的预测标准误差为

$$S = \sqrt{\frac{\sum_{i=1}^{n}(y_{t+1} - \hat{y}_{t+1})^2}{N-n}}$$

其中,N 表示时间序列 $\{y_t\}$ 所含原始数据的个数。在实际使用中,移动平均项数 n 的取值与具体问题相关,一般的取值范围:$5 \leqslant n \leqslant 200$。当历史序列的基本趋势变化不大且序列中随机变动成分较多时,n 的取值应较大一些。否则 n 的取值应小一些。在有确定的季节变动周期的资料中,移动平均的项数应取周期长度。选择最佳 n 值的一个有效方法是,比较若干模型的预测误差,预测标准误差小者为好。

【例 8.5】给定某公司员工增长情况的数据,如图 8.19 所示,请利用移动平均法预测来年员工增长率。

采用 Excel“数据分析工具”－“移动平均”进行增长率预测。

	A	B
1	员工增长情况	
2	年份	员工增长率(%)
3	2010	10
4	2011	12
5	2012	9
6	2013	6
7	2014	8
8	2015	3
9	2016	15
10	2017	12
11	2018	16
12	2019	20
13	2020	22
14	2021	

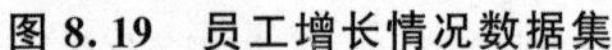

图 8.19　员工增长情况数据集

图 8.20　设置移动平均参数

具体操作步骤如下：

(1)单击“数据”菜单下“分析”栏中的“数据分析”按钮，从弹出的“数据分析”对话框中选择“移动平均”，单击“确定”按钮，弹出“移动平均”对话框，如图 8.20 所示，分别设置数据的输入区域、输出区域，间隔设置为 2，勾选“标准误差”复选框，最后点击“确定”按钮。

返回工作表中即可看到间隔为 2 的移动平均值和标准误差值，如图 8.21 所示。同理，计算间隔为 3 的移动平均值和标准误差值，如图 8.22 所示。

	A	B	C	D
1	员工增长情况		间隔 n =2	
2	年份	员工增长率(%)	移动平均	标准误差
3	2010	10	#N/A	#N/A
4	2011	12	11	#N/A
5	2012	9	10.5	1.27475488
6	2013	6	7.5	1.5
7	2014	8	7	1.27475488
8	2015	3	5.5	1.90394328
9	2016	15	9	4.59619408
10	2017	12	13.5	4.37321392
11	2018	16	14	1.76776695
12	2019	20	18	2
13	2020	22	21	1.58113883
14	2021			

图 8.21　$n=2$ 时移动平均值和标准误差值

	A	B	C	D	E	F
1	员工增长情况		间隔 n =2		间隔 n =3	
2	年份	员工增长率(%)	移动平均	标准误差	移动平均	标准误差
3	2010	10	#N/A	#N/A	#N/A	#N/A
4	2011	12	11	#N/A	#N/A	#N/A
5	2012	9	10.5	1.27475488	10.33333333	#N/A
6	2013	6	7.5	1.5	9	#N/A
7	2014	8	7	1.27475488	7.666666667	1.905158689
8	2015	3	5.5	1.90394328	5.666666667	2.325383282
9	2016	15	9	4.59619408	8.666666667	3.972125096
10	2017	12	13.5	4.37321392	10	4.132078663
11	2018	16	14	1.76776695	14.33333333	3.953432639
12	2019	20	18	2	16	2.755465948
13	2020	22	21	1.58113883	19.33333333	2.937623126
14	2021					

图 8.22　$n=3$ 时移动平均值和标准误差值

(2)在 D14 和 F14 单元格中分别输入公式：= AVERAGE(D5:D13)和= AVERAGE(F7:F13)，即可得到相应的误差平均值，如图 8.23 所示。比较两个误差平均值，可知间隔 n = 2 时预测的误差更小，故取对应的移动平均值来计算 2021 对应的预测值。

D14　=AVERAGE(D5:D13)

	A	B	C	D	E	F
1	员工增长情况		间隔 n =2		间隔 n =3	
2	年份	员工增长率(%)	移动平均	标准误差	移动平均	标准误差
3	2010	10	#N/A	#N/A	#N/A	#N/A
4	2011	12	11	#N/A	#N/A	#N/A
5	2012	9	10.5	1.27475488	10.33333333	#N/A
6	2013	6	7.5	1.5	9	#N/A
7	2014	8	7	1.27475488	7.666666667	1.905158689
8	2015	3	5.5	1.90394328	5.666666667	2.325383282
9	2016	15	9	4.59619408	8.666666667	3.972125096
10	2017	12	13.5	4.37321392	10	4.132078663
11	2018	16	14	1.76776695	14.33333333	3.953432639
12	2019	20	18	2	16	2.755465948
13	2020	22	21	1.58113883	19.33333333	2.937623126
14	2021			2.25241854		3.140181063

图 8.23　$n=2$ 和 $n=3$ 时的误差平均值

B14　=AVERAGE(C12:C13)

	A	B	C	D	E	F
1	员工增长情况		间隔 n =2		间隔 n =3	
2	年份	员工增长率(%)	移动平均	标准误差	移动平均	标准误差
3	2010	10	#N/A	#N/A	#N/A	#N/A
4	2011	12	11	#N/A	#N/A	#N/A
5	2012	9	10.5	1.27475488	10.33333333	#N/A
6	2013	6	7.5	1.5	9	#N/A
7	2014	8	7	1.27475488	7.666666667	1.905158689
8	2015	3	5.5	1.90394328	5.666666667	2.325383282
9	2016	15	9	4.59619408	8.666666667	3.972125096
10	2017	12	13.5	4.37321392	10	4.132078663
11	2018	16	14	1.76776695	14.33333333	3.953432639
12	2019	20	18	2	16	2.755465948
13	2020	22	21	1.58113883	19.33333333	2.937623126
14	2021	19.5		2.25241854		3.140181063

图 8.24　移动平均分析结果

(3)选中 B14 单元格，在编辑栏中输入公式：= AVERAGE(C12:C13)，回车即可得到预测的 2021 年员工增长率，如图 8.24 所示。

8.3.2 指数平滑

移动平均实际上是对近 n 期数据进行平均预测下一期的值，而指数平滑分析是以前期预测值为基础，导出对应的新预测值，并修正前期预测值的误差，是生产预测中常见的一种分析方法。指数平滑分析工具使用平滑常数，其大小决定了本次预测对前期预测误差的修正程度。

假设时间序列为 $\{y_t, t \geq 1\}$，一次指数平滑公式为

$$S_t^{(1)} = \alpha y_t + (1-\alpha) S_{t-1}^{(1)}$$

其中，$S_t^{(1)}$ 为 t 期的一次指数平滑值；$S_{t-1}^{(1)}$ 为 $t-1$ 期的一次指数平滑值；α 为平滑系数；$(1-\alpha)$ 为阻尼系数。为进一步理解指数平滑的实质，将指数平滑公式展开，可得

$$S_t^{(1)} = \alpha y_t + (1-\alpha)\left[\alpha y_{t-1} + (1-\alpha) S_{t-2}^{(1)}\right] = \alpha \sum_{j=0}^{t-1} (1-\alpha)^j y_{t-j}$$

表明 $S_t^{(1)}$ 是全部历史数据的加权平均，加权系数为 $\alpha, \alpha(1-\alpha), \alpha(1-\alpha)^2, \cdots$。由于加权系数符合指数规律，又具有平滑数据的功能，故称为指数平滑。

平滑系数一般取值为 0.2 到 0.3 之间，表明将当前预测调整 20%～30%，以对以前的预测进行修正。当平滑系数过小时，会导致预测值滞后；平滑系数过大时，会导致预测值变得不稳定。根据给定时间序列的历史数据，会存在一个最佳的阻尼系数，使得误差最小，所以要确定最佳阻尼系数再进行指数平滑预测。

最佳阻尼系数的确定原则为时间序列的实际值和预测值误差最小，因此可以使误差平方和最小的阻尼系数值作为最佳阻尼系数。

满足误差平方和 S^2 最小的公式为 $S^2 = \frac{1}{n-1}\sum_{i=1}^{n}(y_i - \bar{y})^2$。

【例 8.6】给定某公司产品的销售数据，如图 8.25 所示，请利用指数平滑法预测来年员工增长率。

采用 Excel“数据分析工具”—“指数平滑”进行增长率预测。

	A	B
1	产品销售额	
2	年份	销售额(万元)
3	2010	10
4	2011	15
5	2012	16
6	2013	18
7	2014	12
8	2015	14
9	2016	19
10	2017	20
11	2018	21
12	2019	22
13	2020	20
14	2021	

图 8.25 销售数据集

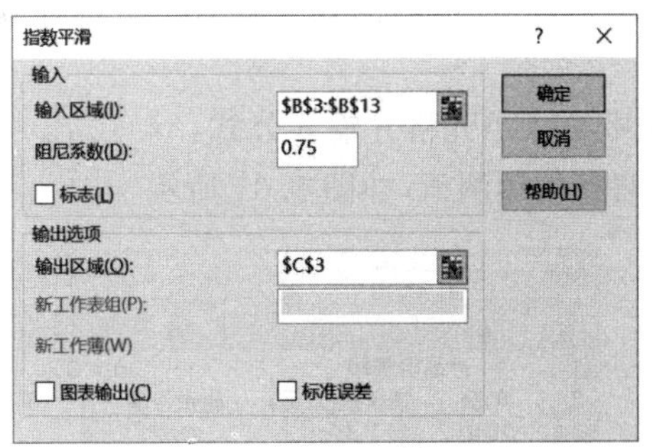

图 8.26 设置指数平滑参数

具体操作步骤如下：

(1)单击“数据”菜单下“分析”栏中的“数据分析”按钮，从弹出的“数据分析”对话框中选择“指数平滑”，单击“确定”按钮，弹出“指数平滑”对话框，如图 8.26 所示，分别设置数据的输入区域、输出区域，阻尼系数设置为 0.75，最后点击“确定”按钮。

(2)返回工作表，即可看到平滑系数为 0.75 时的指数平滑值，同理，计算平滑系数为 0.25 时的指数平滑值，如图 8.27 所示。

	A	B	C	D	E	F
1	产品销售额		α = 0.25		α = 0.75	
2	年份	销售额(万元)	指数平滑	平方误差	指数平滑	平方误差
3	2010	10	#N/A		#N/A	
4	2011	15	10		10	
5	2012	16	11.25		13.75	
6	2013	18	12.4375		15.4375	
7	2014	12	13.828125		17.359375	
8	2015	14	13.37109375		13.33984375	
9	2016	19	13.52832031		13.83496094	
10	2017	20	14.89624023		17.70874023	
11	2018	21	16.17218018		19.42718506	
12	2019	22	17.37913513		20.60679626	
13	2020	20	18.53435135		21.65169907	
14	2021					

图 8.27　α=0.25 和α=0.75 时指数平滑值

D4　= POWER(B4-C4, 2)

	A	B	C	D	E	F
1	产品销售额		α = 0.25		α = 0.75	
2	年份	销售额(万元)	指数平滑	平方误差	指数平滑	平方误差
3	2010	10	#N/A		#N/A	
4	2011	15	10	25	10	25
5	2012	16	11.25	22.5625	13.75	5.0625
6	2013	18	12.4375	30.94140625	15.4375	6.56640625
7	2014	12	13.828125	3.342041016	17.359375	28.72290039
8	2015	14	13.37109375	0.395523071	13.33984375	0.435806274
9	2016	19	13.52832031	29.9392786	13.83496094	26.67762852
10	2017	20	14.89624023	26.04836375	17.70874023	5.249871314
11	2018	21	16.17218018	23.30784426	19.42718506	2.47374684
12	2019	22	17.37913513	21.35239213	20.60679626	1.941016648
13	2020	20	18.53435135	2.148125969	21.65169907	2.728109805
14	2021					

图 8.28　α=0.25 和α=0.75 时平方误差值

(3)选中 D4 单元格,在编辑栏中输入公式:= POWER(B4－C4, 2),回车并向下填充,同理,在 F4 单元格输入公式:= POWER(B4－E4, 2),分别计算出对应的平方误差,如图 8.28 所示。

(4)在 D14 和 F14 单元格中分别输入公式:= SUM(D4:D13)和= SUM(F4:F13),得到相应的平方误差和,如图 8.29 所示。

D14　= SUM(D4:D13)

	A	B	C	D	E	F
1	产品销售额		α = 0.25		α = 0.75	
2	年份	销售额(万元)	指数平滑	平方误差	指数平滑	平方误差
3	2010	10	#N/A		#N/A	
4	2011	15	10	25	10	25
5	2012	16	11.25	22.5625	13.75	5.0625
6	2013	18	12.4375	30.94140625	15.4375	6.56640625
7	2014	12	13.828125	3.342041016	17.359375	28.72290039
8	2015	14	13.37109375	0.395523071	13.33984375	0.435806274
9	2016	19	13.52832031	29.9392786	13.83496094	26.67762852
10	2017	20	14.89624023	26.04836375	17.70874023	5.249871314
11	2018	21	16.17218018	23.30784426	19.42718506	2.47374684
12	2019	22	17.37913513	21.35239213	20.60679626	1.941016648
13	2020	20	18.53435135	2.148125969	21.65169907	2.728109805
14	2021			185.037475		104.857986

图 8.29　α=0.25 和α=0.75 时总平方误差值

D15　= D14/COUNT(D4:D13)

	A	B	C	D	E	F
1	产品销售额		α = 0.25		α = 0.75	
2	年份	销售额(万元)	指数平滑	平方误差	指数平滑	平方误差
3	2010	10	#N/A		#N/A	
4	2011	15	10	25	10	25
5	2012	16	11.25	22.5625	13.75	5.0625
6	2013	18	12.4375	30.94140625	15.4375	6.56640625
7	2014	12	13.828125	3.342041016	17.359375	28.72290039
8	2015	14	13.37109375	0.395523071	13.33984375	0.435806274
9	2016	19	13.52832031	29.9392786	13.83496094	26.67762852
10	2017	20	14.89624023	26.04836375	17.70874023	5.249871314
11	2018	21	16.17218018	23.30784426	19.42718506	2.47374684
12	2019	22	17.37913513	21.35239213	20.60679626	1.941016648
13	2020	20	18.53435135	2.148125969	21.65169907	2.728109805
14	2021			185.037475		104.857986
15				18.5037475		10.4857986

图 8.30　α=0.25 和α=0.75 时平方误差平均值

(5)在 D15 和 F15 单元格中分别输入公式:= D14/COUNT(D4:D13)和= F14/COUNT(F4:F13),得到相应的平方误差平均值,如图 8.30 所示。比较两个误差平均值,可知α= 0.75 时预测的误差更小,故取对应的指数平滑值来计算 2021 对应的预测值。

(6)选中 B14 单元格并输入公式: = 0.75 * B13＋(1－0.75) * E13,回车即可得到 2021 年销售额的预测值,如图 8.31 所示。

B14　= 0.75*B13+(1-0.75)*E13

	A	B	C	D	E	F
1	产品销售额		α = 0.25		α = 0.75	
2	年份	销售额(万元)	指数平滑	平方误差	指数平滑	平方误差
3	2010	10	#N/A		#N/A	
4	2011	15	10	25	10	25
5	2012	16	11.25	22.5625	13.75	5.0625
6	2013	18	12.4375	30.94140625	15.4375	6.56640625
7	2014	12	13.828125	3.342041016	17.359375	28.72290039
8	2015	14	13.37109375	0.395523071	13.33984375	0.435806274
9	2016	19	13.52832031	29.9392786	13.83496094	26.67762852
10	2017	20	14.89624023	26.04836375	17.70874023	5.249871314
11	2018	21	16.17218018	23.30784426	19.42718506	2.47374684
12	2019	22	17.37913513	21.35239213	20.60679626	1.941016648
13	2020	20	18.53435135	2.148125969	21.65169907	2.728109805
14	2021	20.4129248		185.037475		104.857986
15				18.5037475		10.4857986

图 8.31　销售额预测结果

8.4 规划求解*

Excel 规划求解工具主要用于解决运筹学相关问题，这类问题一般是在若干个有限资源的情况下找到最优的决策(即问题的解)，比如最短路径问题、生产计划问题、旅行商问题、背包问题等。运筹学在经济、管理、交通运输、物流等领域得到广泛使用，而 Excel 规划求解模块可解决大部分非复杂的运筹问题。

Excel 的规划求解模块是一款以可选加载项的方式随微软 Office 软件一同发行的求解运筹学问题的专业软件的免费版本，内置单纯型法、非线性 GRG 和演化算法。Excel 规划求解工具能够用于求解线性规划、整数规划和非线性规划问题，操作简单，求解迅速，其中，处理非线性问题的算法取自德克萨斯大学奥斯汀分校的 Leon Lasdon 和克里夫兰州立大学的 Allan Waren 共同开发的 Generalized Reduced Gradient (GRG2)，处理线性和整数规划问题的算法取自 Frontline Systems 公司的 John Watson 和 DanFylstra 提供的有界变量单纯形法和分支边界法。

Excel 规划求解工具不仅可以解决单变量求解的单一值局限性，而且还可以预测含有多个变量或某个取值范围内的最优值。使用规划求解可以求得工作表的某个单元格中公式的最佳值，它将对与目标单元格中的公式相关联的一组单元格中的数值进行调整，最终在目标单元格中计算出期望的结果。

8.4.1 加载规划求解模块

Excel 的规划求解模块默认是不加载的，第一次使用规划求解工具需要使之成为默认加载，这样再次启动 Excel，在“数据”菜单栏“分析”选项卡下就会出现“规划求解”工具图标。加载规划求解工具的过程如图 8.32 所示，首先在文件菜单下，找到“选项”按钮并单击选中；然后，在弹出的“Excel 选项”对话框中，选择“加载项”—“Excel 加载项”，单击“转到”；在弹出的对话框中，勾选“规划求解加载项”，然后点确定按钮完成。

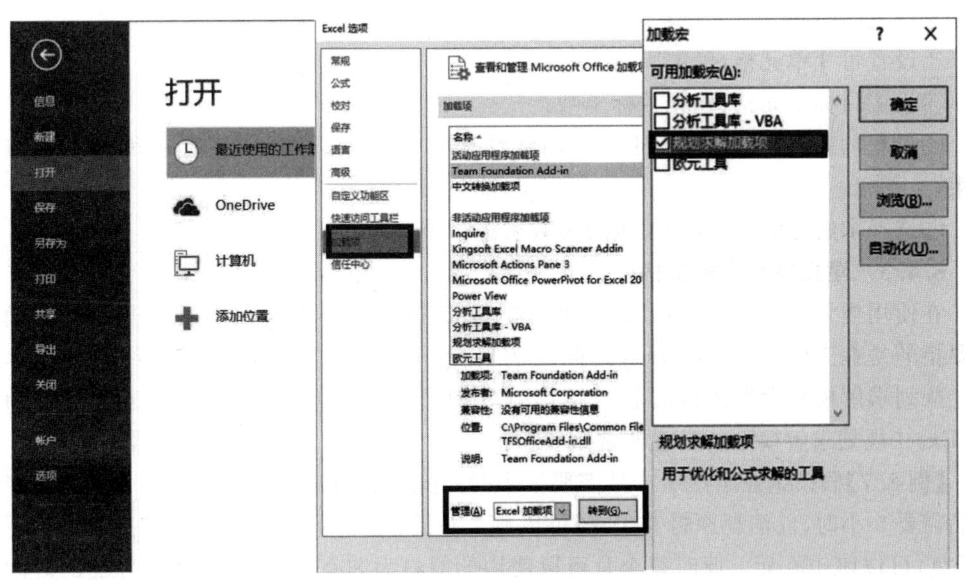

图 8.32 规划求解工具加载过程

加载完成后，在 Excel 的工具栏上"数据"菜单下，可以看到"分析"选项卡下出现了"规划求解"功能模块，如图 8.33 所示。

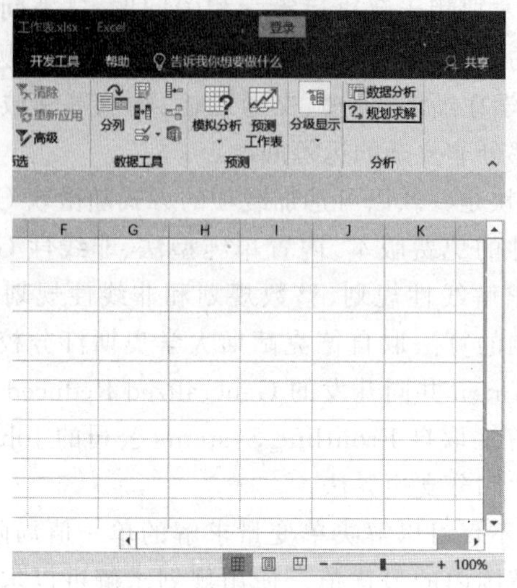

图 8.33　规划求解模块示意图

8.4.2　规划求解步骤

Excel 规划求解工具通过调整所指定的可更改的单元格（可变单元格）中的值，从目标单元格公式中求得所需的结果。在创建模型过程中，可以对"规划求解"模型中的可变单元格数值应用约束条件。

利用规划求解分析工具求解问题的基本步骤如下：

①建立问题的数学模型；

②建立 Excel 工作表规划模型；

③设置"规划求解参数"；

④设置可变单元格：确定决策变量；

⑤设置目标单元格：建立目标函数；

⑥设置约束条件：约束条件可以用线性等式或不等式表示，还有非负约束和整数约束；

⑦选择求解方法、设置相关求解参数后进行求解。

8.4.3　建立规划求解实例

在使用规划求解功能之前，需要建立规划求解模型。在 Excel 中建立规划求解模型主要指的是在工作表中定义好规划问题的目标单元格、决策单元格以及约束相关单元格。规划求解模型设置的好坏将直接影响处理问题的难易程度，尤其对于网络规划问题，Excel 规划求解模型的设置非常重要。

【例 8.7】假设企业生产甲产品需要 3 小时，并消耗原料 5 千克，可以赚 90 元；生产乙产品需要 5 小时，并消耗原料 6 千克，可以赚 120 元；生产丙产品需要 4 小时，并消耗原料 4 千克，可以赚 100 元。此时每个月可以使用的原料为 800 千克，每个月能分配的时间为 600 小时，如何才能赚取最大利润？

设置好目标单元格、可变单元格和约束单元格后，再用 Excel"规划求解"工具进行求解。

具体操作步骤如下：

(1)建立规划求解模型

①设置目标单元格、可变单元格和约束单元格，数据和约束条件如图 8.34 所示。

	A	B	C	D	E
1	产品	利润/件	小时/件	耗费原料/件	生产量
2	甲	90	3	5	
3	乙	120	5	6	
4	丙	100	4	4	
5					
6					
7	分配时间（小时）	600			
8	分配原料（千克）	800			
9	实际使用时间（小时）				
10	实际使用原料（千克）				
11	总利润				

图 8.34 数据与约束条件

②选中单元格 B9，在编辑栏中输入公式：= E2 * C2 + E3 * C3 + E4 * C4，然后回车。同理，在单元格 B10 中输入公式：= E2 * D2 + E3 * D3 + E4 * D4，如图 8.35 所示。

B9 = E2*C2 + E3*C3 + E4*C4

	A	B	C	D	E
1	产品	利润/件	小时/件	耗费原料/件	生产量
2	甲	90	3	5	
3	乙	120	5	6	
4	丙	100	4	4	
5					
6					
7	分配时间（小时）	600			
8	分配原料（千克）	800			
9	实际使用时间（小时）	0			
10	实际使用原料（千克）				
11	总利润				

B10 = E2*D2 + E3*D3 + E4*D4

	A	B	C	D	E
1	产品	利润/件	小时/件	耗费原料/件	生产量
2	甲	90	3	5	
3	乙	120	5	6	
4	丙	100	4	4	
5					
6					
7	分配时间（小时）	600			
8	分配原料（千克）	800			
9	实际使用时间（小时）	0			
10	实际使用原料（千克）	0			
11	总利润				

图 8.35 计算实际用时和实际用料

③选中单元格 B11，在编辑栏中输入公式：= E2 * B2 + E3 * B3 + E4 * B4，然后回车，如图 8.36 所示。

B11 = E2*B2 + E3*B3 + E4*B4

	A	B	C	D	E
1	产品	利润/件	小时/件	耗费原料/件	生产量
2	甲	¥90.00	3	5	
3	乙	¥120.00	5	6	
4	丙	¥100.00	4	4	
5					
6					
7	分配时间（小时）	600			
8	分配原料（千克）	800			
9	实际使用时间（小时）	0			
10	实际使用原料（千克）	0			
11	总利润	¥0.00			

图 8.36 计算总利润

(2)规划求解设置

①单击“数据”菜单“分析”栏中“规划求解”按钮，弹出“规划求解参数”对话框，如图8.37所示，将“设置目标”选定为B11，“通过更改可变单元格”选定为E2:E4，点击“添加”按钮。

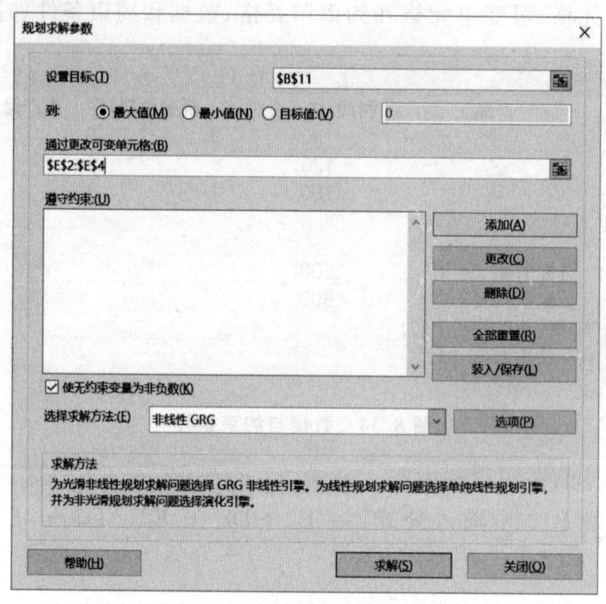

图 8.37 设置规划求解参数

图 8.38 添加整数约束

②在弹出的“添加约束”对话框中设置单元格“$E$2”为整数约束，然后单击“添加”按钮，如图8.38所示。同样的方式依次添加单元格“$E$3”和“$E$4”均为整数约束。

③继续在“添加约束”对话框中设置单元格“$B$9”＜＝“$B$7”，然后单击“添加”按钮，如图8.39所示。同样的方式添加单元格“$B$10”＜＝“$B$8”，然后单击“确定”按钮。

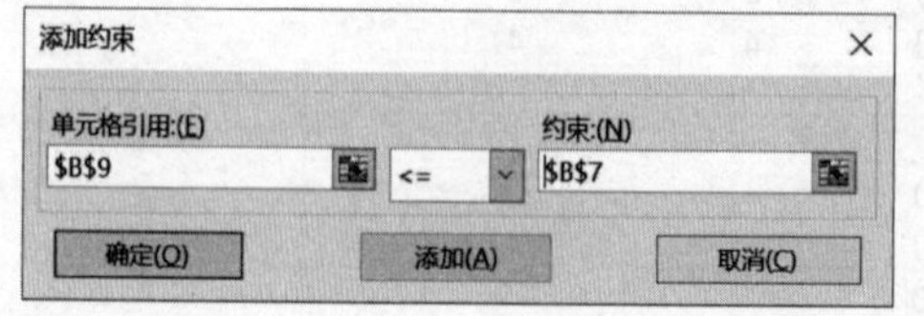

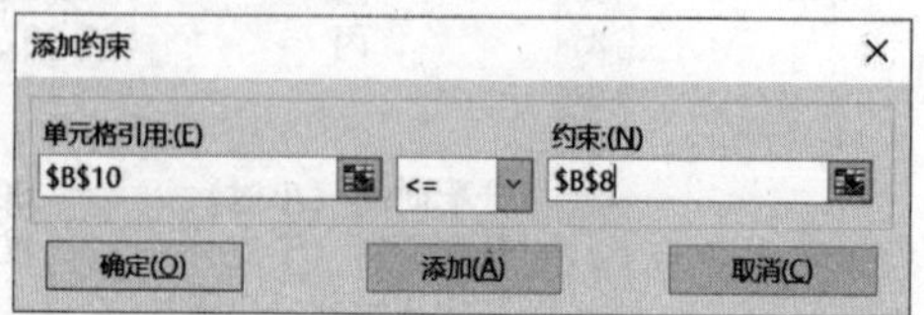

图 8.39 添加不等式约束

④返回到“规划求解参数”对话框，如图8.40所示。单击“求解”按钮，弹出“规划求解结果”对话框，如图8.41所示，确保选中“保留规划求解的解”，然后单击“确定”按钮。

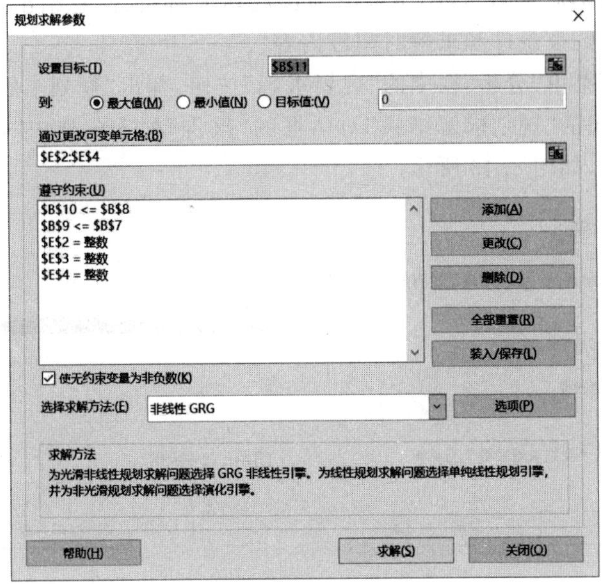

图 8.40 遵守的约束

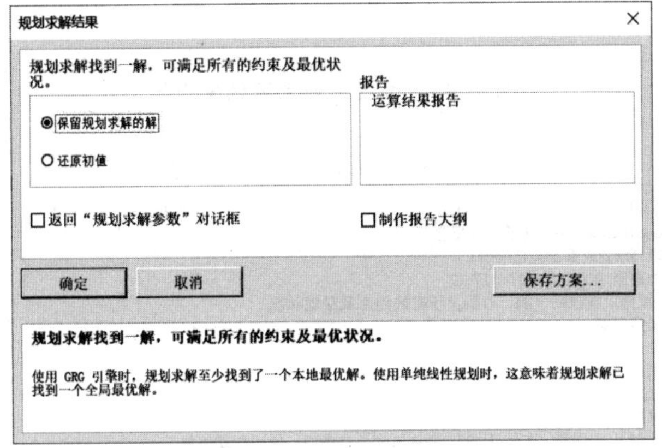

图 8.41 规划求解结果

⑤经过以上操作，即可得到规划求解的最大总利润，如图 8.42 所示。

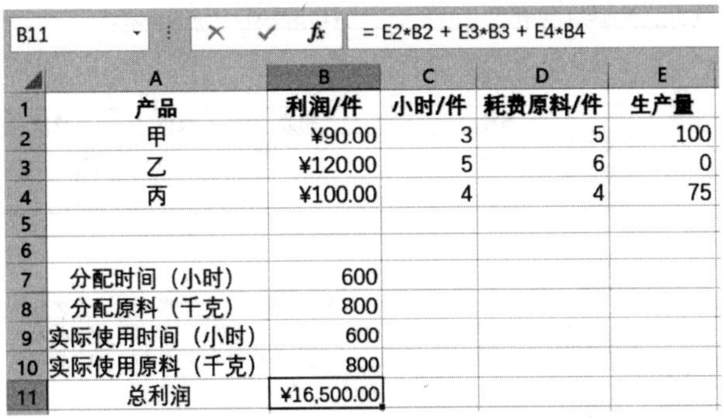

B11 = E2*B2 + E3*B3 + E4*B4

	A	B	C	D	E
1	产品	利润/件	小时/件	耗费原料/件	生产量
2	甲	¥90.00	3	5	100
3	乙	¥120.00	5	6	0
4	丙	¥100.00	4	4	75
5					
6					
7	分配时间（小时）	600			
8	分配原料（千克）	800			
9	实际使用时间（小时）	600			
10	实际使用原料（千克）	800			
11	总利润	¥16,500.00			

图 8.42 规划求解的结果

(3)生成规划求解结果报告

①规划求解得出最大利润后，还可以创建规划求解报告，总结出规划求解的可变单元格、目标单元格、约束条件和求解时间等内容。

②单击“数据”菜单“分析”栏中的“规划求解”按钮，弹出“规划求解参数”对话框点击“求解”按钮，在弹出的“规划求解结果”对话框的“报告”列表中选中“运算结果报告”，然后单击“确定”按钮，如图 8.43 所示。

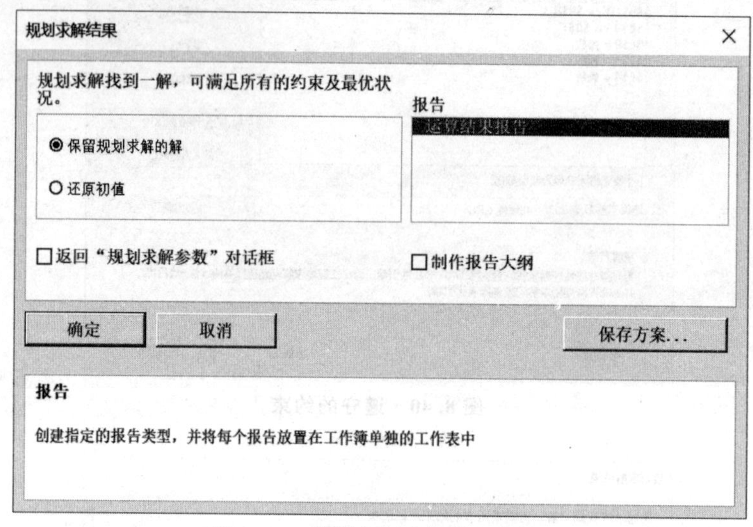

图 8.43　设置规划求解结果报告

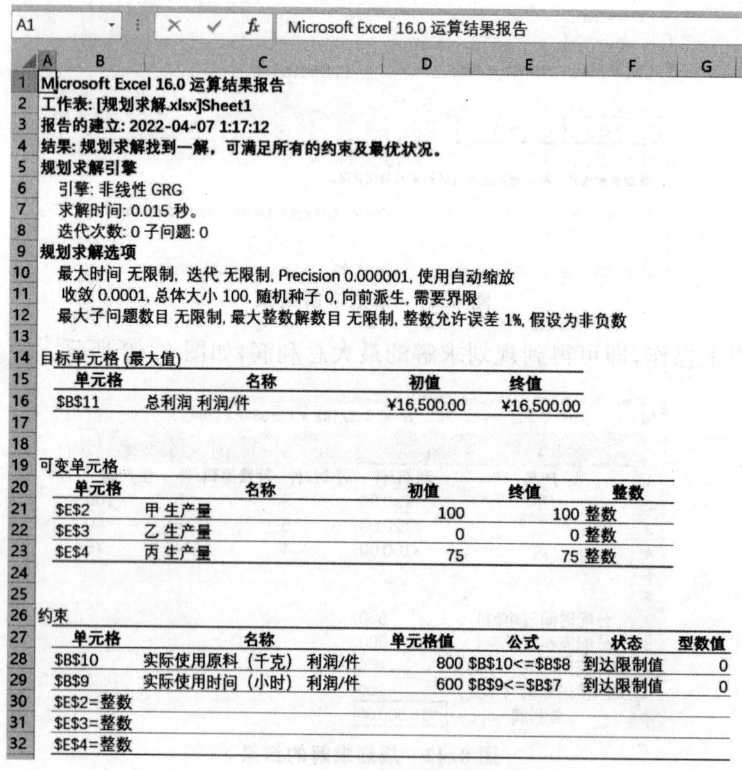

A1　Microsoft Excel 16.0 运算结果报告

Microsoft Excel 16.0 运算结果报告
工作表: [规划求解.xlsx]Sheet1
报告的建立: 2022-04-07 1:17:12
结果: 规划求解找到一解，可满足所有的约束及最优状况。
规划求解引擎
引擎: 非线性 GRG
求解时间: 0.015 秒。
迭代次数: 0 子问题: 0
规划求解选项
最大时间 无限制, 迭代 无限制, Precision 0.000001, 使用自动缩放
收敛 0.0001, 总体大小 100, 随机种子 0, 向前派生, 需要界限
最大子问题数目 无限制, 最大整数解数目 无限制, 整数允许误差 1%, 假设为非负数

目标单元格 (最大值)

单元格	名称	初值	终值
$B$11	总利润 利润/件	¥16,500.00	¥16,500.00

可变单元格

单元格	名称	初值	终值	整数
$E$2	甲 生产量	100	100	整数
$E$3	乙 生产量	0	0	整数
$E$4	丙 生产量	75	75	整数

约束

单元格	名称	单元格值	公式	状态	型数值
$B$10	实际使用原料（千克） 利润/件	800	$B$10<=$B$8	到达限制值	0
$B$9	实际使用时间（小时） 利润/件	600	$B$9<=$B$7	到达限制值	0
$E$2=整数					
$E$3=整数					
$E$4=整数					

图 8.44　规划求解运算结果报告

③此时,会自动创建一个名为"运算结果报告1"的工作表,其中显示了整个运算结果的详细信息,如图8.44所示。

本章要点解析

在熟知数据基础之上,可以利用一些建模方法对数据进行深入分析,常用的方法包括数据间的相关性分析、历史数据的回归分析、数据的时间序列分析,以及数据的规划建模求解等。Excel提供了一系列方法和模型库用于支撑这些数据分析:

(1)相关分析主要掌握散点图、CORREL函数、相关系数分析工具和协方差分析工具等方法。

(2)回归分析主要掌握趋势线、回归函数(INTERCEPT、SLOPE和RSQ)、回归分析工具以及多元线性回归分析等。

(3)时间序列分析掌握移动平均和指数平滑两种分析方法。

(4)规划求解掌握求解最优化问题的过程和方法。

本章练习

一、选择题

1. Excel中的____函数,主要用于返回两组数值的相关系数,使用其函数可以计算两个变量之间的相关性。

A. COVAR　　B. CORREL　　C. COVARIANCE　　D. CONCATENATE

2. Excel的数据分析工具中提供了相关系数这个工具,用来描述两个变量之间离散程度,其相关系数的值必须介于(　)之间。

A. $[-\infty,\infty]$　　B. $[-1,0]$　　C. $[0,1]$　　D. $[-1,1]$

3. R平方值反映了回归曲线对样本数据的拟合程度,R平方值的取值在(　)之间。

A. $[-\infty,\infty]$　　B. $[-1,0]$　　C. $[0,1]$　　D. $[-1,1]$

二、填空题

1. 相关系数没有单位,r值为正,表示变量X和Y之间______;r值为负,表示______;若$r=0$则为______。

2. 在Excel时间序列分析中,______是以前期预测值为基础,导出对应的新预测值,并修正前期预测值的误差。

三、操作题

1. 对于本章给定的房屋数据集Housing.xlsx,若假定房屋的价格仅受到房屋建筑年限三种因素的综合影响,请使用多元回归分析方法,建立房屋建筑年限和房屋价格之间的一元回归函数。

2. 对于本章给定的房屋数据集Housing.xlsx,若假定房屋的价格受到房屋的建筑面积、房屋卧室的个数和房屋建筑年限三种因素的综合影响，请使用多元回归分析方法，建立房屋面积、建筑年限和房屋价格之间的多元回归函数。

3. 某企业采集了近 15 年的总产值数据如图所示，请使用时间序列分析来了解企业总产值发展与增长情况，同时对企业 2025 年总产值进行预测。

	A	B	C
1	单位：万元		
2	年份	总产值	时期
3	2006	5739.0	1
4	2007	6288.0	2
5	2008	6435.0	3
6	2009	7015.0	4
7	2010	7429.0	5
8	2011	9338.0	6
9	2012	10375.0	7
10	2013	14243.0	8
11	2014	18937.0	9
12	2015	21041.0	10
13	2016	22703.0	11
14	2017	25109.0	12
15	2018	27637.0	13
16	2019	27906.0	14
17	2020	32071.0	15

4. 某企业从其下研发中心抽样 20 次商品的研发投入数据如图所示，并将商品的销售额数据进行汇总，希望找出二者之间存在的关系。请利用相关分析和回归分析找出销售额与研发投入之间可能存在的关系，并预计在研发投入为 15 万元时，商品销售额的结果。

	A	B	C	D
1	单位：万元			
2	序号	研发投入x	产品销售额y	产品销售额估计值$\hat{y}$
3	1	9.50	21.58	19.00
4	2	5.70	17.85	19.00
5	3	5.70	16.45	18.00
6	4	7.10	19.27	19.00
7	5	7.40	19.75	18.00
8	6	6.80	18.79	18.00
9	7	9.10	24.66	20.00
10	8	5.60	15.44	18.00
11	9	8.50	19.87	20.00
12	10	9.70	21.88	19.00
13	11	5.00	14.98	17.00
14	12	6.10	17.67	19.00
15	13	7.00	19.11	19.00
16	14	9.10	25.88	25.00
17	15	6.30	17.99	15.00
18	16	9.70	25.78	25.00
19	17	7.90	20.54	22.00
20	18	9.10	22.35	25.00
21	19	7.40	19.75	20.00
22	20	6.20	18.79	15.00

5. 某公司生产线可以生成甲、乙两种产品，生产过程中每生产 1 个单位的甲产品，需要消耗原材料 A、B、C 的数量分别为 8、5、4 个单位；生产过程中每生产 1 个单位的乙产品，需要消耗原材料 A、B、C 的数量分别为 6、5、9 个单位。已知目前该公司仓库现有原料 A、B、C 的数量分别为 360、250、350 个单位，每生产 1 个单位的甲、乙产品获得的利润

为 9 元和 12 元。请建立使得该公司获得最大利润的生产方案。

6. 某销售企业在两个月内销售彩电、冰箱、洗衣机的经营能力空间为 60 平方米，可调用资金为 10 万元，每种商品的销售利润等情况如下表所示，请利用规划求解，确定如何根据给定的条件确定每种商品的最佳进货量，从而求得这两个月的最大利润额。

	A	B	C	D	E	F	G
1	商品进货量决策表						
2	进货时间	2014/4/1	销售利润 元/台	销售量 台/天	占用空间 平米/台	占用资金 元/台	最佳进货量
3	彩电		¥1,300	0.6	1.5	¥1,800	
4	冰箱		¥2,000	0.4	2.5	¥3,000	
5	洗衣机		¥1,500	0.8	2.2	¥2,400	
6	时间限制		60	空间限制	60	资金限制	¥100,000
7	销售时间			实需空间		实用资金	
8	总利润						
9							
10							

商品进货量决策表 | Sheet1

参考文献

[1]龙马高新教育. 新手学 Excel2016[M]. 1 版. 北京：北京大学出版社，2017.

[2]神龙工作室. Excel 高效办公——数据处理与分析[M]. 3 版. 北京：人民邮电出版社，2020.

[3]精英资讯. Excel 表格制作与数据分析[M]. 1 版. 北京：中国水利水电出版社，2019.

[4]周庆麟，胡子平. Excel 数据分析思维、技术与实践[M]. 北京：北京大学出版社，2021.

[5]神龙工作室. Excel 其实很简单——从数据到分析报告[M]. 北京：人民邮电出版社，2021.

[6]神龙工作室. Excel 高效办公——数据处理与分析[M]. 3 版. 北京：人民邮电出版社，2021.

[7]韩小良. Excel 函数和动态图表——让数据分析更加高效[M]. 北京：中国水利水电出版社，2021.

[8]韩小良. Excel 数据透视表应用大全——数据高效汇总与分析[M]. 北京：中国水利水电出版社，2021.

[9]Excel Home. Excel2016 数据透视表应用大全[M]. 北京：北京大学出版社，2021.

[10]Excel Home. Excel2016 函数与公式表应用大全[M]. 北京：北京大学出版社，2021.

[11]江红，余青松. Excel 数据分析——超详细实战攻略[M]. 北京：清华大学出版社，2021.

[12]李锐. 跟李锐学 Excel 数据分析[M]. 北京：人民邮电出版社，2022.

[13]未来教育. Excel 函数与公式应用大全案例视频教程[M]. 北京：中国水利水电出版社，2022.

[14]蒲括，邵朋. 精通 Excel 数据统计与分析[M]. 北京：人民邮电出版社，2014.